# L'oral de Math

## Maths Spé options MP et MP*



Sous la direction de
**Marc-Olivier Bernard** et **Christophe Dupont**

par

**Olivier Ley, Nicolas Ressayre, Ludovic Rifford**
Agrégés de mathématiques
École Normale Supérieure de Lyon



BELIN SUP Sciences

BELIN 8, RUE FÉROU 75278 PARIS CEDEX 06

COLLECTION BELIN SUP SCIENCES

Sous la direction de M.-O. Bernard et C. Dupont
**L'oral de Math**
Sujets corrigés des oraux de concours
Maths Spé options PC et PC*

Christian Houzel
**Analyse mathématique**, Cours et exercices
1$^{er}$ cycle universitaire

G. A. Sedogbo
**Mathématiques** Tome 1 **Algèbre**
Rappels de cours, exercices et problèmes corrigés
DEUG Sciences, 1$^{re}$ année

G. A. Sedogbo
**Mathématiques** Tome 2 **Analyse**
Rappels de cours, exercices et problèmes corrigés
DEUG Sciences, 1$^{re}$ année

Bernard Calmettes
**Physique CAPES**
Épreuve orale sur dossier

C. Moreau et J.-P. Payen
**Cinétique chimique**
Cours, exercices et problèmes corrigés

M. Brion et A. Rabier
**Chimie CAPES**
Épreuve orale sur dossier

*Nous adressons nos sincères remerciements à Patrick Bernard pour son aide précieuse ainsi qu'à Dominique You pour ses fructueux conseils.*


ISSN 1158-3762 ISBN 2-7011-**2098**-5

# Avant-propos

Les exercices proposés dans cet ouvrage proviennent, pour la plupart, des oraux des concours de l'École polytechnique et des concours communs Mines-Ponts et Centrale. Pour chacun d'eux, nous avons signalé la partie du programme concernée et mentionné leur lien de parenté avec des exercices fréquemment posés. Quelques textes originaux couvrent les parties du programme qui n'ont pas fait, jusque-là, l'objet de beaucoup d'oraux de concours : citons l'intégration, par exemple.

Chaque chapitre s'ouvre sur une série de questions brèves corrigées qu'il convient de maîtriser parfaitement. Vous trouverez ensuite des exercices d'oraux, rigoureusement sélectionnés ; à la lecture de leurs corrections, vous constaterez :
– le rappel systématique de théorèmes importants ;
– la présentation de plusieurs solutions ;
– de nombreuses remarques ;
– la réponse aux questions subsidiaires ou à de petites questions de circonstance souvent posées par l'examinateur.

L'objectif poursuivi tout au long de l'ouvrage est l'acquisition de méthodes de résolution. Parallèlement, nous avons voulu apporter une aide permanente conduisant à une compréhension plus profonde du cours. Nous souhaitons ainsi permettre à l'élève de consolider ses connaissances et d'aborder les oraux avec plus de sérénité.

Nous adressons nos sincères remerciements aux élèves que nous avons interrogés en colles ; leurs réactions face aux exercices nous ont beaucoup appris.

Nous accueillerons avec reconnaissance vos remarques et vos suggestions.

Les Auteurs

# Sommaire

## Algèbre et géométrie

## VI. Équations différentielles



## VII. Calcul et géométrie différentiels

## 2. Géométrie différentielle

# Algèbre et géométrie

# I ALGÈBRE GÉNÉRALE

Cette discipline est surtout étudiée en mathématiques supérieures, mais il ne faut pas la négliger car elle constitue la base des mathématiques : elle étudie les structures fondamentales que sont les groupes, anneaux, corps... Notre ambition n'est pas de nous engager dans des exercices trop abstraits. Nous proposons de petits exercices (sur les groupes par exemple) qui sont souvent nécessaires pour se faire une idée claire des outils manipulés. L'essentiel de la section est constituée d'exercices d'arithmétique qui font souvent office « d'exercices de fin de planche » aux Mines et surtout d'exercices sur les polynômes qui restent toujours un sujet de choix !

## QUESTIONS BRÈVES

**1.** Montrer qu'un ensemble n'est jamais en bijection avec l'ensemble de ses parties (théorème de Cantor).

**2.** Soit $G$ un groupe d'élément neutre $e$ tel que :

$$\forall g \in G \ , \ g^2 = e \ .$$

Montrer que $G$ est un groupe abélien.

**3.** Soit $C^\infty(\mathbb{R})$ l'ensemble des fonctions de classe $C^\infty$ de $\mathbb{R}$ dans $\mathbb{R}$. Posons :

$$I = \{f \in C^\infty(\mathbb{R}) \ / \ f(0) = f'(0) = 0\} \ .$$

Montrer que $C^\infty(\mathbb{R})$ est un anneau et $I$ un idéal.

**4.** Montrer que l'ensemble des nombres premiers est infini.

**5.** Soit $a$, $b$ et $n$ des entiers naturels tels que $n = a^2 = b^3$. Montrer que :

$$\exists c \in \mathbb{N} \ / \ n = c^6 \ .$$

**6.** Trouver l'ensemble des couples $(u, v) \in \mathbb{Z}^2$ tels que :

$$33u + 14v = 1 \ .$$

7. Montrer qu'un polynôme à coefficients réels de degré impair a toujours une racine réelle.

8. Soit $P \in \mathbb{C}[X]$ . Montrer que $P$ et $P'$ sont premiers entre eux si et seulement si $P$ n'a que des racines simples.

9. Soit $P \in \mathbb{C}[X]$ et $z_1, ..., z_n$ ses racines. Exprimer $P'/P$ en fonction des $z_i$ .

## *réponses*

1. On démontre ce théorème par l'absurde. Soit $E$ un ensemble et $P(E)$ l'ensemble de ses parties. Supposons par l'absurde qu'il existe une bijection $\varphi : E \rightarrow P(E)$. Considérons :

$$F = \{x \in E \ / \ x \notin \varphi(x)\} \ .$$

Comme $\varphi$ est surjective, il existe $z \in F$ tel que $\varphi(z) = F$. Alors, $z \in F$ si et seulement si $z \in \varphi(z)$, c'est-à-dire si et seulement si $z \notin F$ (en reprenant la définition de $F$). D'où la contradiction.

2. La condition $g^2 = e$ s'écrit également $g = g^{-1}$ . Soient alors $g$ et $h$ dans $G$. Nous avons :

$$gh = (gh)^{-1} = h^{-1}g^{-1} = hg \ .$$

Donc $G$ est un groupe abélien.

3. L'ensemble $C^{\infty}(\mathbb{R})$ est stable par addition et par multiplication ; c'est donc un sous-anneau de l'anneau des fonctions de $\mathbb{R}$ dans $\mathbb{R}$.
La formule de Taylor en 0 montre que :

$$I = \left\{ f \in C^{\infty}(\mathbb{R}) \ / \ \frac{f(t)}{t^2} \underset{t \rightarrow 0}{\longrightarrow} 0 \right\} \ .$$

Ainsi, $I$ est stable par addition et par multiplication par tout élément de $C^{\infty}(\mathbb{R})$ : c'est donc un idéal.

4. Soient $n$ nombres premiers $p_1, ..., p_n$ . Considérons $N = \prod_{i=1}^{n} p_i + 1$ . Aucun des nombres $p_i$ ne divise $N$ (sinon il diviserait 1) donc les facteurs premiers de $N$ sont des nombres premiers différents des $p_i$ . Ainsi, s'il y a $n$ nombres premiers, il y en a $n + 1$. Ceci permet de conclure.

5. Décomposons $a$ et $b$ en facteurs premiers :

$$a = p_1^{\alpha_1} \times \cdots \times p_s^{\alpha_s} \ \text{ et } \ b = p_1^{\beta_1} \times \cdots \times p_s^{\beta_s}$$

avec $(\alpha_i, ..., \alpha_n, \beta_1, ..., \beta_n) \in \mathbb{N}^{2n}$ .
L'hypothèse de l'énoncé donne alors :

$$n = p_1^{2\alpha_1} \times \cdots \times p_s^{2\alpha_s} = p_1^{3\beta_1} \times \cdots \times p_s^{3\beta_s} \ .$$

L'unicité de la décomposition en facteurs premiers implique :

$$\forall i \in \{1, ..., s\} \ , \ 2\alpha_i = 3\beta_i \ .$$

En particulier, 2 divise $3\beta_i$ donc $\beta_i$ , d'où :

$$\boxed{c = p_1^{\beta_1/2} \times \cdots \times p_s^{\beta_s/2}} \ ,$$

en effet, on a bien $c^6 = b^3 = n$ et $c \in \mathbb{N}$.

**6.** Comme 33 et 14 sont premiers entre eux, on a, d'après le théorème de Bezout :

$$\exists (u, v) \in \mathbb{Z}^2 \ / \ 33u + 14v = 1 \ .$$

Pour trouver un couple $(u_0, v_0)$ solution, appliquons l'algorithme d'Euclide :

$$33 = 14 \times 2 + 5 \ , \ 14 = 5 \times 2 + 4 \text{ et } 5 = 4 \times 1 + 1 \ ,$$

donc :

$$\begin{aligned} 1 &= 5 - 4 = 5 - (14 - 2 \times 5) = -14 + 3 \times 5 \\ &= -14 + 3\,(33 - 2 \times 14) = 33 \times 3 - 14 \times 7 \ . \end{aligned}$$

D'où :

$$(u_0, v_0) = (3, -7) \ .$$

De manière générale, un couple $(u, v)$ est solution si et seulement si :

$$33\,(u - u_0) = -14\,(v - v_0) \ ,$$

donc, en définitive :

$$\boxed{\{(u, v) \in \mathbb{Z}^2 \ / \ 33u + 14v = 1\} = \left\{(3 + 14k, -7 - 33k)_{k \in \mathbb{Z}}\right\}} \ .$$

**7.** Soit $\varepsilon = \pm 1$ tel que $\varepsilon a_0 > 0$ si $a_0$ est le coefficient dominant de $P$. Comme $P$ est de degré impair,

$$\lim_{t \to -\infty} \varepsilon P(t) = -\infty \quad \text{et} \quad \lim_{t \to +\infty} \varepsilon P(t) = +\infty \ .$$

En particulier, il existe $x_0 < 0$ tel que $\varepsilon P(x_0) < 0$ et $x_1 > 0$ tel que $\varepsilon P(x_1) > 0$ . Le théorème des valeurs intermédiaires appliqué à la fonction continue $P$ sur l'intervalle $[x_0, x_1]$ donne l'existence de la racine cherchée.

**8.** Comme $\mathbb{C}[X]$ est principal, le théorème de Bezout montre que si $P$ et $P'$ sont premiers entre eux, alors il existe $(A, B) \in \mathbb{C}[X]^2$ tels que $AP + BP' = 1$. Donc $P$ et $P'$ n'ont aucune racine commune ce qui entraîne que $P$ est à racines simples. Réciproquement, supposons que $P$ n'a que des racines simples. Si $Q$ divise $P$ et $P'$ , alors $Q$ n'a pas de racines. Comme $\mathbb{C}$ est algébriquement clos, ceci implique que $Q$ est constant. Ainsi, $P$ et $P'$ sont premiers entre eux.

**9.** Il existe $\lambda \in \mathbb{C}^*$ et $(\alpha_1, ..., \alpha_n) \in \mathbb{N}^{*n}$ tels que :

$$P = \lambda \prod_{i=1}^{n} (X - z_i)^{\alpha_i} \ .$$

La formule de Leibniz de dérivation d'un produit donne :

$$P' = \lambda \sum_{i=1}^{n} \left[ \alpha_i (X - z_i)^{\alpha_i - 1} \prod_{\substack{j=1 \\ j \neq i}}^{n} (X - z_j)^{\alpha_j} \right] ,$$

d'où :

$$\boxed{\frac{P'}{P} = \frac{\alpha_1}{X - z_1} + \cdots + \frac{\alpha_n}{X - z_n}} \ .$$

## EXERCICE 1 Théorème de Lagrange et applications

Soit $G$ un groupe fini et $e$ son élément neutre. Si $x \in G \backslash \{e\}$ , on note $\operatorname{ord}(x)$ l'ordre de $x$ , c'est-à-dire le plus petit entier $n$ tel que $x^n = e$ .

**1.a.** Montrer, pour tout entier $m \geq \operatorname{ord}(x)$, l'équivalence :

$$x^m = e \Leftrightarrow \operatorname{ord}(x) \ \text{divise} \ m \ .$$

**1.b.** Soit $H$ un sous-groupe de $G$. Si $a \in G$ , notons :

$$aH = \{ah \ / \ h \in H\} \ .$$

Soient $a$ et $b$ dans $G$ . Montrer que si $aH \cap bH \neq \emptyset$ alors $aH = bH$ .

**1.c.** Montrer que $aH$ et $H$ ont le même cardinal.

**1.d.** En déduire que le cardinal de $H$ divise celui de $G$ (ceci constitue le théorème de Lagrange).

**1.e.** Montrer que $\operatorname{ord}(x)$ divise celui de $G$.

Soit $n$ un entier naturel. Maintenant $G$ désigne le groupe des permutations d'un ensemble de $E$ à $n$ éléments.

Soit $(\alpha_1, ..., \alpha_k) \in \mathbb{N}^k$ tel que $\alpha_1 + \cdots + \alpha_k = n$.

**2.a.** Trouver un sous-groupe de $G$ de cardinal $\alpha_1! \times \cdots \times \alpha_k!$

**2.b.** En déduire que $\alpha_1! \times \cdots \times \alpha_k!$ divise $n!$

**solution**

**1.a.** Remarquons tout d'abord que la définition de $\operatorname{ord}(x)$ nous impose de ne considérer que les entiers $m \geq \operatorname{ord}(x)$ .
Si $\operatorname{ord}(x)$ divise $m$ alors :

$$\exists k \in \mathbb{N}^* \ / \ m = k \cdot \operatorname{ord}(x) \ ,$$

et :

$$x^m = x^{k \cdot \operatorname{ord}(x)} = \left(x^{\operatorname{ord}(x)}\right)^k = e^k = e \, .$$

Réciproquement, supposons que $x^m = e$. Alors, une division euclidienne de $m$ par $\operatorname{ord}(x)$ donne $(q, r) \in \mathbb{N}^2$ tels que :

$$m = q \cdot \operatorname{ord}(x) + r \quad \text{avec} \quad r < \operatorname{ord}(x) \ .$$

Or $m \geq \operatorname{ord}(x)$ donc $q \geq 1$ et :

$$e = x^{q \cdot \operatorname{ord}(x) + r} = x^{q \cdot \operatorname{ord}(x)} x^r = \left(x^{\operatorname{ord}(x)}\right)^q x^r \ .$$

Comme $x \neq e$, on a nécessairement $r = 0$.
**1.b.** Supposons que $aH \cap bH \neq \emptyset$. Ceci signifie qu'il existe $h$ et $h'$ dans $H$ tels que $ah = bh'$.
Mais alors,

$$aH = ah\left(h^{-1}H\right) \ . \tag{1}$$

Montrons que $h^{-1}H = H$.
Soit $g \in H$. Comme $H$ est un groupe, $h^{-1}g \in H$ et donc $h^{-1}H \subset H$. De plus, $g = h^{-1}hg$ et $hg \in H$, donc $g \in h^{-1}H$ et $h^{-1}H \subset H$.
On poursuit alors :

$$ah\left(h^{-1}H\right) = ahH = bh'H = bH \ , \tag{2}$$

l'égalité $h'H = H$ étant obtenue ci-dessus (le résultat montré ci-dessus avec $h^{-1}$ est évidemment valable avec tout élément de $H$).
Finalement, en comparant $(1)$ et $(2)$ :

$$\boxed{aH = bH} \, .$$

➡ *Remarque :* En général, $aH$ n'est pas un sous-groupe, mais simplement un ensemble.

**1.c.** Si $a \in H$ alors le résultat est évident (Cf. question précédente), mais ici $a \in G$.
Il s'agit de trouver une bijection entre $H$ et $aH$.

Considérons :

$$\begin{array}{rccc} \rho: & H & \to & aH \\ & h & \mapsto & ah\,. \end{array}$$

Par définition de $aH$ , $\rho$ est surjective. De plus, $ah = ah'$ implique $h = h'$ , c'est-à-dire que $\rho$ est injective.

**1.d.** De manière évidente :

$$G = \bigcup_{a \in G} aH\,.$$

La question 1.b. montre que les $aH$ sont deux-à-deux disjoints. Mais alors $G$ s'écrit comme la réunion disjointe de sous-ensembles de cardinal celui de $H$ . Ceci répond à la question.

**1.e.** En vertu de la question précédente, il suffit de trouver un sous-groupe de $G$ de cardinal $\operatorname{ord}(x)$ .

Considérons le sous-groupe $H$ engendré par $x$. Un raisonnement analogue à celui de la première question montre que :

$$H = \left\{e, x, ..., x^{n-1}\right\}$$

où $n = \operatorname{ord}(x)$ .

Donc la question 1.d. montre que $\operatorname{ord}(x)$ divise le cardinal de $G$.

**2.a.** Dans cette question, bien moins classique que le reste de l'exercice, il s'agit de faire preuve d'un peu d'imagination. Rappelons que le cardinal de $G$ est $n!$

Les $\alpha_i!$ font donc penser aux groupes des permutations d'ensembles à $\alpha_i$ éléments.

Comme $\alpha_1 + \cdots + \alpha_k = n$ , on peut réaliser une partition de $E$ en $\displaystyle\bigcup_{i \in \{1,\ldots,k\}} E_i$ avec $E_i$ de cardinal $\alpha_i$ pour tout $1 \leq i \leq k$ .

Posons $H = \{\sigma \in G \;/\; \sigma(E_i) = E_i\}$ .

On vérifie que $H$ est stable par passage à l'inverse et par composition : c'est un sous groupe de $G$. Un élément de $H$ est défini par ses restrictions aux $E_i$ qui peuvent être quelconques, parmi les bijections de $E_i$ . Ainsi, $H$ est de cardinal $\alpha_1! \times \cdots \times \alpha_k!$

**2.b.** La question 1.d. nous donne la divisibilité recherchée.

➡*Remarque :* Démontrer que $\alpha_1! \times \cdots \times \alpha_k!$ divise $n!$ en regardant les facteurs premiers n'est pas chose facile. Le théorème de Lagrange simplifie notablement la démonstration.

## EXERCICE 2 Coefficients binômiaux

**1.** Montrer que :

$$\forall n \in \mathbb{N}\ , \ \sum_{k=0}^{n} (k+2)\, C_n^k = 2^{n-1}\,(4+n)\ .$$

On pourra penser à une dérivée.

**2.** Montrer que :

$$\forall n \in \mathbb{N}\ , \ \sum_{k=0}^{2n} (-1)^k \left(C_{2n}^k\right)^2 = (-1)^n\, C_{2n}^n\ .$$

### solution

**1.** Les $C_n^k$ rappellent immédiatement la formule du binôme de Newton :

$$(x+1)^n = \sum_{k=0}^{n} C_n^k x^k 1^{n-k} = \sum_{k=0}^{n} C_n^k x^k\ .$$

La seule façon de faire apparaître des $kC_n^k$ sera de dériver cette égalité.

On a :

$$\begin{aligned}\sum_{k=0}^{n} (k+2)\, C_n^k &= 2\sum_{k=0}^{n} C_n^k + \sum_{k=0}^{n} kC_n^k \\ &= 2^{n+1} + \sum_{k=0}^{n} kC_n^k\ .\end{aligned}$$

Posons $f(x) = \sum\limits_{k=0}^{n} C_n^k x^k = (x+1)^n$ , alors :

$$f'(x) = n\,(x+1)^{n-1} = \sum_{k=1}^{n} kC_n^k x^{k-1}$$

donc :

$$f'(1) = \sum_{k=0}^{n} kC_n^k = n2^{n-1}$$

et, finalement :

$$\boxed{\sum_{k=0}^{n} (k+2)\, C_n^k = 2^{n-1}\,(4+n)}\ .$$

**2.** Considérons le polynôme :

$$P(X) = \left(X^2 - 1\right)^{2n} = \sum_{p=0}^{2n} C_{2n}^{p} X^{2p} (-1)^{2n-p} .$$

On a :

$$\begin{aligned} P(X) &= (X+1)^{2n} (X-1)^{2n} \\ &= \left(\sum_{k=0}^{2n} C_{2n}^{k} X^{k}\right) \left(\sum_{\ell=0}^{2n} C_{2n}^{\ell} X^{\ell} (-1)^{2n-\ell}\right) . \end{aligned}$$

Identifions les termes de degré $2n$ obtenus de deux manières différentes :

$$(-1)^n C_{2n}^{n} = \sum_{k=0}^{2n} (-1)^k C_{2n}^{k} C_{2n}^{2n-k} .$$

Or :

$$C_{2n}^{n} C_{2n}^{2n-k} = \frac{(2n)!}{k!\,(2n-k)!} \frac{(2n)!}{(2n-k)!\,(2n-(2n-k))!} = \left(C_{2n}^{k}\right)^2 ,$$

en conclusion :

$$(-1)^n C_{2n}^{n} = \sum_{k=0}^{2n} (-1)^k \left(C_{2n}^{k}\right)^2 .$$

## EXERCICE 3 Décomposition d'un polynôme en somme de carrés

Soit $P \in \mathbb{R}[X]$ . On suppose que :

$$\forall x \in \mathbb{R} \, , \; P(x) \geq 0 .$$

Montrer qu'il existe $(A, B) \in \mathbb{R}[X]^2$ tels que $P = A^2 + B^2$ .

### solution

Dans $\mathbb{C}[X]$ , $P$ est scindé, c'est-à-dire qu'il s'écrit comme produit de $n$ facteurs de degré 1 si $P$ est de degré $n$. C'est le théorème d'Alembert-Gauss (ou théorème fondamental de l'algèbre pour les Anglo-Saxons) démontré pour la première fois par Gauss en 1799.
Remarquons que si $\alpha \in \mathbb{C}$ est racine d'un polynôme réel alors $\overline{\alpha}$ l'est également.
En effet, si $P(\alpha) = 0$ alors $\overline{P(\alpha)} = 0$ et $\overline{P(\alpha)} = \overline{P}(\overline{\alpha}) = P(\overline{\alpha})$ si $P \in \mathbb{R}[X]$ .

On trie les racines de $P$ dans $\mathbb{C}[X]$ : soient $\lambda_1, ..., \lambda_r$ les racines réelles distinctes (de multiplicités respectives $\alpha_i$) et $\mu_1, \overline{\mu_1}, ..., \mu_s, \overline{\mu_s}$ les racines distinctes dans $\mathbb{C}\backslash\mathbb{R}$ (de multiplicités respectives $\beta_i$), alors :

$$P(X) = \prod_{i=1}^{r} (X - \lambda_i)^{\alpha_i} \prod_{i=1}^{s} (X - \mu_i)^{\beta_i} (X - \overline{\mu_i})^{\beta_i} .$$

Posons $R(X) = \prod_{i=1}^{s} (X - \mu_i)^{\beta_i}$ . Le polynôme $R(X)$ peut s'écrire :

$$R(X) = S(X) + iT(X) ,$$

où $(S, T) \in \mathbb{R}[X]^2$ .
Alors $\prod_{i=1}^{s} (X - \overline{\mu_i})^{\beta_i} = \overline{R} = S - iT$ et donc :

$$\prod_{i=1}^{s} (X - \mu_i)^{\beta_i} (X - \overline{\mu_i})^{\beta_i} = (S + iT)(S - iT) = S^2 + T^2 .$$

Le nombre $\alpha_i$ est pair pour tout $i \in \{1, ..., r\}$ . En effet, dans le cas contraire, on écrit :

$$\prod_{i=1}^{r} (X - \lambda_i)^{\alpha_i} = \left( \prod_{i \in I} (X - \lambda_i) \right) C^2$$

où $I$ est un sous ensemble de $\{1, ..., r\}$ qui n'est pas vide (on a isolé un facteur $(X - \lambda_i)$ de chaque $(X - \lambda_i)^{\alpha_i}$ si $\alpha_i$ est impair).
Alors :

$$P(X) = \left( \prod_{i \in I} (X - \lambda_i) \right) C^2 \left(S^2 + T^2\right) .$$

Prenons $x \in \mathbb{R}$ strictement inférieur à $\lambda_{i_1}$ la plus grandes des racines du polynôme $\prod_{i \in I} (X - \lambda_i)$ , mais strictement supérieur à la deuxième plus grande racine du même polynôme (si elle existe). Alors $\prod_{i \in I, i \neq i_1} (x - \lambda_i) > 0$ et $x - \lambda_{i_1} < 0$ donc $P(x) < 0$ , ce qui est contradictoire.
Donc $I = \emptyset$ et en posant $A = CS$ et $B = CT$ , on obtient :

$$P(X) = A(X)^2 + B(X)^2 .$$

## EXERCICE 4 Racines de polynômes

Soit $P$ un polynôme à coefficients complexes dont toutes les racines ont une partie imaginaire strictement négative.
On pose $P(z) = \sum_{k=0}^{n} a_k z^k$ et $\alpha_k = \mathrm{Re}(a_k)$ où Re désigne la partie réelle.
Montrer que toutes les racines de $U(z) = \sum_{k=0}^{n} \alpha_k z^k$ sont réelles.

### solution

Comme on s'intéresse aux racines des polynômes, écrivons $P(z)$ sous la forme :

$$P(z) = c \prod_{k=1}^{n} (z - \lambda_k) .$$

Afin d'utiliser la formule :

$$\mathrm{Re}(z) = \frac{z + \bar{z}}{2}$$

qui se révèle souvent pratique, posons :

$$Q(z) = \sum_{k=0}^{n} \bar{a}_k z^k .$$

Remarquons que $Q(z) = \overline{P(\bar{z})}$ et donc :

$$Q(z) = \bar{c} \prod_{k=1}^{n} \left(z - \bar{\lambda}_k\right) .$$

Soit maintenant $z_0 \in \mathbb{C}$ tel que $U(z_0) = 0$.
Nous avons :

$$2U(z_0) = P(z_0) + Q(z_0) = 0 ,$$

donc, en particulier :

$$\left|\prod_{k=1}^{n} (z_0 - \lambda_k)\right| = \left|\prod_{k=1}^{n} \left(z_0 - \bar{\lambda}_k\right)\right| . \tag{1}$$

Si $\mathrm{Im}(z_0) > 0$ , on a :

$$\forall k \in \{1, ..., n\} , \ |\lambda_k - z_0| > \left|\bar{\lambda}_k - z_0\right| , \tag{2}$$

ce qui se comprend facilement en considérant la figure ci-dessous et en se rappelant que les parties imaginaires des $\lambda_k$ sont strictements négatives par hypothèse :

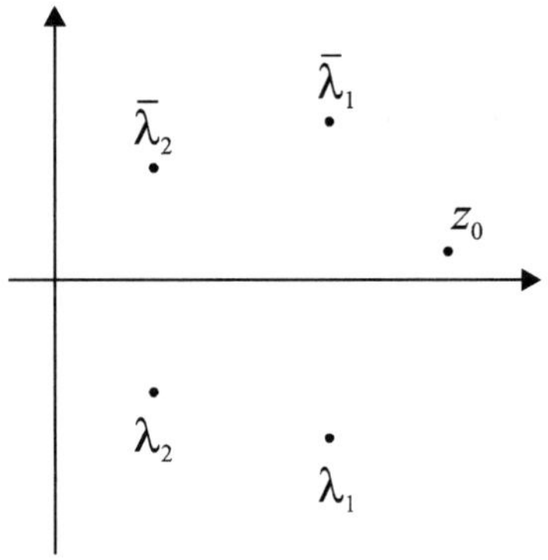


Or $(2)$ est en contradiction avec $(1)$. De même, on ne peut avoir $\mathrm{Im}\,(z_0) < 0$. Donc :

$$\boxed{\mathrm{Im}\,(z_0) = 0}\,.$$

Ainsi, toutes les racines de $U$ sont réelles.

## EXERCICE 5 Théorème de Kronecker

Soit $M$ une matrice diagonale de $M_n(\mathbb{C})$ de la forme :

$$M = \begin{pmatrix} \alpha_1 & 0 & \cdots & 0 \\ 0 & \ddots & \ddots & \vdots \\ \vdots & \ddots & \ddots & 0 \\ 0 & \cdots & 0 & \alpha_n \end{pmatrix}$$

avec $\forall i \in \{1, ..., n\}$ , $|\alpha_i| = 1$ .

**1.** Montrer que $(M^p)_{p\in\mathbb{N}}$ admet $I_n$ comme valeur d'adhérence.

**2.** On suppose que :

$$\forall k \in \mathbb{N}\,,\ \operatorname{tr}\left(M^k\right) \in \mathbb{Z}\,.$$

Montrer que :

$$\exists N \in \mathbb{N} \,/\, M^N = I_n\,.$$

**3.** Calculer le polynôme caractéristique de la matrice suivante :

$$M_P = \begin{pmatrix} 0 & \cdots & \cdots & 0 & -a_0 \\ 1 & \ddots & & \vdots & \vdots \\ 0 & \ddots & \ddots & \vdots & \vdots \\ \vdots & & \ddots & 0 & \vdots \\ 0 & \cdots & 0 & 1 & -a_{n-1} \end{pmatrix}.$$

**4.** En déduire le théorème de Kronecker, dont l'énoncé suit :

Soit $P \in \mathbb{Z}[X]$ un polynôme unitaire dont les racines sont non nulles et de module inférieur ou égal à 1, alors ses racines sont des racines de l'unité.

### *solution*

**1.** Toutes les normes étant équivalentes en dimension finie, on choisit la norme sup. sur l'espace vectoriel $M_n(\mathbb{C})$ , définie de la manière suivante :

$$\text{Si } A \in M_n(\mathbb{C}) \text{ alors } \|A\|_\infty = \sup_{1\leq i,j\leq n} |a_{ij}|\ .$$

Dans notre cas :

$$\forall p \in \mathbb{N}\,,\ \|M^p\|_\infty = 1 = \left\|M^{-p}\right\|_\infty$$

donc, en particulier, $(M^p)_{p\in\mathbb{N}}$ est une suite bornée de $M_n(\mathbb{C})$ : elle admet alors une valeur d'adhérence $B$ dans $M_n(\mathbb{C})$ .

Donc il existe une suite d'entiers naturels $(p_k)_{k\in\mathbb{N}}$ croissante, telle que :

$$\lim_{k\to+\infty} M^{p_k} = B\ .$$

Une limite de matrices diagonales l'est aussi, donc $B$ est diagonale.
Or, par convergence :

$$\lim_{k\to+\infty} M^{p_k} - M^{p_{k-1}} = 0$$

donc, si on se fixe $\varepsilon > 0$ :

$$\exists N \in \mathbb{N} \,/\, \forall k \in \mathbb{N}\,,\ (k \geq N \Rightarrow \|M^{p_k} - M^{p_{k-1}}\|_\infty \leq \varepsilon)\ ,$$

donc :

$$\left\|M^{p_k-p_{k-1}} - I_n\right\|_\infty \leq \left\|M^{-p_{k-1}}\right\|_\infty \|M^{p_k} - M^{p_{k-1}}\|_\infty \leq \varepsilon\ .$$

➧*Remarque :* On n'a pas $\|AB\|_\infty \leq \|A\|_\infty \|B\|_\infty$ pour tout couple de matrices ! Cependant, dans notre cas, l'inégalité est vraie car toutes les matrices qui interviennent sont diagonales.

Ainsi :

$$\lim_{k\to+\infty} M^{p_k-p_{k-1}} = I_n\ .$$

Or, on aurait pu choisir la suite $(p_k)_k$ de telle manière que $(p_k - p_{k-1})_k$ soit une suite strictement croissante de $\mathbb{N}$. En effet, ayant défini $p_{k_0}, ..., p_{k_n}$ on choisit $p_{k_{n+1}}$ tel que $p_{k_{n+1}} - p_{k_n} > p_{k_n} - p_{k_{n-1}}$ , ceci est possible car $(p_k)_k$ est une suite croissante avec $\lim\limits_{n\to+\infty} p_k = +\infty$. On définit ainsi une sous-suite $(p_{k_l})_l$ de $(p_k)_k$ telle que d'une part $\left(p_{k_{l+1}} - p_{k_l}\right)_l$ soit une suite strictement croissante, et d'autre part :

$$\lim_{l\to+\infty} M^{p_{k_{l+1}}-p_{k_l}} = I_n\ .$$

Donc $I_n$ est bien une valeur d'adhérence de la suite $(M^p)_{p\in\mathbb{N}}$ .
**2.** On rappelle que $\mathrm{tr} : M_n(\mathbb{C}) \to \mathbb{C}$ est une application continue, et d'autre part il existe (Cf. question précédente) une suite d'entiers naturels $(m_k)_{k\in\mathbb{N}}$ strictement croissante telle que :

$$\lim_{k\to+\infty} M^{m_k} = I_n\ .$$

Donc :

$$\lim_{k\to+\infty} \mathrm{tr}\,(M^{m_k}) = \mathrm{tr}\,(I_n) = n\ .$$

Or :

$$\forall \ell \in \mathbb{N}\ ,\ \operatorname{tr}\left(M^{\ell}\right) \in \mathbb{Z}\ ,$$

donc :

$$\exists K \in \mathbb{N} \,/\, \forall k \in \mathbb{N}\ ,\ \left(k \geq N \Rightarrow \left|\operatorname{tr}\left(M^{m_k}\right) - n\right| \leq \frac{1}{2}\right)$$

$$\Rightarrow \forall k \in \mathbb{N}\ ,\ \left(k \geq N \Rightarrow \operatorname{tr}\left(M^{m_k}\right) = n\right)\ ,$$

c'est-à-dire :

$$\operatorname{tr}\left(M^{m_k}\right) = \sum_{i=1}^{n} \alpha_i^{m_k} = n$$

et :

$$n = \left|\sum_{i=1}^{n} \alpha_i^{m_k}\right| \leq \sum_{i=1}^{n} \left|\alpha_i\right|^{m_k} \leq n\ .$$

L'inégalité triangulaire est donc ici une égalité : par conséquent, $\alpha_1^{m_k}, ..., \alpha_n^{m_k}$ sont proportionnels et avec des coefficients de proportionnalité positifs. De plus, ils ont tous même module, donc ils sont tous égaux.
Alors :

$$\operatorname{tr}\left(M^{m_k}\right) = n = n\alpha_1^{m_k} = ... = n\alpha_n^{m_k}$$

donc, finalement :

$$\alpha_1^{m_k} = ... = \alpha_n^{m_k} = 1\ ,$$

ce qui signifie que $\alpha_1, ..., \alpha_n$ sont des racines de l'unité, d'où le résultat recherché.
**3.** Considérons donc la matrice $M_P$, dite « compagnon », associée à $P$ :

$$M_P = \begin{pmatrix} 0 & \cdots & \cdots & 0 & -a_0 \\ 1 & \ddots & & \vdots & \vdots \\ 0 & \ddots & \ddots & \vdots & \vdots \\ \vdots & & \ddots & 0 & \vdots \\ 0 & \cdots & 0 & 1 & -a_{n-1} \end{pmatrix}.$$

Pour calculer son polynôme caractéristique $\det\left(M_P - XI_n\right)$, où l'on note $\ell_i$ la $i-$ième ligne, on remplace la ligne $\ell_1$ par $\ell_1 + X\ell_2 + \cdots + X^{n-1}\ell_n$, ce qui laisse le déterminant inchangé. On obtient alors :

$$\det(M_P - XI_n) = \begin{vmatrix} 0 & \cdots & \cdots & 0 & -P(X) \\ 1 & -X & & \vdots & -a_1 \\ 0 & \ddots & \ddots & \vdots & \vdots \\ \vdots & & \ddots & -X & \vdots \\ 0 & \cdots & 0 & 1 & -a_n \end{vmatrix},$$

et, en développant le déterminant par rapport à la première ligne, on a :

$$\det(M_P - XI_n) = (-1)^n P(X) .$$

**4.** Soit

$$P(X) = X^n + a_{n-1}X^{n-1} + \cdots + a_0 ,$$

avec $(a_0, ..., a_{n-1}) \in \mathbb{Z}^n$ et $a_0 \neq 0$ (car, par hypothèse de l'énoncé, les racines de $P$ sont non nulles).
$P$ est scindé dans $\mathbb{C}$, on note $\alpha_1, ..., \alpha_n$ ses racines, supposées par hypothèse toutes de module inférieur à 1 au sens large.
$1^{ère}$ étape. — Montrons par l'absurde qu'elles sont de module 1.
Si l'on suppose que l'une d'entre elles est strictement inférieure à 1 en module, alors :

$$|a_0| = \left|\prod_{i=1}^{n} \alpha_i\right| < 1$$

avec $a_0 \in \mathbb{Z}$ donc $a_0 = 0$, ce qui est absurde.
Donc :

$$\forall i \in \{1, ..., n\} \ , \ |\alpha_i| = 1 .$$

$2^{e}$ étape. — Montrons que :

$$\forall k \in \mathbb{N} , \sum_{i=1}^{n} \alpha_i^k \in \mathbb{Z} .$$

Par la question précédente, les valeurs propres de $M_P$ sont exactement les racines de $P$ dans $\mathbb{C}$. Ainsi :

$$\exists Q \in GL_n(\mathbb{C}) \ / \ QM_PQ^{-1} = \begin{pmatrix} \alpha_1 & * & \cdots & * \\ 0 & \ddots & \ddots & \vdots \\ \vdots & \ddots & \ddots & * \\ 0 & \cdots & 0 & \alpha_n \end{pmatrix},$$

où $*$ représente un coefficient de la matrice, non précisé car ne jouant aucun rôle dans la suite de la démonstration.
Or, pour tout $k \in \mathbb{N}$ :

$$\begin{aligned}\sum_{i=1}^{n} \alpha_i^k &= \operatorname{tr}\left(\left(QM_PQ^{-1}\right)^k\right) = \operatorname{tr}\left(Q\left(M_P\right)^k Q^{-1}\right) \\ &= \operatorname{tr}\left(Q^{-1}Q\left(M_P\right)^k\right) = \operatorname{tr}\left(M_P^k\right) ,\end{aligned}$$

car si $(U,V) \in M_n(\mathbb{C})^2$ , $\operatorname{tr}(UV) = \operatorname{tr}(VU)$ . (En revanche on n'a pas $\operatorname{tr}(UVW) = \operatorname{tr}(VUW)$ !)
Or $M_P^k$ est une matrice de $M_n(\mathbb{Z})$ donc :

$$\forall k \in \mathbb{N} , \sum_{i=1}^{n} \alpha_i^k \in \mathbb{Z} .$$

3e étape. — Il est maintenant facile de conclure, en utilisant la question 2.
On pose :

$$D = \begin{pmatrix} \alpha_1 & 0 & \cdots & 0 \\ 0 & \ddots & \ddots & \vdots \\ \vdots & \ddots & \ddots & 0 \\ 0 & \cdots & 0 & \alpha_n \end{pmatrix} .$$

On a bien :
$(i)$ $\forall i \in \{1, ..., n\}$ , $|\alpha_i| = 1$ ;
$(ii)$ $\forall k \in \mathbb{N}$ , $\operatorname{tr}\left(D^k\right) \in \mathbb{Z}$ ,
donc, d'après la question précédente,

$$\exists N \in \mathbb{N} \ / \ \alpha_1^N = ... = \alpha_n^N = 1 .$$

On a donc démontré le théorème de Kronecker.

# II ALGÈBRE LINÉAIRE ET GÉOMÉTRIE AFFINE

## 1

## Espaces vectoriels et applications linéaires

Intervenant dans tous les domaines des mathématiques, l'algèbre linéaire tient une place prépondérante en classes préparatoires. En plus des exercices spécifiques qui, soit dit en passant, sont très appréciés des examinateurs, des exercices de géométrie ou d'autres sur les équations différentielles peuvent être l'occasion d'utiliser les méthodes de ce chapitre. Il convient donc d'attacher une attention toute particulière à cette partie du livre.

### QUESTIONS BRÈVES

**1.** Montrer que $\mathrm{tr}(AB) = \mathrm{tr}(BA)$ pour toutes matrices $A, B \in M_n(\mathbb{K})$.

**2.** Déterminer le centre de $M_n(\mathbb{K})$ (c'est-à-dire l'ensemble des matrices qui commutent avec toute autre matrice de $M_n(\mathbb{K})$).

**3.** Soient $u$ et $v$ deux endomorphismes d'un espace vectoriel de dimension finie $E$, montrer les inégalités suivantes :

$$|\operatorname{rg}(u) - \operatorname{rg}(v)| \leq \operatorname{rg}(u+v) \leq \operatorname{rg}(u) + \operatorname{rg}(v)$$
$$\text{et} \quad \operatorname{rg}(u \circ v) \leq \min(\operatorname{rg}(u), \operatorname{rg}(v)) \; .$$

**4.** Montrer que l'ordre de nilpotence d'un endomorphisme dans un espace vectoriel $E$ de dimension $n$ est plus petit que $n$.

**5.** Soit $A = ((a_{ij}))_{i,j}$ une matrice de $M_n(\mathbb{R})$. Montrer que si $a_{jj} > \sum\limits_{i \neq j} a_{ij}$ pour tout $j$, alors $A$ est inversible (théorème de Hadamard).

## réponses

**1.** Soit $(a_{i,j})_{(i,j)\in\{1,\dots,n\}^2}$ et $(b_{i,j})_{(i,j)\in\{1,\dots,n\}^2}$ les coefficients des matrices $A$ et $B$ de $M_n(\mathbb{R})$. Par définition du produit matriciel, le coefficient $(i,j)$ de $AB$ est $\sum_{k=1}^{n} a_{i,k}b_{k,j}$. On a donc :

$$\begin{aligned}\operatorname{tr}(AB) &= \sum_{i=1}^{n}(AB)_{i,i}\\ &= \sum_{i=1}^{n}\sum_{k=1}^{n} a_{i,k}b_{k,i}\\ &= \sum_{k=1}^{n}\sum_{i=1}^{n} b_{k,i}a_{i,k}\ .\end{aligned}$$

On reconnaît la trace de la matrice $BA$.

**2.** Soit $M$ une matrice contenue dans le centre de $M_n(\mathbb{K})$, notons $u$ l'endomorphisme associé à $M$ dans la base canonique de $\mathbb{K}^n$ ; $u$ est dans le centre de $L(\mathbb{K}^n)$. Soit $x \in\mathbb{K}^n$, on considère un projecteur $p$ sur $\operatorname{Vect}(x)$ parallèlement à un de ses supplémentaires. Comme $u$ commute avec $p$, $u(p(x)) = p(u(x))$. Or, $x \in \operatorname{Vect}(x)$ donc $p(x) = x$. On en déduit que $p(u(x)) = u(x)$ c'est-à-dire que $u(x) \in \operatorname{Vect}(x)$. On a démontré que pour tout $x$, $u(x)$ s'écrit $\lambda_x x$. On fixe $x \neq 0$.
Pour tout $y$, $u(x+y)$ s'écrit de deux manières différentes :

$$u(x+y) = \lambda_{x+y}(x+y) = u(x) + u(y) = \lambda_x x + \lambda_y y.$$

Si $x$ et $y$ sont linéairement indépendants, alors $\lambda_x = \lambda_{x+y} = \lambda_y$. Si $y = \beta x$, $u(y) = \lambda_y \beta x = \beta\lambda_x x$, donc $\lambda_y = \lambda_x$. En conclusion, il existe un unique $\lambda$ dans $\mathbb{K}$, tel que $u(x) = \lambda x$ pour tout $x$, i.e $u = \lambda Id$.
Le centre de $M_n(\mathbb{K})$ est donc constitué des matrices de la forme $\lambda I_n$ avec $\lambda$ dans $\mathbb{K}$ (c'est-à-dire les homothéties).

**3.** On a

$$\dim(\operatorname{Im} u + \operatorname{Im} v) = \dim(\operatorname{Im} u) + \dim(\operatorname{Im} v) - \dim(\operatorname{Im} u \cap \operatorname{Im} v)\ ,$$

donc

$$\dim(\operatorname{Im} u + \operatorname{Im} v) \leq \operatorname{rg}(u) + \operatorname{rg}(v)\ ,$$

l'inégalité étant une égalité lorsque la somme est directe.
D'autre part, si $y \in \operatorname{Im}(u+v)$, $y$ s'écrit

$$(u+v)(x) = u(x) + v(x) \in \operatorname{Im} u + \operatorname{Im} v\ .$$

Donc $\operatorname{Im}(u+v) \subset \operatorname{Im} u + \operatorname{Im} v$, ainsi en passant aux dimensions :

$$\operatorname{rg}(u+v) \leq \dim(\operatorname{Im} u + \operatorname{Im} v) \leq \operatorname{rg}(u) + \operatorname{rg}(v)\ .$$

Ayant remarqué que $\mathrm{rg}(u) = \mathrm{rg}(-u)$, on a :

$$\mathrm{rg}(u) = \mathrm{rg}(v + (-u - v)) \leq \mathrm{rg}(v) + \mathrm{rg}(u + v) ,$$

donc $\mathrm{rg}(u) - \mathrm{rg}(v) \leq \mathrm{rg}(u + v)$. On obtient l'inégalité cherchée en inversant les rôles de $u$ et de $v$.
Pour la dernière, on remarque tout d'abord que $\mathrm{Im}(u \circ v) \subset \mathrm{Im}\, u$.
Donc

$$\mathrm{rg}(u \circ v) \leq \mathrm{rg}(u) .$$

Par ailleurs $\mathrm{Ker}(v) \subset \mathrm{Ker}(u \circ v)$, donc par la formule du rang :

$$\mathrm{rg}(u \circ v) \leq \mathrm{rg}(v) .$$

**4.** Il s'agit de voir que si $u \in L(E)$ et $u^p = 0$ avec $p \geq n$ alors $u^n = 0$. Soit $p$ minimal tel que $u^p = 0$. Il existe $x$ tel que $u^{(p-1)}(x) \neq 0$, et la famille $(x, u(x), ..., u^{(p-1)}(x))$ est libre.
En effet, si

$$\sum_{i=0}^{p-1} \lambda_i u^i(x) = 0 ,$$

alors en composant par $u^{(p-1)}$, on obtient $\lambda_0 = 0$. Puis en composant par $u^{(p-2)}$, $\lambda_1 = 0$, etc.
On a exhibé une famille libre à $p$ éléments dans un espace de dimension $n$, donc $p \leq n$.

**5.** Pour montrer que $A$ est inversible, on va montrer qu'elle est injective.
Soit $X = (x_1, ..., x_n) \in \mathbb{R}^n$ tel que $AX = 0$. Cette égalité se traduit par le système linéaire $\sum_{j=1}^{n} a_{i,j} x_j = 0,\ 1 \leq i \leq n$.
Soit $i_0$ un indice tel que $|x_{i_0}| = \max_{1 \leq i \leq n} |x_i|$, on a :

$$\begin{aligned} |a_{i_0,i_0} x_{i_0}| &= \left| \sum_{1 \leq j \leq n \quad j \neq i_0} a_{i_0,j} x_j \right| \\ &\leq \sum_{1 \leq j \leq n \quad j \neq i_0} |a_{i_0,j}| |x_{i_0}| . \end{aligned}$$

D'après l'hypothèse, cette dernière inégalité n'est possible que si $|x_{i_0}| = 0$. Ainsi, $X = 0$ et $A$ est injective. Comme $A$ est carrée, elle est inversible.

## EXERCICE 1 Étude d'un espace vectoriel de fonctions

Soit $E$ l'espace vectoriel, de corps de base $\mathbb{R}$, des fonctions de $[0,1]$ dans $\mathbb{R}$, affines par morceaux et continues.
Pour tout $\alpha \in [0,1[$, on note $f_\alpha$, la fonction de $E$ telle que $f_\alpha(x) = |x-\alpha|$ et $f_1 \in E$ la fonction constante égale à 1.
**1.** Montrer que la famille $(f_\alpha)_{\alpha\in[0,1]}$ est libre.
**2.** Montrer que $(f_\alpha)_{\alpha\in[0,1]}$ est une base de $E$.
On pourra considérer, pour $0 = x_0 < x_1 < \cdots < x_{n+1} = 1$, l'ensemble :

$$E_{(x_i)_{i\in\{0,\dots,n+1\}}} = \left\{ f \in E \;/\; \forall i \in \{0,\dots,n\} \;,\; f|_{[x_i,x_{i+1}]} \text{ est affine} \right\} .$$

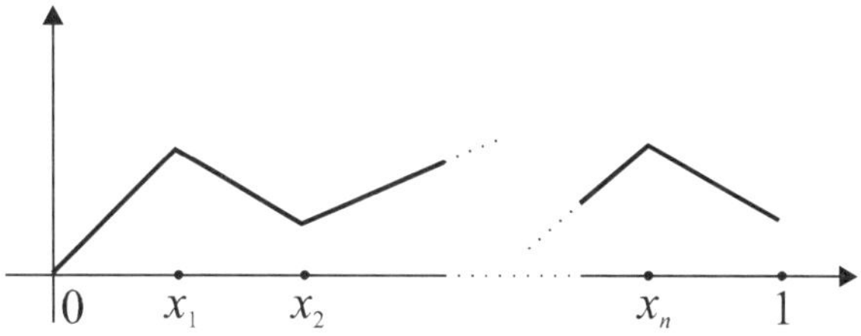


### solution

**1.** Par définition, une famille infinie d'un espace vectoriel est libre si toute sous-famille finie est libre.
Soit $n$ un entier naturel quelconque. Soient $(\lambda_0,\dots,\lambda_{n+1}) \in\mathbb{R}^{n+2}$ et $(\alpha_1,\dots,\alpha_n) \in ]0,1[^n$ deux-à-deux distincts tels que :

$$\sum_{i=0}^{n+1} \lambda_i f_{\alpha_i} = 0$$

avec $\alpha_0 = 0$ et $\alpha_{n+1} = 1$ (on peut toujours inclure ces deux indices dans la somme quitte à prendre $\lambda_0$ ou/et $\lambda_{n+1}$ nuls).
Pour tout $j \in \{1,\dots,n\}$ :

$$-\lambda_j f_{\alpha_j} = \sum_{\substack{i=0\\ i\neq j}}^{n+1} \lambda_i f_{\alpha_i} . \qquad (1)$$

Or $\forall i \in \{1,\dots,n\} \setminus \{j\}$ , $f_{\alpha_i}$ est dérivable en $\alpha_j$ , donc $\lambda_j f_{\alpha_j}$ l'est également, ce qui n'est possible que si $\lambda_j = 0$.
Donc :

$$\forall j \in \{1,\dots,n\} \;,\; \lambda_j = 0 ,$$

d'où $\lambda_0 f_0 + \lambda_{n+1} f_{n+1} = 0$. En appliquant cette formule en $x = 0$ puis en $x = 1$, on montre que $\lambda_1 = 0$ puis que $\lambda_0 = 0$, ce qui montre que la famille $(f_\alpha)_{\alpha \in [0,1]}$ est libre.

➡*Remarque :* Pour montrer qu'une famille de fonctions est libre, il est très courant d'isoler, comme dans l'expression $(1)$, une fonction qui a une propriété bien particulière : continuité ou dérivabilité en un point, équivalent en $+\infty$... On peut citer comme autre exemple, le cas de la famille de fonctions $(e^{\alpha t})_{\alpha \in \mathbb{R}}$.

**2.** On reprend les notations indiquées dans l'énoncé.
Considérons :

$$\psi : \begin{array}{ccc} E_{(x_i)_{i\in\{0,\dots,n+1\}}} & \longrightarrow & \mathbb{R}^{n+2} \\ f & \longmapsto & (f(x_0), \dots, f(x_{n+1})) \end{array}.$$

$\psi$ est linéaire et bijective, car $\psi(f)$ donne les extrémités des segments du graphe de $f$. Donc $\dim E_{(x_i)_{i\in\{0,\dots,n+1\}}} = n + 2$.
Alors, la question précédente montre que $(f_\alpha)_{\alpha \in \{x_0,\dots,x_{n+1}\}}$ est une base de $E_{(x_i)_{i\in\{0,\dots,n+1\}}}$.
Comme, pour toute fonction $f$ de $E$, il existe un entier naturel $n$ et des réels $(x_i)_{i\in\{0,\dots,n+1\}}$ tels que $f$ soit dans $E_{(x_i)_{i\in\{0,\dots,n+1\}}}$, on obtient que la famille $(f_\alpha)_{\alpha \in [0,1]}$ est génératrice de $E$. Par ailleurs $(f_\alpha)_{\alpha \in [0,1]}$ est une famille libre, donc c'est bien une base de $E$.

## EXERCICE 2 Noyaux et images des itérés d'un endomorphisme

Soit $E$ un $\mathbb{C}$-espace vectoriel de dimension finie et soit $u \in L(E)$.
**1.** Montrer que les suites $(\operatorname{Ker} u^p)_{p\in\mathbb{N}}$ et $(\operatorname{Im} u^p)_{p\in\mathbb{N}}$ sont stationnaires à partir d'un même rang $q$.
**2.** Montrer que les propositions suivantes sont équivalentes :
$(i)$ $\operatorname{Im} u^p = \operatorname{Im} u^{p+1}$ ;
$(ii)$ $\operatorname{Ker} u^p = \operatorname{Ker} u^{p+1}$ ;
$(iii)$ $E = \operatorname{Ker} u^p \oplus \operatorname{Im} u^p$.

### solution

**1.** Le point de départ est de remarquer les deux inclusions suivantes :

$$\operatorname{Ker} u^p \subset \operatorname{Ker} u^{p+1} \quad \text{et} \quad \operatorname{Im} u^{p+1} \subset \operatorname{Im} u^p .$$

Étudions $(\operatorname{Ker} u^p)_{p\in\mathbb{N}}$ par exemple. La suite des dimensions est une suite d'entiers, croissante (d'après l'inclusion ci-dessus) et majorée (car $E$ est de dimension finie) donc stationnaire à partir d'un certain rang $q$. Mais alors l'inclusion entraîne que

$$\operatorname{Ker} u^p = \operatorname{Ker} u^{p+1} \ , \ \forall p \geq q \ .$$

En appliquant le théorème du rang à $u^p$ on obtient que

$$\dim (\operatorname{Im} u^p) = \dim E - \dim (\operatorname{Ker} u^p)$$

et donc les suites $(\dim (\operatorname{Im} u^p))_p$ puis $(\operatorname{Im} u^p)_p$ sont stationnaires à partir du même rang $q$.

➡*Remarque :* Il est utile de noter que si $\operatorname{Ker} u^p = \operatorname{Ker} u^{p+1}$ alors $p \geq q$ et de même pour la suite des images (ceci signifie que les deux suites sont strictement monotones jusqu'au rang $q$ à partir duquel elles sont stationnaires). En effet, si l'on a cette égalité : soit $x \in \operatorname{Ker} u^{p+2}$ ; $u^{p+2}(x) = u^{p+1}(u(x)) = 0$ donc $u(x) \in \operatorname{Ker} u^{p+1}$. Mais $\operatorname{Ker} u^{p+1} = \operatorname{Ker} u^p$ et donc finalement $x \in \operatorname{Ker} u^{p+1}$ ce qui prouve que $\operatorname{Ker} u^{p+2} \subset \operatorname{Ker} u^{p+1}$ et donc $\operatorname{Ker} u^{p+2} = \operatorname{Ker} u^{p+1}$ car l'inclusion inverse est toujours vraie. On conclut immédiatement.

**2.** D'après la question précédente, $(i)$ et $(ii)$ sont équivalents. On montre alors $(ii) \Rightarrow (iii)$ et $(iii) \Rightarrow (i)$ (on se convainc après tâtonnements que c'est la démarche la plus simple).
Montrons que $(ii) \Rightarrow (iii)$ ; la somme $\operatorname{Ker} u^p + \operatorname{Im} u^p$ est directe. En effet, soit $x \in \operatorname{Ker} u^p \cap \operatorname{Im} u^p$. D'une part, $u^p(x) = 0$ et d'autre part il existe $y \in E$ tel que $u^p(y) = x$. On en déduit que $y \in \operatorname{Ker} u^{2p}$. Mais $\operatorname{Ker} u^{2p} = \operatorname{Ker} u^p$ d'après la remarque précédente car $p \geq q$ et donc $u^p(y) = x = 0$ : on a donc bien $\operatorname{Ker} u^p \oplus \operatorname{Im} u^p$. Le théorème du rang permet alors de conclure.
Montrons que $(iii) \Rightarrow (i)$ ; il suffit de montrer que $\operatorname{Im} u^p \subset \operatorname{Im} u^{p+1}$. Soit $x \in \operatorname{Im} u^p$ ; il existe $y \in E$ tel que $x = u^p(y)$. Le vecteur $y$ se décompose sur la somme directe : $y = y_k + y_i$ où $y_k \in \operatorname{Ker} u^p$ et $y_i \in \operatorname{Im} u^p$.
Par linéarité de $u^p$ on obtient $x = u^p(y_i) = u^{2p}(z)$ pour un certain $z$ car $y_i \in \operatorname{Im} u^p$. Mais $u^{2p}(z) = u^{p+1}(u^{p-1}(z))$ et donc $x \in \operatorname{Im} u^{p+1}$ ce qui termine la preuve.

➡*Remarque :* Si $E$ est de dimension finie et $u \in L(E)$, il existe donc toujours $p \in \mathbb{N}$ tel que $E = \operatorname{Ker} u^p \oplus \operatorname{Im} u^p$ mais en général on a pas $E = \operatorname{Ker} u \oplus \operatorname{Im} u$ ! C'est vrai pour les projecteurs et les endomorphismes inversibles par exemple. Plus généralement montrer que :

$$\{u \in L(E) \ / \ E = \operatorname{Ker} u \oplus \operatorname{Im} u\} = \left\{u \in L(E) \ / \ \operatorname{Im} u = \operatorname{Im} u^2\right\} \ .$$

(Si l'on a bien compris l'exercice, cette démonstration ne présente aucune difficulté.)

## EXERCICE 3 Problème de Dirichlet discret

Soit $n \in \mathbb{N}$. On se donne $4n$ réels $(x_i)_{1 \leq i \leq 4n}$ que l'on dispose de la manière suivante dans une grille :

| | | | | |
|---|---|---|---|---|
| | $x_1$ | $\cdots$ | $x_n$ | |
| $x_{4n}$ | $a_{11}$ | $\cdots$ | $a_{1n}$ | $x_{n+1}$ |
| $\vdots$ | $\vdots$ | $a_{ij}$ | $\vdots$ | $\vdots$ |
| $x_{3n+1}$ | $a_{n1}$ | $\cdots$ | $a_{nn}$ | $x_{2n}$ |
| | $x_{3n}$ | $\cdots$ | $x_{2n+1}$ | |

On cherche à compléter cette grille par une matrice $(a_{ij})_{1 \leq i,j \leq n} \in M_n(\mathbb{R})$ de telle sorte que chaque élément $a_{ij}$ soit la moyenne arithmétique de chaque plus proche voisin, suivant les axes vertical et horizontal (sur les bords de de la matrices, les réels $x_i$ interviennent dans la moyenne).
Ainsi par exemple :

$$a_{22} = \frac{1}{4}(a_{12} + a_{23} + a_{32} + a_{21}) \quad ,$$

mais :

$$a_{11} = \frac{1}{4}(x_1 + a_{12} + a_{21} + x_{4n}) \quad .$$

**1.** Montrer que quels que soient les $(x_i)_{1 \leq i \leq 4n}$ de départ, il existe une unique matrice $A = (a_{ij})$ qui convient.
**2.** On suppose désormais que les $(x_i)_{1 \leq i \leq 4n}$ sont tous positifs. On définit par récurrence une suite de matrices par :
— $A_0 = (0)$ ;
— chaque coefficient $(A_{N+1})_{ij}$ est la moyenne arithmétique des quatre plus proches voisins de $(A_N)_{ij}$.
Montrer que la suite $(A_N)_{N \in \mathbb{N}}$ converge vers la solution du problème.

### solution

**1.** Il s'agit de trouver $n^2$ réels, les $(a_{ij})$, vérifiant chacun une équation du type :

$$a_{13} = \frac{x_3 + a_{14} + a_{23} + a_{12}}{4}$$

en considérant l'exemple d'un coefficient de la matrice $A$ qui est sur un bord.
Nous sommes donc en présence d'un système linéaire de $n^2$ équations à $n^2$ inconnues.

Pour répondre à la question, il suffit de voir que le système admet une unique solution, c'est-à-dire que la matrice de $M_{n^2}(\mathbb{R})$ associé à celui-ci est inversible. Or, comme cette matrice est carrée, son injectivité suffit. Supposons donc que tous les $x_i$ tous nuls et qu'on a une matrice $A = (a_{ij})_{1 \leq i,j \leq n}$ répondant au problème. Montrons que tous les $a_{ij}$ , avec $1 \leq i, j \leq n$ , sont nuls (c'est-à-dire $A = 0$).
Considérons $a_{i_0 j_0}$ un élément maximal parmi les coefficients de $A$. Comme $a_{i_0 j_0}$ est la moyenne ces voisins, qui lui sont inférieurs (car $a_{i_0 j_0}$ est maximal), ceux-ci sont égaux à $a_{i_0 j_0}$ . En propageant ce raisonnement, on trouve un élément maximal au bord de $A$. Il est obligatoirement nul !
La matrice a donc tous ses coefficients négatifs. En réitérant le raisonnement précédent avec $-A$ , il est clair que $A = 0$.

➡*Remarque :* Cet exercice montre l'intérêt de l'algèbre linéaire. En effet, grâce à la théorie des systèmes linéaires, on a ramené un problème d'existence et d'unicité difficile à un problème beaucoup plus facile d'unicité : si $\forall i \in \{1, ..., 4n\}$ , $x_i = 0$, alors la seule matrice répondant au problème est nulle.

**2.** Montrons tout d'abord par récurrence sur $N$ que chaque suite $\left((A_N)_{ij}\right)_{N \in \mathbb{N}}$ est croissante ($i$ et $j$ sont fixés dans $\{1, ..., n\}$) :
— tous les coefficients de $A_1$ sont positifs car moyennes de réels positifs. Donc la propriété est vraie au rang $0$ :

$$\forall (i, j) \in \{1, ..., n\}^2 \ , \ (A_1)_{ij} \geq (A_0)_{ij} \ ;$$

— supposons la propriété vraie au rang $N$, c'est-à-dire :

$$\forall (i, j) \in \{1, ..., n\}^2 \ , \ (A_{N+1})_{ij} \geq (A_N)_{ij} \ .$$

Montrons qu'elle est encore vraie au rang $N + 1$.
Par construction de $A_{N+2}$ , on a :

$$(A_{N+2})_{ij} = \frac{1}{4} \sum_{(k,\ell) \text{ voisin de } (i,j)} (A_{N+2})_{k\ell} \qquad (1)$$

en adaptant l'égalité au bord.
Or, par hypothèse de récurrence, pour tous les voisins de $(i, j)$ :

$$(A_{N+1})_{k\ell} \geq (A_N)_{k\ell} \ ,$$

donc :

$$\frac{1}{4} \sum_{(k,\ell) \text{ voisin de } (i,j)} (A_{N+2})_{k\ell} \geq \frac{1}{4} \sum_{(k,\ell) \text{ voisin de } (i,j)} (A_{N+1})_{k\ell} = (A_{N+1})_{ij} \ .$$

Donc d'après $(1)$ :

$$(A_{N+2})_{ij} \geq (A_{N+1})_{ij} \ .$$

Nous avons ainsi démontré que les suites $\left((A_N)_{ij}\right)_{N\in\mathbb{N}}$ sont toutes croissantes. Par ailleurs, si l'on considère :

$$M = \max_{1\leq i\leq 4n} \{x_i\} \ ,$$

une récurrence simple montre que :

$$\forall N \in \mathbb{N} \ , \ \forall (i,j) \in \{1,...,n\}^2 \ , \ (A_N)_{ij} \leq M \ .$$

Ainsi, toutes les suites $\left((A_N)_{ij}\right)_{N\in\mathbb{N}}$ sont croissantes et majorées, donc elles convergent.
En passant à la limite dans la formule $(1)$, il apparaît que la matrice limite des $(A_N)_{N\in\mathbb{N}}$ est solution du problème, et c'est l'unique.

## EXERCICE 4 Semi-normes multiplicatives sur $M_n(\mathbb{R})$

**1.** On rappelle qu'un idéal bilatère $I$ de $M_n(\mathbb{R})$ est un sous-groupe additif de $M_n(\mathbb{R})$ tel que :

$$\forall A \in I \ , \ \forall M \in M_n(\mathbb{R}) \ , \ AM \in I \text{ et } MA \in I \ .$$

Trouver les idéaux bilatères de $M_n(\mathbb{R})$.
**2.** Application. — Soit $p$ une semi-norme de $M_n(\mathbb{R})$, vérifiant la relation $(1)$ :

$$\forall (A,B) \in M_n(\mathbb{R})^2 \ , \ p(AB) \leq p(A)\,p(B) \ .$$

Montrer que soit $p$ est une norme, soit $p = 0$ (on rappelle qu'une semi-norme est une norme auquelle il manque l'axiome de séparation, c'est-à-dire qu'on peut avoir $p(A) = 0$ sans que $A = 0$).

**solution**

**1.** Soit $\mathcal{I}$ un idéal bilatère de $M_n(\mathbb{R})$, différent de $\{0\}$.
Par définition d'un idéal bilatère :

$$\forall (A,B) \in M_n(\mathbb{R})^2 \ , \ \forall M \in \mathcal{I} \ , \ AMB \in \mathcal{I} \ .$$

D'après le cours, toute matrice de rang $r$ est équivalente à :

$$J_r = \begin{pmatrix} 1 & 0 & \cdots & \cdots & \cdots & 0 \\ 0 & \ddots & \ddots & & & \vdots \\ \vdots & \ddots & 1 & \ddots & & \vdots \\ \vdots & & \ddots & 0 & \ddots & \vdots \\ \vdots & & & \ddots & \ddots & 0 \\ 0 & \cdots & \cdots & \cdots & 0 & 0 \end{pmatrix}$$

où 1 apparaît $r$ fois dans la diagonale.
Soit donc $M \in \mathcal{I} \backslash \{0\} \ / \ \mathrm{rg}(M) = r > 0$. Alors d'après ce qui précède :

$$\exists (P,Q) \in GL_n(\mathbb{R})^2 \ / \ PMQ = J_r \ ,$$

donc en particulier :

$$J_r \in \mathcal{I} \ . \tag{2}$$

On introduit maintenant la famille $E_{k,\ell}$ des matrices $(\delta_{ik}\delta_{j\ell})$, où l'on aura reconnu les symboles de Kronecker qui vérifient :

$$\begin{cases} \delta_{ik} = 1 \text{ si } i = k \\ \delta_{ik} = 0 \text{ sinon,} \end{cases} \text{ et } \begin{cases} \delta_{j\ell} = 1 \text{ si } j = \ell \\ \delta_{j\ell} = 0 \text{ sinon.} \end{cases}$$

On remarque alors que :

$$J_r E_{1,1} = E_{1,1} \ ,$$

donc d'après $(2)$, $E_{1,1} \in \mathcal{I}$.
De la même manière :

$$\forall i \in \{1, ..., n\} \ , \ E_{i,i} = E_{i,1} E_{1,1} E_{1,i}$$

donc :

$$\forall i \in \{1, ..., n\} \ , \ E_{i,i} \in \mathcal{I} \ .$$

Or $\mathcal{I}$ est un groupe additif, et $I_n = \sum_{i=1}^{n} E_{i,i}$ donc $I_n \in \mathcal{I}$.
D'où :

$$\forall A \in M_n(\mathbb{R}) \ , \ AI_nI_n = A \in \mathcal{I}$$

donc :

$$\boxed{\mathcal{I} = M_n(\mathbb{R})} \ .$$

On a donc démontré que les seuls idéaux bilatères de $M_n(\mathbb{R})$ sont $\{0\}$ et $M_n(\mathbb{R})$ .

**2.** On prend $\mathcal{I} = \{M \in M_n(\mathbb{R}) \ / \ p(M) = 0\}$.
Comme $p$ est d'une part une semi-norme et d'autre part vérifie $(1)$ , $\mathcal{I}$ est un idéal bilatère de $M_n(\mathbb{R})$.
Donc, d'après la question précédente, soit $\mathcal{I} = \{0\}$ et $p$ est une norme, soit $\mathcal{I} = M_n(\mathbb{R})$ et $p = 0$.

## EXERCICE 5 Somme de projecteurs

Soit $E$ un $\mathbb{R}$-espace vectoriel de dimension finie et soient $p_1, ..., p_k$ des projecteurs de $E$. Montrer l'équivalence des proposistions suivantes :
$(i)$ $\forall (i,j) \in \{1, ..., k\}^2$ , $(i \neq j \Rightarrow p_i \circ p_j = 0)$ ;
$(ii)$ $p = \sum_{i=1}^{k} p_i$ est un projecteur.

### solution

On montre facilement que $(i) \Rightarrow (ii)$ ; $p$ est un projecteur si et seulement si $p \in L(E)$ et $p \circ p = p$.
On écrit :

$$p^2 = \left(\sum_{i=1}^{k} p_i\right)^2 = \sum_{i=1}^{k} p_i^2 + \sum_{i \neq j} p_i \circ p_j .$$

(On remarquera au passage que les $p_i$ ne commutent pas !)
Si les $p_i$ sont eux-mêmes des projecteurs, et si $(i)$ est vérifié, on obtient bien :

$$p^2 = \sum_{i=1}^{k} p_i = p .$$

Montrons $(ii) \Rightarrow (i)$.

➡*Rappel :* Pour un projecteur $p$, $\mathrm{rg}(p) = \mathrm{tr}(p)$. Ceci, car dans une base convenable, la matrice de $p$ est :

$$\begin{pmatrix} 1 & 0 & \cdots & \cdots & \cdots & 0 \\ 0 & \ddots & \ddots & & & \vdots \\ \vdots & \ddots & 1 & \ddots & & \vdots \\ \vdots & & \ddots & 0 & \ddots & \vdots \\ \vdots & & & \ddots & \ddots & 0 \\ 0 & \cdots & \cdots & \cdots & 0 & 0 \end{pmatrix},$$

où le nombre de 1 dans la diagonale est justement le rang de $p$.

En utilisant cette propriété et la linéarité de la trace, on a :

$$\operatorname{rg}(p) = \operatorname{tr}(p) = \sum_{i=1}^{k} \operatorname{tr}(p_i) = \sum_{i=1}^{k} \operatorname{rg}(p_i) \ ,$$

ce qui s'écrit aussi :

$$\dim(p(E)) = \sum_{i=1}^{k} \dim(p_i(E)) \ .$$

Comparons les espaces vectoriels $p(E)$ et $\sum_{i=1}^{k} p_i(E)$. On a :

$$p(E) = \left(\sum_{i=1}^{k} p_i\right)(E) \subset \sum_{i=1}^{k} p_i(E)$$

puis :

$$\dim(p(E)) \leq \dim\left(\sum_{i=1}^{k} p_i(E)\right) \leq \sum_{i=1}^{k} \dim(p_i(E)) = \dim(p(E)) \qquad (1)$$

et donc :

$$p(E) = \sum_{i=1}^{k} p_i(E) \ .$$

De plus, l'égalité dans $(1)$ entraîne que cette somme est directe. En effet, s'il existait $x \neq 0$ tel que $x \in p_i(E) \cap \sum\limits_{j \neq i} p_j(E)$ pour un certain $i \in \{1, ..., k\}$, on aurait :

$$\begin{aligned} \dim(p(E)) &\leq \dim(p_i(E)) + \dim\left(\sum_{j\neq i} p_j(E)\right) - 1 \\ &< \sum_{j=1}^{k} \dim(p_j(E)) = \dim(p(E)) \ , \end{aligned}$$

ce qui est absurde.
Donc :

$$p(E) = \bigoplus_{i=1}^{k} p_i(E) \ .$$

On conclut alors en remarquant que pour tout $i \in \{1, ..., k\}$, on a :

$$E = p_i(E) \oplus \operatorname{Ker}(p_i)$$

(car $p_i$ est un projecteur) et que du fait de la somme directe, $p_j(E) \subset \text{Ker}(p_i)$ si $j \neq i$ et donc on a bien $p_i \circ p_j = 0$ si $i \neq j$.

➡*Remarques :*

$(i)$ Faire le cas $k = 2$ « à la main ».

$(ii)$ Pour $p_1$ et $p_2$ deux projecteurs orthogonaux de $\mathbb{R}^2$ par exemple, on note que $p_1 + p_2$ est un projecteur orthogonal si et seulement si $\text{Im}\, p_1 \perp \text{Im}\, p_2$.

## EXERCICE 6 Projecteurs et endomorphismes

Soit $E$ un espace vectoriel sur $\mathbb{K}=\mathbb{R}$ ou $\mathbb{C}$.

Trouver une condition nécessaire et suffisante sur $u \in L(E)$ pour qu'il existe $p$, projecteur de $E$, tel que :

$$p \circ u - u \circ p = u\ .$$

### solution

Soit $u \in L(E)$.

Supposons qu'il existe un projecteur $p$ tel que :

$$p \circ u - u \circ p = u\ ,$$

alors en composant l'expression de l'énoncé à gauche par $p$, on obtient :

$$p \circ u - p \circ u \circ p = p \circ u$$

car $p \circ p = p$, donc :

$$p \circ u \circ p = 0\ .$$

En composant à droite par $p$ :

$$p \circ u \circ p - u \circ p = u \circ p\ ,$$

or $p \circ u \circ p = 0$ donc :

$$u \circ p = 0\ ,$$

c'est-à-dire :

$$\text{Im}\, p \subseteq \text{Ker}(u)\ .$$

Par ailleurs, l'expression de l'énoncé, compte tenu de la relation $u \circ p = 0$, donne :

$$p \circ u = u\ ,$$

donc :

$$\operatorname{Im} u \subseteq \operatorname{Im} p .$$

Donc en comparant les deux relations d'inclusion obtenues, il vient :

$$\operatorname{Im} u \subseteq \operatorname{Ker} u ,$$

ce qui est équivalent à :

$$\boxed{u^2 = 0} .$$

Montrons maintenant que cette condition nécessaire est bien suffisante.
Réciproquement, soit $u \in L(E)$ tel que $u^2 = 0$.
Posons $F = \operatorname{Ker} u$ et $G$ un supplémentaire de $F$ dans $E$.
Si $p$ est le projecteur sur $F$ parallèlement à $G$, alors vérifions que :

$$p \circ u - u \circ p = u .$$

Soit $x \in E$ alors comme $E = F \oplus G$, $x$ s'écrit :

$$x = x_F + x_G \text{ avec } x_F \in F \text{ et } x_G \in G .$$

On a $F = \operatorname{Ker} u$ donc $u(x_F) = 0$. Par ailleurs, $p(x_F) = x_F$ donc :

$$p \circ u(x_F) - u \circ p(x_F) = 0 = u(x_F) .$$

Montrons maintenant que $x_G$ vérifie la même relation. On rappelle que $u^2 = 0$ donc :

$$u(x_G) \in \operatorname{Ker} u \text{ et } \operatorname{Ker} u = F$$

donc :

$$p \circ u(x_G) = u(x_G) .$$

Par ailleurs $p(x_G) = 0$ donc :

$$p \circ u(x_G) - u \circ p(x_G) = u(x_G) .$$

Par linéarité, on a bien :

$$\forall x \in E , \ p \circ u(x) - u \circ p(x) = u(x) .$$

## EXERCICE 7 Formes linéaires sur Mn($\mathbb{C}$)

Soit $E = M_n(\mathbb{C})$.

**1.** Montrer que :

$$\forall f \in E^*,\ \exists M \in E \,/\, \forall A \in E,\ f(A) = \operatorname{tr}(MA)$$

et que cette matrice $M$ est unique.

**2.** Chercher les formes linéaires sur $E$ telles que :

$$\forall (A, B) \in E^2,\ f(AB) = f(BA)\ .$$

### *solution*

**1.** Considérons :

$$\begin{array}{rccc} \theta : & E & \to & E^* \\ & M & \mapsto & \theta(M)\ , \end{array}$$

avec :

$$\begin{array}{rccc} \theta(M) : & E & \to & \mathbb{C} \\ & N & \mapsto & \operatorname{tr}(MN)\ . \end{array}$$

On montre tout d'abord que $\theta$ est une application linéaire de $E$ dans $E^*$. En effet :

— d'une part, si $M_1$ et $M_2$ sont deux éléments de $E$, alors $\forall N \in E$,

$$\begin{aligned} \theta(M_1 + M_2)(N) &= \operatorname{tr}((M_1 + M_2)(N)) \\ &= \operatorname{tr}(M_1 N) + \operatorname{tr}(M_2 N) \end{aligned}$$

et ceci, par linéarité de la trace, donc :

$$\theta(M_1 + M_2)(N) = \theta(M_1)(N) + \theta(M_2)(N)\ ;$$

— d'autre part, si $M \in E$ et $\lambda \in \mathbb{C}$, alors $\forall N \in E$,

$$\begin{aligned} \theta(\lambda M)(N) &= \operatorname{tr}(\lambda M N) \\ &= \lambda \operatorname{tr}(MN) \\ &= \lambda \theta(M)(N)\ . \end{aligned}$$

Montrons maintenant que $\theta$ est injective de $E$ dans $E^*$.

Soit $M \in \operatorname{Ker}\theta$, alors :

$$\forall M \in E \ , \ \operatorname{tr}(MN) = 0 \ .$$

En particulier :

$$\forall (i,j) \in \{1,...,n\}^2 \ , \ \operatorname{tr}(ME_{i,j}) = 0 \ ,$$

Or :

$$ME_{i,j} = \begin{pmatrix} 0 & \cdots & 0 & m_{1j} & 0 & \cdots & 0 \\ \vdots & & \vdots & \vdots & \vdots & & \vdots \\ 0 & \cdots & 0 & m_{nj} & 0 & \cdots & 0 \end{pmatrix} ,$$

$\uparrow$

$j$ – ième colonne

donc :

$$\forall (i,j) \in \{1,...,n\}^2 \ , \ \operatorname{tr}(ME_{i,j}) = m_{ji} = 0 \ ,$$

c'est-à-dire :

$$\boxed{M = 0} \ .$$

On montre maintenant que $\theta$ est un isomorphisme de $E$ dans $E^*$. En effet, d'après le théorème du rang :

$$\dim E = \dim(\operatorname{Im}\theta) + \dim(\operatorname{Ker}\theta) \ ,$$

donc :

$$\dim(\operatorname{Im}\theta) = \dim E = \dim E^* \ ,$$

d'où le résultat.

**2.** Soit $f$ une forme linéaire sur $E$ telle que :

$$\forall (A,B) \in E^2 \ , \ f(AB) = f(BA) \ .$$

D'après la question précédente :

$$\exists! M \in E \ / \ f = \theta(M) \ ,$$

donc :

$$\forall (A,B) \in E^2 \ , \ \operatorname{tr}(MAB) = \operatorname{tr}(MBA) \ .$$

Or, si $U$ et $V$ sont deux matrices quelconques, $\mathrm{tr}\,(UV) = \mathrm{tr}\,(VU)$ , donc :

$$\forall\,(A,B) \in E^2\ ,\ \mathrm{tr}\,(BMA - MBA) = 0$$

ce qui entraîne :

$$\forall B \in E\ ,\ \theta\,(BM - MB) = 0$$

et, d'après l'injectivité de $\theta$ :

$$\forall B \in E\ ,\ BM - MB = 0\ .$$

Or, on a vu précédemment (Cf. *questions brèves* page 28) que le centre de $M_n\,(\mathbb{C})$ est constitué des homothéties donc $M = \lambda I_d$ .
Il est donc clair que les solutions cherchées sont les formes linéaires du type $\lambda\,\mathrm{tr}\,(.)$ avec $\lambda \in \mathbb{C}$ .

➡*Remarque :* On pourrait traiter la deuxième question directement. On regarde les valeurs de $f$ sur la base $(E_{i,j})$ de $E$ . Deux cas sont à étudier :
— si $i \neq j$ alors on a :

$$\begin{array}{rl} & f\,(E_{ii}E_{ij}) = f\,(E_{ij}E_{ii}) \\ \Rightarrow & f\,(\delta_{ii}E_{ij}) = f\,(\delta_{ij}E_{ii}) \\ \Rightarrow & f\,(\delta_{ii}E_{ij}) = 0 \ \ \text{car}\ i \neq j\ ; \end{array}$$

— si $i = j$ alors :

$$\begin{array}{rl} & f\,(E_{i1}E_{1i}) = f\,(E_{1i}E_{i1}) \\ \Rightarrow & f\,(E_{ii}) = f\,(E_{11})\ . \end{array}$$

Ainsi,

$$\begin{aligned} f\,(M) &= f\left(\sum_{(i,j)} m_{ij}E_{ij}\right) \\ &= \sum_{(i,j)} m_{ij} f\,(E_{ij}) \\ &= \sum_{i=1}^{n} m_{ii} f\,(E_{11}) \\ &= f\,(E_{11})\,\mathrm{tr}\,(M)\ . \end{aligned}$$

## EXERCICE 8 Formes linéaires sur l'espace des polynômes

Soit $E = \mathbb{R}[X]$ et $E_n = \mathbb{R}_n[X]$. Pour tout $n \in \mathbb{N}$ et pour $k \in \mathbb{N}$ on définit :

$$\begin{array}{cccc} \varphi_k : & \mathbb{R}[X] & \rightarrow & \mathbb{R} \\ & P & \mapsto & \int_k^{k+1} P(t)\, dt\,. \end{array}$$

**1.** Soit $n \in \mathbb{N}$ et une suite $(\varepsilon_k)_k$ à termes dans $\{\pm 1\}$.
Montrer qu'il existe $P \in E_n$ tel que pout tout $k \in \{0, ..., n\}$ :

$$\forall t \in ]k, k+1]\ ,\ \varepsilon_k P(t) > 0\,.$$

**2.** Montrer que les restrictions de $\varphi_0, ..., \varphi_n$ à $E_n$ forment une base de l'espace dual $L(E_n, \mathbb{R})$.
**3.** Soit $P$ et $Q$ dans $\mathbb{R}[X]$ tels que :

$$\forall k \in \mathbb{N}\ ,\ \int_k^{k+1} P(t)\, dt = \int_k^{k+1} Q(t)\, dt\,.$$

Que peut on dire de $P$ et $Q$ ?

### solution

**1.** On dit que $k_0$ est un changement de signe de la suite $(\varepsilon_k)$ si et seulement si $\varepsilon_{k_0-1}\varepsilon_{k_0} = -1$.
Soit $i_0 < \cdots < i_s$ les changements de signe de $(\varepsilon_k)$. Comme $P$ doit s'annuler sur chaque $i_j$, on pose :

$$Q = \prod_{j=1}^{s} (X - i_j)\,.$$

Comme les $i_j$ sont des racines simples, $Q$ change de signe en chaque $i_j$ (faire un développement limité au voisinage de $i_j$). Le théorème des valeurs intermédiaires implique que $Q$ a un signe constant sur chacun des intervalles suivants :

$$]-\infty, i_0[\ ,\ (]i_j, i_{j+1}[)_{j\in\{0,\dots,s-1\}} \text{ et } ]i_s, +\infty[\,.$$

Ainsi, $P = Q$ ou $P = -Q$ convient.
**2.** Comme $\dim(L(E_n, \mathbb{R})) = \dim E_n = n+1$, il suffit de montrer que la famille est libre.

Soient $\lambda_0 , ..., \lambda_n$ des réels tels que :

$$\sum_{i=0}^{n} \lambda_i \varphi_i = 0 \; . \tag{1}$$

D'après le première question, on peut trouver $P \in E_n \backslash \{0\}$ tel que :

$$\forall i \in \{0, ..., n\} \; , \; \forall t \in [i, i+1] \; , \; \lambda_i P(t) \geq 0 \; .$$

En appliquant $(1)$ à $P$, on obtient :

$$\sum_{i=0}^{n} \int_i^{i+1} \lambda_i P(t) \, dt = 0 \text{ avec } \forall i \in \{0, ..., n\} \; , \; \int_i^{i+1} \lambda_i P(t) \, dt \geq 0$$

donc :

$$\forall i \in \{0, ..., n\} \; , \; \int_i^{i+1} \lambda_i P(t) \, dt = 0 \; .$$

Comme $P$ est non nul, continu et de signe constant sur $[i, i+1]$ ceci permet de conclure que $\lambda_i = 0$ (Cf. *questions brèves* page 172).

**3.** $1^{ère}$ méthode. — Soit $n = \max(\deg P , \deg Q)$ . Avec la deuxième question, l'hypothèse permet d'écrire que :

$$\forall \varphi \in L(E_n , \mathbb{R}) \; , \; \varphi(P - Q) = 0 \; .$$

En appliquant cela aux formes coordonnées dans la base canonique de $E_n$ , on obtient que les coordonnées de $P - Q$ sont nulles, c'est-à-dire $P = Q$ .

$2^e$ méthode. — Supposons par l'absurde que $P \neq Q$ .

Soit $k$ un entier supérieur à toutes les racines de $P - Q$ . La fonction continue $P - Q$ est de signe constant sur $[k, k+1]$ donc :

$$\int_k^{k+1} (P - Q)(t) \, dt = 0 \Rightarrow (P - Q)(t) = 0 \; , \; \forall t \in [k, k+1] \; .$$

Ainsi, $P - Q$ a une infinité de racines, ce qui est une contradiction.

# 2

# Déterminants

C'est un outil puissant en algèbre linéaire, il représente un moyen simple et efficace pour l'étude des applications linéaires en dimension finie. Comme tout outil, il faut savoir l'utiliser ; ce paragraphe propose beaucoup d'exercices de calculs pratiques de déterminants qui sont demandés aux concours. Terminons en mentionnant l'utilité du déterminant en analyse, par exemple (il présente des propriétés de continuité) ; il permet une caractérisation analytique (le déterminant est un polynôme en les coefficients de la matrice) de nombreuses propriétés algébriques vérifiées par les matrices.

## QUESTIONS BRÈVES

**1.** Calculer le déterminant suivant ($a, b, c$ et $d$ désignent quatre nombres réels) :

$$\Delta = \begin{vmatrix} -a & b & c & d \\ b & -a & d & c \\ c & d & -a & b \\ d & c & b & -a \end{vmatrix}.$$

**2.** Calculer le déterminant, $D_n = |a_{ij}|_{1 \leq i,j \leq n}$ où $a_{ii} = i$ et $a_{ij} = 2$ si $i \neq j$.

**3.** Montrer que la matrice suivante est inversible :

$$\begin{pmatrix} 1 & 4 & 8 & 6 \\ 8 & -5 & 2 & 10 \\ 2 & 12 & 3 & 0 \\ 0 & 6 & -2 & 5 \end{pmatrix}.$$

**4.** Que vaut $\det(xA)$ ?

**5.** Soit $M = \begin{pmatrix} A & B \\ 0 & C \end{pmatrix}$ avec $A \in M_r(\mathbb{R}),\ B \in M_s(\mathbb{R})$ et $M_{r,s}(\mathbb{R})$. Montrer que $\det(M) = \det(A) \cdot \det(B)$.

**6.** On sait que 12 divise les trois nombres suivants : $9516, 6984, 2652$ et $5148$. Montrer, sans le calculer, que 12 divise le déterminant suivant :

$$\begin{vmatrix} 9 & 5 & 1 & 6 \\ 6 & 9 & 8 & 4 \\ 2 & 6 & 5 & 2 \\ 5 & 1 & 4 & 8 \end{vmatrix}.$$

## *réponses*

**1.** Si on ajoute toutes les colonnes à la première puis on retranche à chaque ligne (en commençant par la dernière) sa précédente, on obtient :

$$\Delta = \begin{vmatrix} -a+b+c+d & b & c & d \\ 0 & -a-b & d-c & c-d \\ 0 & d-a & -a-d & b-c \\ 0 & c-d & b+a & -a-b \end{vmatrix}.$$

Ensuite, on développe par rapport à la première colonne ; puis, sur le déterminant restant, on ajoute la deuxième colonne à la troisième et enfin on développe par rapport à la troisième colonne :

$$\Delta = (-a+b+c+d)(a-b+c+d)\begin{vmatrix} -a-b & d-c \\ c-d & b+a \end{vmatrix}.$$

On obtient ainsi $\Delta = (-a+b+c+d)(a-b+c+d)(a+b+c-d)(-a-b+c-d)$.

**2.** En ôtant à chaque colonne sa suivante, on obtient :

$$\begin{vmatrix} -1 & 0 & \cdots & \cdots & 0 & 2 \\ 0 & 0 & 0 & \cdots & 0 & \vdots \\ \vdots & -1 & 1 & \ddots & \vdots & \vdots \\ \vdots & 0 & -2 & \ddots & \ddots & 2 \\ \vdots & \vdots & \vdots & \ddots & n-3 & 2 \\ 0 & \cdots & \cdots & 0 & 2-n & n \end{vmatrix}.$$

En développant par rapport à la première colonne puis la première ligne, on obtient un déterminant triangulaire supérieur puis $D_n = -2(n-2)!$

**3.** Soit $n$ un entier non nul. Pour calculer le déterminant on ne fait que des additions et des multiplications à partir des coefficients. Comme ces opérations commutent à la réduction modulo $n$, si on réduit la matrice puis on calcule le déterminant, on obtient la congruence du déterminant modulo $n$.

Or notre matrice est congrue (coefficient par coefficient) à la matrice identité modulo 2, son déterminant est donc impair. En particulier il est non nul et la matrice est inversible.

**4.** Soit $n$ la taille de $A$. Dans $xA$, chaque colonne de $A$ est multipliée par $x$. Comme le déterminant est une forme $n$-linéaire en les colonnes de $A$, le déterminant est multiplié par $x^n$, c'est-à-dire $\det(xA) = x^n \det(A)$.

**5.** Si $\det(A) = 0$, les colonnes de $A$ et donc celles de $M$ sont liées et donc :

$$\det(M) = 0 = \det(A) \cdot \det(C) .$$

Sinon, les colonnes de $A$ forment une base de $\mathbb{R}^r$ et chaque colonne de $B$ est une combinaison linéaire des colonnes de $A$. Ainsi, par opérations sur les colonnes de $M$ on peut obtenir :

$$\det(M) = \begin{vmatrix} A & 0 \\ 0 & C \end{vmatrix} .$$

De plus, un produit par blocs montre que :

$$\begin{pmatrix} A & 0 \\ 0 & C \end{pmatrix} = \begin{pmatrix} A & 0 \\ 0 & I_s \end{pmatrix} \cdot \begin{pmatrix} I_r & 0 \\ 0 & C \end{pmatrix} .$$

La formule cherchée s'obtient alors par développements successifs par rapport à des colonnes afin d'éliminer les blocs identités.

**6.** Nous ne modifions pas notre déterminant en ajoutant à la dernière colonne, mille fois la première plus cent fois la deuxième plus dix fois la troisième. Le déterminant cherché est alors celui de la matrice suivante :

$$\begin{pmatrix} 9 & 5 & 1 & 9516 \\ 6 & 9 & 8 & 6984 \\ 2 & 6 & 5 & 2652 \\ 5 & 1 & 4 & 5148 \end{pmatrix}$$

Par multilinéarité du déterminant, comme la dernière colonne s'écrit 12 fois une colonne à coefficients entiers, il est clair que le déterminant est égal à douze fois celui d'une matrice à coefficients entiers. Ainsi, il est divisible par douze.

## EXERCICE 1 Calculs de déterminants

On demande de calculer les déterminants suivants :

$$\Delta_1(a,b,r_1,...,r_n) = \begin{vmatrix} r_1 & b & \cdots & b \\ a & \ddots & \ddots & \vdots \\ \vdots & \ddots & \ddots & b \\ a & \cdots & a & r_n \end{vmatrix}$$

où $\{r_1,...,r_n\} \in \mathbb{C}^n$ et $a \neq b$, puis :

$$\Delta_2(a) = \begin{vmatrix} 0 & a & \cdots & a \\ a & \ddots & \ddots & \vdots \\ \vdots & \ddots & \ddots & a \\ a & \cdots & a & 0 \end{vmatrix}.$$

### solution

Pour calculer le premier déterminant, on passe par un polynôme, en posant :

$$P(x) = \begin{vmatrix} r_1+x & b+x & \cdots & b+x \\ a+x & \ddots & \ddots & \vdots \\ \vdots & \ddots & \ddots & b+x \\ a+x & \cdots & a+x & r_n+x \end{vmatrix}.$$

On voit aisément que $P''(x) = 0$, ce qui signifie que $P(x)$ est un polynôme de degré $1$, que l'on écrira $P(x) = Ax + B$, où $(A,B) \in \mathbb{C}^2$.
Or :

$$P(-a) = \begin{vmatrix} r_1-a & b-a & \cdots & b-a \\ 0 & \ddots & \ddots & \vdots \\ \vdots & \ddots & \ddots & b-a \\ 0 & \cdots & 0 & r_n-a \end{vmatrix} = \prod_{i=1}^{n}(r_i - a)$$

et :

$$P(-b) = \prod_{i=1}^{n}(r_i - b) ,$$

donc :

$$\begin{cases} -aA + B = P(-a) \\ -bA + B = P(-b) \end{cases}$$

qui se résout aisément :

$$\begin{cases} A = (P(-a) - P(-b)) \,/\, (b-a) \\ B = P(-a) + aA\,. \end{cases}$$

Enfin, $\Delta_1 = P(0) = B$, soit :

$$\Delta_1(a,b,r_1,...,r_n) = \prod_{i=1}^{n}(r_i - a) + \frac{a}{b-a}\left(\prod_{i=1}^{n}(r_i-a) - \prod_{i=1}^{n}(r_i-b)\right)$$

et, en conclusion :

$$\boxed{\Delta_1(a,b,r_1,...,r_n) = \frac{1}{b-a}\left(b\prod_{i=1}^{n}(r_i-a) - a\prod_{i=1}^{n}(r_i-b)\right)}\,.$$

On propose maintenant deux méthodes différentes pour calculer le second déterminant.
$1^{ère}$ méthode. — En utilisant le résultat que l'on vient d'obtenir, dans un cas particulier, on écrit ($\varepsilon$ est un réel positif) :

$$\begin{aligned} \Delta_1(a, a+\varepsilon, 0, ..., 0) &= \frac{1}{\varepsilon}\left[(a+\varepsilon)(-a)^n - a(-a-\varepsilon)^n\right] \\ &= \frac{1}{\varepsilon}\left[(-a)^n a\left(1+\frac{\varepsilon}{a}\right) - a(-a)^n\left(1+\frac{\varepsilon}{a}\right)^n\right] \\ &= \frac{(-a)^n a}{\varepsilon}\left[\left(1+\frac{\varepsilon}{a}\right) - \left(1+\frac{\varepsilon}{a}\right)^n\right]. \end{aligned}$$

Or :

$$\left(1+\frac{\varepsilon}{a}\right)^n = 1 + \frac{n\varepsilon}{a} + o(\varepsilon)$$

donc :

$$\boxed{\Delta_2(a) = \lim_{\varepsilon\to 0}\Delta_1(a, a+\varepsilon, 0, ..., 0) = (-a)^n(1-n)}\,.$$

$2^e$ méthode. — En notant $M$ la matrice associée à $\Delta_2(a)$, on voit que $M + aI_n$ est de rang $1$, donc $M$ admet $-a$ comme valeur propre, avec $n-1$ vecteurs propres linéairement indépendants.
Comme $M$ est trigonalisable dans $\mathbb{C}$, soit $\alpha$ son autre valeur propre. Alors :

$$\mathrm{tr}(M) = 0 = \alpha - (n-1)a \Rightarrow \alpha = (n-1)a\,.$$

Or, le déterminant de $M$ est égal au produit des valeurs propres, donc on retrouve $\Delta_2(a) = (-a)^n(1-n)$.

## EXERCICE 2 Matrices inversibles à coefficients entiers

Soit $A \in M_n(\mathbb{Z})$ . Montrer que :

$$\exists B \in M_n(\mathbb{Z}) \ / \ BA = I_n \Leftrightarrow \det A = \pm 1 \ .$$

### solution

Si $BA = I_n$ , alors $\det B \det A = 1$ . Or $\det A$ et $\det B$ sont des entiers, donc

$$\det A = \pm 1 \ .$$

Réciproquement, supposons que $\det A = \pm 1$ .
Si $\operatorname{com}(A)$ désigne la comatrice de $A$ , on a (d'après le cours) :

$$^t\operatorname{com}(A) \ A = \det A \, I_n \ . \tag{1}$$

Les coefficients de $^t\operatorname{com}(A)$ sont des déterminants de matrices à coefficients entiers relatifs, ils sont donc eux-mêmes entiers relatifs. Ainsi :

$$\boxed{B = \frac{^t\operatorname{com}(A)}{\det A}}$$

convient.

➡*Remarque :* La formule $(1)$ est très importante. En pratique, elle permet de calculer l'inverse d'une matrice $2 \times 2$ ou $3 \times 3$ (au-delà il y a trop de calculs). Cependant, c'est pour obtenir des résultats qualitatifs que cette formule est la plus utilisée. Par exemple pour montrer que l'application :

$$\begin{array}{ccc} GL_n(\mathbb{R}) & \to & GL_n(\mathbb{R}) \\ M & \mapsto & M^{-1} \end{array}$$

est de classe $C^1$ .

## EXERCICE 3 Comatrices

Si $M \in M_n(\mathbb{R})$ , on note $\operatorname{com}(A)$ sa comatrice.

**1.** Montrer que $GL_n(\mathbb{R})$ est dense dans $M_n(\mathbb{R})$ .

**2.** En déduire que $\operatorname{com}(AB) = \operatorname{com}(A)\operatorname{com}(B)$ .

**solution**

Fixons une norme $\|.\|$ sur $M_n(\mathbb{R})$ .
$1^{ère}$ méthode. — Soit $A \in M_n(\mathbb{R})$ et $\varepsilon > 0$ . On a :

$$A + tI_n \underset{t\to 0}{\to} A .$$

Donc $\exists\delta > 0$ tel que

$$\forall t \in \mathbb{R} , |t| < \delta \Rightarrow A + tI_n \in B_{\|.\|}(A, \varepsilon) .$$

Or, le polynôme $P(t) = \det(A + tI_n)$ n'a qu'un nombre fini de racines (son terme de degré le plus élevé est $t^n$) donc il existe $t_0 \in \mathbb{R}$ tel que $|t_0| < \delta$ et $P(t_0) \neq 0$ et donc $A + t_0 I_n \in B_{\|.\|}(A, \varepsilon)$ .
Mais alors $A + tI_n \in GL_n(\mathbb{R}) \cap B_{\|.\|}(A, \varepsilon)$ .
$2^{nde}$ méthode. — Il existe $(P, Q) \in GL_n(\mathbb{R})$ et un entier naturel $r < n$ tels que :

$$A = P \begin{pmatrix} I_r & 0 \\ 0 & 0 \end{pmatrix} Q .$$

On a alors par continuité du produit des matrices :

$$\forall k \in \mathbb{N}^* , P \begin{pmatrix} I_r & 0 \\ 0 & I_{n-r}/k \end{pmatrix} Q \in GL_n(\mathbb{R})$$

et

$$P \begin{pmatrix} I_r & 0 \\ 0 & I_{n-r}/k \end{pmatrix} Q \underset{k\to+\infty}{\to} A .$$

**2.** Comme le suggère l'énoncé, on commence par le cas où $(A, B) \in GL_n(\mathbb{R})$ . On utilise alors la formule :

$${}^t\mathrm{com}(M)\, M = \det M\, I_n ,$$

soit, dans le cas présent :

$$\begin{aligned} \mathrm{com}(AB) &= \frac{1}{\det(AB)} \left({}^t(AB)\right)^{-1} \\ &= \frac{1}{\det(AB)} \left({}^tB\,{}^tA\right)^{-1} \\ &= \frac{1}{\det(A)} \left({}^tA\right)^{-1} \frac{1}{\det(B)} \left({}^tB\right)^{-1} \\ &= \mathrm{com}(A)\,\mathrm{com}(B) . \end{aligned}$$

Si $A, B \in M_n(\mathbb{R})$ sont quelconques, alors, d'après la première question, il existe $(A_k)$

et $(B_k)$ deux suites de matrices inversibles telles que :

$$\begin{cases} A_k \underset{k\to+\infty}{\longrightarrow} A \\ B_k \underset{k\to+\infty}{\longrightarrow} B \, . \end{cases}$$

D'après ce qu'on vient de démontrer au début de cette question, on a :

$$\operatorname{com}(A_k B_k) = \operatorname{com}(A_k)\operatorname{com}(B_k) \ . \tag{1}$$

Comme les coefficients de $\operatorname{com}(M)$ sont des polynômes en les coefficients de $M$, l'application $M \mapsto \operatorname{com}(M)$ est continue. Il en est de même pour le produit $(A, B) \mapsto AB$. Ainsi, en passant à la limite dans l'équation $(1)$, on obtient :

$$\operatorname{com}(AB) = \operatorname{com}(A)\operatorname{com}(B) \ .$$

## EXERCICE 4 Calcul du déterminant d'une matrice donnée par blocs

Soient $A$ et $B$ deux matrices de $M_n(\mathbb{R})$, telle que $AB = BA$ ; on pose :

$$M = \begin{pmatrix} A & -B \\ B & A \end{pmatrix}.$$

Montrer que $\det(M) \geq 0$.

### solution

Commençons par traiter le cas où $A$ est inversible. On remarque alors que :

$$\begin{pmatrix} A & -B \\ B & A \end{pmatrix}\begin{pmatrix} A & 0 \\ -B & A^{-1} \end{pmatrix} = \begin{pmatrix} A^2+B^2 & -BA^{-1} \\ BA-AB & AA^{-1} \end{pmatrix}$$
$$= \begin{pmatrix} A^2+B^2 & -BA^{-1} \\ 0 & I_n \end{pmatrix}$$

Ainsi, comme le déterminant d'un produit est le produit des déterminants et que ces déterminants par blocs sont simples à calculer (Cf. *Questions brèves* sur les déterminants). On obtient :

$$\det\begin{pmatrix} A & -B \\ B & A \end{pmatrix} = \det(A^2+B^2) \ .$$

Le cas est assez classique ; nous avons démontré une formule dans le cas d'une matrice inversible. Or elle ne dépend que du déterminant de matrices blocs, application continue en les coefficients des matrices car polynômiale. On va donc pouvoir passer à la limite et utiliser la densité des matrices inversibles dans $M_n(\mathbb{R})$.
Écrivons tout ceci.
La matrice $A$ a un nombre fini de valeurs propres, notons $\lambda$ une de ses valeurs propres non nulles de module minimal.
Ainsi, $\forall \epsilon \in ]0, |\lambda|[$, par construction, $A - \epsilon I_n$ est une matrice inversible.
On a donc :

$$\det \begin{pmatrix} A - \epsilon I_n & -B \\ B & A - \epsilon I_n \end{pmatrix} = \det((A - \epsilon I_n)^2 + B^2) \ .$$

Or, comme on l'a déjà dit, les applications (dépendant de $\epsilon$) des deux membres de cette égalité sont continues car polynômiales. Ainsi, lorsque on fait tendre $\epsilon$ vers $0$, on obtient :

$$\det \begin{pmatrix} A & -B \\ B & A \end{pmatrix} = \det(A^2 + B^2) \ .$$

Or, $\det(A^2 + B^2) = \det((A + iB)(A - iB))$, ceci car nos deux matrices commutent. D'autre part, comme elles sont à valeurs réelles, il est clair que :

$$\det(A - iB) = \overline{\det(A + iB)}$$

Ainsi,

$$\begin{aligned} \det(A^2 + B^2) &= \det(A + iB) \cdot \overline{\det(A + iB)} \\ &= |\det(A + iB)|^2 \geq 0 \ . \end{aligned}$$

Nous pouvons alors conclure.

➡ *Remarque :* La technique utilisée dans cet exercice pour montrer que

$$\det \begin{pmatrix} A & -B \\ B & A \end{pmatrix} = \det(A^2 + B^2)$$

permet aussi de montrer que

$$\det \begin{pmatrix} A & B \\ C & D \end{pmatrix} = \det(AD - BC)$$

lorsque $A, B, C$ et $D$ sont quatre matrices de $M_n(\mathbb{R})$ telles que $C$ et $D$ commutent.

# 3

# Géométrie affine

La géométrie affine est essentiellement l'étude des droites : deux droites sont-elles parallèles ? Trois points sont-ils alignés ? Ce sont des questions typiques de la géométrie affine. De plus, comme le montrent les exercices *Triangles et parallélogrammes I* et *II*, l'algèbre linéaire apporte beaucoup au sujet. Pour les examinateurs, la géométrie affine est l'occasion de tester la compréhension de l'algèbre linéaire. Bien que souvent négligée par les étudiants, cette partie du programme mérite une attention particulière.

## QUESTIONS BRÈVES

**1.** Déterminer l'ensemble $E$ des points $M$ du plan euclidien tels que :

$$\frac{MA}{MB} = k\ ,$$

où $A$ et $B$ sont des points du plan fixés et distincts, et $k$ un réel.

**2.** Montrer que les médianes et les médiatrices d'un triangle sont sécantes.

**3.** Montrer que les hauteurs d'un triangle sont sécantes.

## *réponses*

**1.** Si $k < 0$, $E$ est vide, si $k = 0$, $E = \{A\}$ et si $k = 1$, $E$ est la médiatrice du segment $[A, B]$. Supposons maintenant $k > 0$ et différent de 1.

Si . désigne le produit scalaire, comme $MA^2 = \overrightarrow{MA} \,.\, \overrightarrow{MA}$, la condition vérifiée par $M$ s'écrit :

$$\left(\overrightarrow{MA} - k\overrightarrow{MB}\right) \,.\, \left(\overrightarrow{MA} + k\overrightarrow{MB}\right) = 0\ .$$

Soient $G_1$ et $G_2$ les barycentres respectifs de

$$\{(A, 1)\,;(B, -k)\} \text{ et } \{(A, 1)\,;(B, k)\}$$

(ces barycentres existent car $1 - k$ et $1 + k$ sont non nuls).

L'égalité précédente s'écrit alors : $\overrightarrow{MG_1} \cdot \overrightarrow{MG_2} = 0$. Soit $I$ le milieu du segment $[G_1, G_2]$ . On a :

$$\overrightarrow{MG_1} \cdot \overrightarrow{MG_2} = \left(\overrightarrow{MI} + \overrightarrow{IG_1}\right) \cdot \left(\overrightarrow{MI} + \overrightarrow{IG_2}\right) = MI^2 - IG_2^2 \,.$$

Il suit $MI = IG_2$ et ainsi, l'ensemble $E$ est le cercle de centre $I$ et de diamètre $G_1G_2$.

**2.** Soit $(ABC)$ un triangle. Notons $G$ l'isobarycentre des points $A$, $B$ et $C$. Si $I$ est le milieu de $[B, C]$ , alors l'associativité du barycentre montre que $E$ est le barycentre de $\{(I, 2) ; (A, 1)\}$ . En particulier, $G$ appartient à la médiane issue de $A$. De même, $G$ appartient aux trois médianes.
Soit $M$ le point en lequel se coupent les médiatrices des côtés $[A, B]$ et $[B, C]$ . Alors, par définition de la médiatrice, $AM = BM$ et $BM = CM$ donc $AM = CM$ , et finalement $M$ appartient à la médiatrice de $[A, C]$ .

**3.** Soit $(ABC)$ un triangle. Considérons le triangle $(IJK)$ dont les côtés sont parallèles à $(BC)$ , $(AC)$ et $(BA)$ passant respectivement par $A$ , $B$ et $C$ :

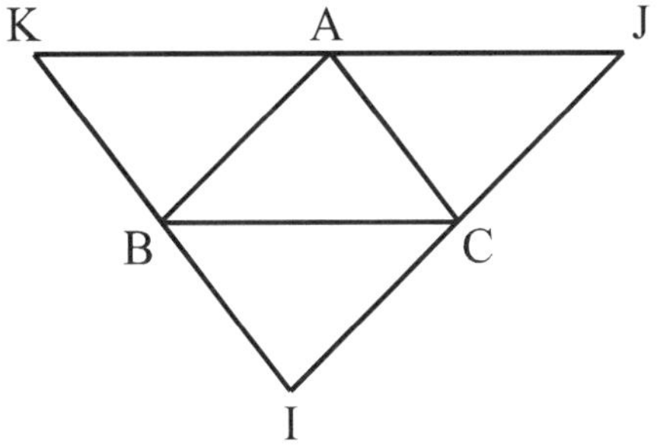


Alors, $AB = CI$ car $(ABCJ)$ est un parallélogramme. De même, $AB = CJ$ et donc $C$ est le milieu de $[I, J]$ ; donc la hauteur de triangle $(ABC)$ issue de $C$ est la médiatrice du segment $[I, J]$ . Ainsi, les hauteurs de $(ABC)$ sont les médiatrices de $(IJK)$ : elles sont donc sécantes.

## EXERCICE 1 Triangles et parallélogrammes I

**1.** Soient $I$ , $J$ et $K$ trois points distincts du plan. Montrer qu'il existe trois points $A$ , $B$ et $C$ tels que $I$ soit milieu de $[A, B]$ , $J$ soit milieu de $[B, C]$ et $K$ soit milieu de $[A, C]$ et les construire.

**2.** Soient maintenant $A$ , $B$ , $C$ et $D$ quatre points distincts. Montrer que le quadrilatère $(I, J, K, L)$ obtenu à partir des milieux des côtés de $(A, B, C, D)$ est un parallélogramme.
Étudier la réciproque.

**solution**

**1.** Notons $s_I$ (respectivement $s_J$ et $s_K$) la symétrie centrale de centre $I$ (respectivement $J$ et $K$).
On veut donc construire $A$, $B$ et $C$ tels que :

$$B = s_I(A) \ , \ C = s_J(B) \text{ et } A = s_K(C)$$

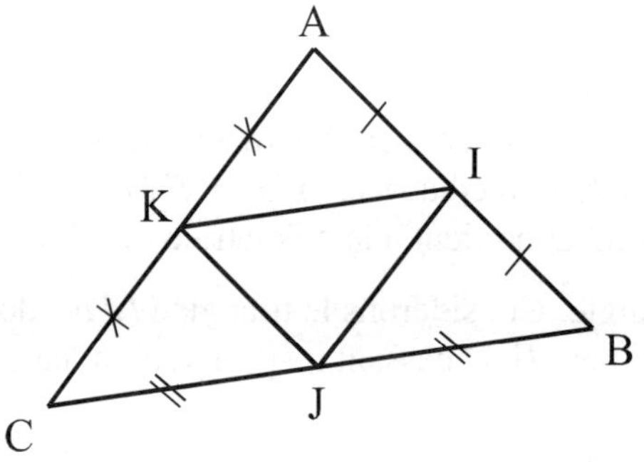


donc

$$A = s_K \circ s_J \circ s_I(A) \ .$$

Supposons donc construit $A$ point fixe de $s_K \circ s_J \circ s_I$, on posera alors $B = s_I(A)$ et $C = s_J(B)$ ; le triangle $(A, B, C)$ répondra bien au problème.
Il nous reste donc à construire le point fixe de $s_K \circ s_J \circ s_I$ (une composée de trois symétries est une symétrie).
Tout d'abord, $s_J \circ s_I$ est un déplacement comme composé de deux déplacements.
$I$ est le milieu de $[P, s_I(P)]$ ; si de plus $P$ est un point fixe de $s_J \circ s_I$, alors $J$ est le milieu de $[s_I(P), s_J \circ s_I(P)] = [P, s_I(P)]$. Donc $I = J$, ce qui est exclu.
Ainsi $s_J \circ s_I$ est un déplacement sans point fixe, c'est-à-dire une translation de vecteur :

$$\overrightarrow{I\, s_J \circ s_I(I)} = \overrightarrow{I\, s_J(I)} = 2\overrightarrow{IJ} \ .$$

Notons $s_J \circ s_I = T_{2\overrightarrow{IJ}}$.
Il reste donc à trouver le point fixe de $s_K \circ T_{2\overrightarrow{IJ}}$ qui est une rotation.
Regardons l'image de $K + \overrightarrow{JI}$ :

$$T_{2\overrightarrow{IJ}}\left(K + \overrightarrow{JI}\right) = K + \overrightarrow{JI} + 2\overrightarrow{IJ} = K + \overrightarrow{IJ}$$

et

$$s_K\left(K + \overrightarrow{IJ}\right) = K + \overrightarrow{JI}$$

car

$$\frac{K + \overrightarrow{JI} + K + \overrightarrow{IJ}}{2} = K\ .$$

On a donc prouvé que le point cherché est $K + \overrightarrow{JI}$ .

**2.** Soit $M_1$ le milieu de $[I, K]$ donc $M_1$ est la barycentre de $(I, 1/2)$ et $(K, 1/2)$ . Par construction, $I$ est le barycentre de $(A, 1/2)$ et $(B, 1/2)$, et $K$ de $(C, 1/2)$ et $(D, 1/2)$ . On en déduit que $M_1$ est le barycentre de $(A, 1/4)$ , $(B, 1/4)$ , $(C, 1/4)$ et $(D, 1/4)$ , et donc, par associativité du barycentre, on retrouve que $M_1$ est le barycentre de $(J, 1/2)$ et $(L, 1/2)$ c'est-à-dire le milieu de $[J, L]$ .

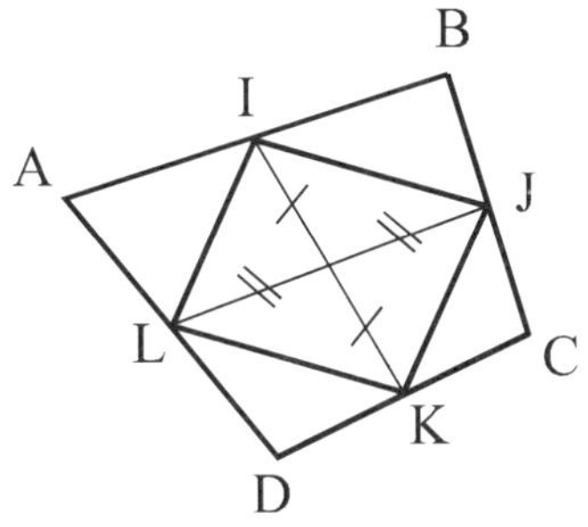


On a donc démontré que les diagonales du quadrilatère $(I, J, K, L)$ se coupent en leur milieu, il s'agit donc d'un parallélogramme.

Réciproquement, donnons-nous un parallélogramme $(I, J, K, L)$ et tâchons de trouver un quadrilatère correspondant au problème.

Si celui-ci était trouvé, on aurait comme précédemment :

$$B = s_I(A)\ ,\ C = s_J(B)\ ,\ D = s_K(C) \text{ et } A = s_L(D)$$

et donc

$$A = s_L \circ s_K \circ s_J \circ s_I(A)\ .$$

Or comme on l'a vu, $s_L \circ s_K$ et $s_J \circ s_I$ sont deux translations, leur composée est donc une translation. Montrons que c'est en fait l'identité et pour cela considérons $s_L \circ s_K \circ s_J \circ s_I(I)$ :

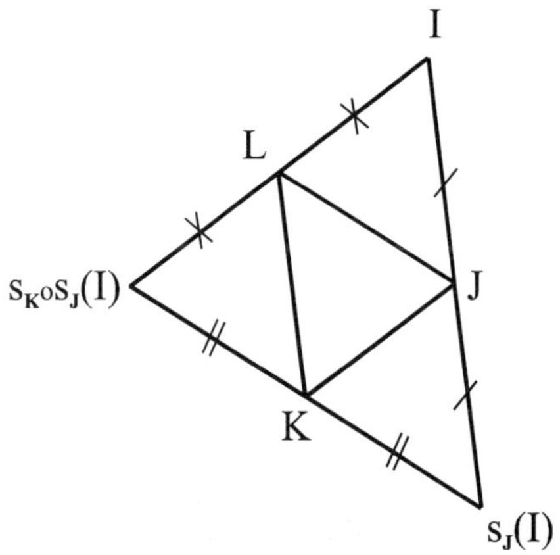


Les droites $(LK)$ et $(I\ s_J(I))$ sont parallèles car $(I, J, K, L)$ est un parallélogramme. Soit $P$ l'intersection de $(K\ s_J(I))$ et $(IL)$. En appliquant le théorème de Thalès dans le triangle $(I\ s_J(I)\ P)$, on obtient :

$$\frac{\overline{PL}}{\overline{PI}} = \frac{\overline{PK}}{\overline{Ps_J(I)}} = \frac{\overline{LK}}{\overline{Is_J(I)}} .$$

Or, $J$ est le milieu de $[I,\ s_J(I)]$, donc :

$$\frac{\overline{IJ}}{\overline{Is_J(I)}} = \frac{1}{2} .$$

Ainsi, comme $(I, J, K, L)$ est un parallèlogramme :

$$\overline{LK} = \overline{IJ}$$

et par conséquent :

$$\frac{\overline{PK}}{\overline{Ps_J(I)}} = \frac{1}{2} ,$$

c'est-à-dire que $K$ est le milieu de $[P, s_J(I)]$.
Donc $s_K \circ s_J(I) = P$, et de même $L$ est le milieu de $[P, I]$ d'où $I = s_L(P)$.
En conclusion :

$$I = s_L \circ s_K \circ s_J \circ s_I(I) .$$

La translation $s_L \circ s_K \circ s_J \circ s_I$ a un point fixe, c'est donc l'identité !
Ainsi, pour tout choix de $A$, le quadrilatère

$$(A, s_I(A), s_J \circ s_I(A), s_K \circ s_J \circ s_I(A))$$

répond au problème : il y a donc une infinité de quadrilatères qui conviennent !

## EXERCICE 2 Triangles et parallélogrammes II

L'exercice concerne le même problème que le précédent. Cependant, dans celui-ci nous adoptons un point de vue plus algébrique et la solution s'en trouve totalement bouleversée.

**1.** Soient $I, J, K$ trois points du plan. En considérant un système linéaire, montrer qu'il existe un unique triangle $(ABC)$ tel que $I$ est le milieu du segment $[AB]$, $J$ celui de $[BC]$ et $K$ celui de $[AC]$.

**2.** Soient maintenant $I, J, K, L$ quatre points du plan.

**a.** Donner une condition nécessaire et suffisante pour qu'il existe $A, B, C$ et $D$ tels que $I$ soit le milieu de $[AB]$, $J$ celui de $[BC]$, $K$ celui de $[CD]$ et $L$ celui de $[AD]$.

**b.** Décrire, le cas échéant, l'ensemble des quadruplets $(A, B, C, D)$ qui conviennent.

### solution

**1.** Identifions le plan au corps des nombres complexes $\mathbb{C}$. Si $M$ est un point du plan, notons $z_M \in \mathbb{C}$ son abscisse. Le triangle $(ABC)$ doit vérifier :

$$\begin{cases} z_A + z_B = 2z_I \\ z_B + z_C = 2z_J \\ z_A + z_C = 2z_K \end{cases} .$$

Ainsi, chercher un tel triangle revient à résoudre un système de Cramer (c'est-à-dire linéaire avec autant d'équations que d'inconnues) d'ordre 3 dont la matrice est :

$$M = \frac{1}{2}\begin{pmatrix} 1 & 1 & 0 \\ 0 & 1 & 1 \\ 1 & 0 & 1 \end{pmatrix} .$$

Comme le déterminant de $M$ est non nul, le système linéaire associé à notre matrice $M$ admet une unique solution. Ainsi, il existe un unique triangle ayant la propriété voulue.

**2.a.** Cette fois-ci, le système à résoudre est :

$$M \cdot \begin{pmatrix} z_A \\ z_B \\ z_C \\ z_D \end{pmatrix} = \begin{pmatrix} z_I \\ z_J \\ z_K \\ z_L \end{pmatrix} \tag{1}$$

avec

$$M = \frac{1}{2}\begin{pmatrix} 1 & 1 & 0 & 0 \\ 0 & 1 & 1 & 0 \\ 0 & 0 & 1 & 1 \\ 1 & 0 & 0 & 1 \end{pmatrix} .$$

Ainsi, il existe un quadrilatère $(ABCD)$ comme dans l'énoncé si et seulement si le vecteur de $\mathbb{C}^4$ dont les coordonnées sont $z_I, z_J, z_K$ et $z_L$ est dans l'image de $M$.
La question que nous nous posons est de nature géométrique, nous ne pouvons pas nous contenter d'une telle réponse !
Cherchons une caractérisation de $\operatorname{Im} M$.
Comme $\det M = 0$ et le déterminant extrait principal de taille $3 \times 3$ est non nul, le rang de $M$ vaut 3.

➡*Remarque :* Rappelons que le rang d'une matrice est l'ordre maximal de ses sous-matrices carrées inversibles.

Ainsi, la dimension de $\operatorname{Im} M$ est 3, $\operatorname{Im} M$ est donc un hyperplan de $\mathbb{C}^4$ ; ce qui signifie que l'image de $M$ est définie par une équation du type :

$$a \cdot z_1 + b \cdot z_2 + c \cdot z_3 + d \cdot z_4 = 0 \tag{2}$$

où les $z_i$ désignent les coordonnées d'un vecteur quelconque de $\mathbb{C}^4$.
En écrivant que les vecteurs colonnes de $M$ vérifient (2), nous trouvons : $a = c = -b = -d$. Donc, $(IJKL)$ vérifient (2) si et seulement si $z_I + z_K = z_J + z_L$ c'est-à-dire si les segments $[IK]$ et $[JL]$ ont même milieu. Cette condition signifie que les diagonales de $(IJKL)$ se coupent en leurs milieux ou de manière équivalente que $(IJKL)$ est un parallélogramme.
En conclusion, nous avons montré que $I$, $J$, $K$ et $L$ sont les milieux des cotés d'un quadrilatère si et seulement s'ils forment un parallélogramme !
**2.b.** Il s'agit maintenant de calculer le noyau de $M$ :

$$M \cdot \begin{pmatrix} z_1 \\ z_2 \\ z_3 \\ z_4 \end{pmatrix} = 0 \quad \Leftrightarrow \quad \begin{cases} z_1 = -z_2 \\ z_2 = -z_3 \\ z_3 = -z_4 \end{cases} .$$

Ainsi, $\operatorname{Ker} M$ est la droite engendrée par le vecteur de coordonnées $(1, -1, 1, -1)$. Donc, si $(IJKL)$ est un parallélogramme, l'ensemble des solutions de (1) est de la forme :

$$\text{une solution particulière} + \lambda \begin{pmatrix} 1 \\ -1 \\ 1 \\ -1 \end{pmatrix}$$

où $\lambda \in \mathbb{R}$.
Remarquons que quel que soit $z_A \in \mathbb{C}$ (i.e. $A$ dans le plan), il existe une solution dont la première coordonnée est $z_A$. De plus, une fois $A$ choisi, les points $B$, $C$ et $D$ s'obtiennent

par symétries successives par rapport aux points $I$, $J$ et $K$. Ceci constitue une description géométrique de l'ensemble des quadrilatères qui conviennent.

➡*Remarques :*

$(i)$ Si $M$ est un point du plan, notons $s_M$ la symétrie de centre $M$. Dans le cas où $(IJKL)$ est un parallélogramme, l'exercice montre que quel que soit $A$ dans le plan, si $B = s_I(A), C = s_J(B)$ et $D = s_K(C)$ alors $L$ est le milieu de $[AD]$ c'est-à-dire que $A = s_L(D)$. Ainsi, $s_L \circ s_K \circ s_J \circ s_I = id$ !

$(ii)$ Nous vous invitons vivement à comparer cet exercice au précédent. Les conclusions du second sont plus fortes que celles du premier (il y a plus d'équivalences) alors que l'énoncé est moins précis (il ne parle pas de parallélogramme). Ceci montre bien que l'algèbre linéaire est un outil puissant de la géométrie affine. Cependant, dans le premier exercice, « on voit ce qu'il se passe », alors que dans le second la conclusion « semble tomber du ciel ».

## EXERCICE 3 Théorème de Carathéodory

**1.** Soit $\mathcal{E}$ un espace affine de dimension $n$ sur $\mathbb{R}$ et soit $\mathcal{A}$ une partie non vide de $\mathcal{E}$. Montrer que l'enveloppe convexe de $\mathcal{A}$ (la plus petite partie convexe contenant $\mathcal{A}$), notée $\operatorname{conv}(\mathcal{A})$, s'écrit :

$$\operatorname{conv}(\mathcal{A}) = \left\{ \sum_{i=1}^{N} \lambda_i x_i \;/\; x_i \in \mathcal{A} \,,\; \lambda_i \geq 0 \,,\; \sum_{i=1}^{N} \lambda_i = 1 \,,\; N \in \mathbb{N} \right\} .$$

Montrer qu'en fait :

$$\operatorname{conv}(\mathcal{A}) = \left\{ \sum_{i=1}^{n+1} \lambda_i x_i \;/\; x_i \in \mathcal{A} \,,\; \lambda_i \geq 0 \,,\; \sum_{i=1}^{n+1} \lambda_i = 1 \right\}$$

ce qui signifie que l'on peut se restreindre aux combinaisons barycentriques à $n+1$ éléments de $\mathcal{A}$.

**2.** Soit $E$ un espace vectoriel normé de dimension $n$, de corps de base $\mathbb{R}$ et $A$ une partie non vide de $E$. Déduire de la question précédente que si $A$ est compact, alors $\operatorname{conv}(A)$ l'est aussi.

### *solution*

➡*Rappel :* Une partie $C$ d'un espace vectoriel $E$ est dite convexe si :

$$\forall (x, y) \in C^2 \,,\; \forall \lambda \in [0, 1] \,,\; \lambda x + (1 - \lambda) y \in C \,,$$

(dès que deux points sont dans $C$ alors tout le segment est dans $C$).

Une partie $\mathcal{C}$ d'un espace affine $\mathcal{E}$ est convexe si :

$$\forall (a,b) \in \mathcal{C}^2 \ , \ \forall \lambda \in [0,1] \ , \ \lambda a + (1-\lambda) b \in \mathcal{C} \ .$$

Ici, la notion de « somme de points » n'est pas évidente. Rappelons que :
— si $\lambda + \mu = 1$ alors $\lambda a + \mu b$ est le barycentre du point $a$ affecté de la masse $\lambda$ et de $b$ affecté de la masse $\mu$ ;
— si $\lambda + \mu = 0$ alors $\lambda a + \mu b$ est le vecteur $\mu \overrightarrow{ab}$ .
Tout ceci se généralise aux sommes de $N$ points.

**1.** Soit :

$$\mathcal{B} = \left\{ \sum_{i=1}^{N} \lambda_i x_i \ / \ x_i \in \mathcal{A} \ , \ \lambda_i \geq 0 \ , \ \sum_{i=1}^{N} \lambda_i = 1 \ , \ N \in \mathbb{N} \right\} .$$

$\mathcal{B}$ est clairement convexe donc $\operatorname{conv}(\mathcal{A}) \subset \mathcal{B}$.
Soit $b = \sum_{i=1}^{N} \lambda_i x_i$ appartenant à $\mathcal{B}$ ; les $x_i$ sont dans $\mathcal{A} \subset \operatorname{conv}(\mathcal{A})$ et $\operatorname{conv}(\mathcal{A})$ est convexe donc $\sum_{i=1}^{N} \lambda_i x_i = b \in \operatorname{conv}(\mathcal{A})$ ; donc $\mathcal{B} \subset \operatorname{conv}(A)$ et en définitive $\mathcal{B} = \operatorname{conv}(\mathcal{A})$ .
On veut maintenant montrer qu'on peut se restreindre à des combinaisons barycentriques à $n+1$ éléments pour obtenir $\operatorname{conv}(\mathcal{A})$. Soit $x = \sum_{i=1}^{N} \lambda_i x_i$ , un élément de $\operatorname{conv}(\mathcal{A})$ avec $N \geq n+2$ . On va montrer qu'on peut alors se passer d'un des $x_i$ pour exprimer $x$ , c'est-à-dire que $x$ s'écrit aussi $\sum_{i \in I} \lambda'_i x_i$ avec $\lambda'_i \geq 0$ , $\sum_{i \in I} \lambda'_i = 1$ et $I = \{1, ..., N\} \backslash i_0$ .
Les points $x_1, ..., x_N$ sont affinement dépendants car $N > n+1$ donc :

$$\exists \, (\mu_1, ..., \mu_N) \neq (0, ..., 0) \quad \text{tel que } \sum_{i=1}^{N} \mu_i x_i = 0 \text{ et } \sum_{i=1}^{N} \mu_i = 0$$

(car les $N-1$ vecteurs $\overrightarrow{x_1 x_2}, ..., \overrightarrow{x_1 x_N}$ forment un système lié donc il existe :

$$(\mu'_2, ..., \mu'_N) \neq (0, ..., 0) \text{ tels que } \sum_{i=2}^{N} \mu'_i \overrightarrow{x_1 x_i} = 0$$

ce qui s'écrit, d'après le rappel :

$$\left( -\sum_{i=2}^{N} \mu'_i \right) x_1 + \sum_{i=2}^{N} \mu'_i x_i = 0 \ ;$$

on pose $\mu_1 = -\sum_{i=2}^{N} \mu'_i$ et $\mu_i = \mu'_i$ pour $i > 1$ ).

Comme il existe un indice $i_0$ tel que $\mu_{i_0} \neq 0$, on a envie d'exprimer $x_{i_0}$ en fonction des $x_i$ , $i \neq i_0$ :

$$x_{i_0} = -\sum_{i \neq i_0} \frac{\mu_i}{\mu_{i_0}} x_i$$

(ceci a bien un sens puisque $\sum\limits_{i \neq i_0} (-\mu_i) / \mu_{i_0} = 1$) et l'introduire dans l'expression de $x$ :

$$x = \sum_{i \neq i_0} \left( \lambda_i - \lambda_{i_0} \frac{\mu_i}{\mu_{i_0}} \right) x_i \ .$$

Cependant, il faut que les nouveaux coefficients $\lambda'_i = \lambda_i - \lambda_{i_0} \left( \mu_i / \mu_{i_0} \right)$ soient positifs et de somme 1. Pour cela, choisissons judicieusement $i_0$ comme étant l'indice tel que :

$$\frac{\lambda_{i_0}}{\mu_{i_0}} = \min \left\{ \frac{\lambda_i}{\mu_i} \ , \ i \text{ tel que } \mu_i > 0 \right\} \ .$$

(pourquoi existe-t-il au moins un $i$ tel que $\mu_i > 0$ ?).

Nous laissons le lecteur vérifier qu'un tel $i_0$ convient et conclure.

**2.** Soit $A$ compact. Considérons la fonction $f$ :

$$\begin{array}{cccc} f: & \Delta \times A^{n+1} & \longrightarrow & E \\ & (\lambda_1, ..., \lambda_{n+1}, x_1, ..., x_{n+1}) & \longmapsto & \sum_{i=1}^{n+1} \lambda_i x_i \end{array}$$

où $\Delta = \left\{ (\lambda_1, ..., \lambda_{n+1}) \ / \ \lambda_i \geq 0 \ , \ \sum\limits_{i=1}^{n+1} \lambda_i = 1 \right\}$ .

Cette fonction est bien définie et continue (car il n'y a que des multiplications et des sommes), $\Delta$ est un ensemble compact (par exemple, avec le critère des suites, on vérifie que c'est un fermé, par ailleurs $\Delta$ est, de manière évidente, borné, et enfin on est en dimension finie, d'où le résultat), $A$ également, donc $\Delta \times A^{n+1}$ aussi, et finalement, son image $f\left(\Delta \times A^{n+1}\right)$ par la fonction continue $f$ est un compact de $E$.

On conclut à l'aide de la question précédente,en remarquant que que tout a été bien choisi pour que $f\left(\Delta \times A^{n+1}\right) = \operatorname{conv}(A)$ !

➡*Remarque :* On peut montrer par un contre-exemple, dans le cas particulier de $\mathbb{R}^2$, que l'on pas toujours $A$ fermé $\Rightarrow \operatorname{conv}(A)$ fermé.

Il suffit de prendre pour $A$ l'union d'un point $a$ et d'une droite $d$ ne passant pas par ce point. Alors $\operatorname{conv}(A)$ est une « bande » non fermée.

# III RÉDUCTION DES ENDOMORPHISMES

En fixant une base, on peut associer une matrice à une application linéaire et ainsi travailler sur un objet plus concret ; par exemple pour calculer le déterminant, trouver le rang, etc. Il est alors naturel de se demander s'il est possible de choisir la base de telle sorte que la matrice obtenue soit la plus simple possible (par exemple diagonale). Cette question est la raison d'être de la réduction des endomorphismes. En effet, deux matrices semblables sont les matrices d'un même endomorphisme dans deux bases différentes. Ce paragraphe a de nombreuses applications pour la résolution de bon nombre de problèmes abordés en taupe : la résolution de systèmes différentiels linéaires, le calcul des puissances d'une matrice, etc.

## QUESTIONS BRÈVES

**1.** Lesquelles des matrices suivantes sont semblables ?

$$A = \begin{pmatrix} 2 & 1 & 0 \\ -1 & 3 & 0 \\ 2 & 4 & -1 \end{pmatrix} \qquad B = \begin{pmatrix} 2 & 4 & -8 \\ 0 & 0 & 0 \\ 1 & 2 & -4 \end{pmatrix}$$

$$C = \begin{pmatrix} -4 & 1 & 2 \\ -1 & 1 & 2 \\ 5 & 0 & 1 \end{pmatrix} \qquad D = \begin{pmatrix} -1 & 0 & 2 \\ 0 & 0 & 7 \\ -1 & 0 & -1 \end{pmatrix}.$$

**2.** Si deux matrices de $M_n(\mathbb{K})$ ont même polynôme caractéristique, sont-elles semblables ?

**3.** Montrer que

$$A = \begin{pmatrix} 1 & 1 \\ 0 & 1 \end{pmatrix}$$

n'est pas diagonalisable.

**4.** Soient $A, B \in M_n(\mathbb{C})$. Montrer que $AB$ et $BA$ ont même polynôme caractéristique.

**5.** Montrer que la restriction d'un endomorphisme diagonalisable est encore diagonalisable.

**6.** Soient $u, v \in L(E)$ où $E$ est un $\mathbb{C}$-espace vectoriel de dimension finie. Prouver que si $u \circ v = v \circ u$ alors les sous-espaces propres de l'un sont stables par l'autre et qu'ils ont un vecteur propre en commun.

## *réponses*

**1.** Avant de réduire les matrices, on regarde quelques propriétés stables par similitude comme la trace, le déterminant, le rang... Tout d'abord, $\mathrm{tr}(A) = 4$ alors que $\mathrm{tr}(B) = \mathrm{tr}(C) = \mathrm{tr}(D) = -2$ donc $A$ ne peut pas être semblable à $B, C$ ou $D$. De plus, $C$ est inversible alors que $B$ et $D$ ne le sont pas donc $C$ n'est semblable ni à $B$ ni à $D$. Enfin $\mathrm{rg}(B) = 1$ alors que $\mathrm{rg}(D) = 2$ donc $B$ et $D$ ne sont pas semblables. En conclusion, aucune de ces matrices n'est semblable à une des autres.

**2.** Non : deux matrices semblables ont même polynôme caractéristique mais la réciproque est fausse (regarder la question suivante pour un contre-exemple).

**3.** Le polynôme caractéristique de A est $(1-X)^2$ ; si A était diagonalisable, A devrait donc être semblable à la matrice identité qui commute avec les matrices de passage donc A devrait être égale à l'identité ce qui est absurde ! Ceci constitue un contre-exemple à la question précédente et par ailleurs $A$ est une matrice que l'on doit avoir à l'esprit quand on demande un exemple de matrice non-diagonalisable.

**4.** Soient

$$A' = \begin{pmatrix} -XI_n & A \\ -B & I_n \end{pmatrix}$$

et

$$B' = \begin{pmatrix} I_n & 0 \\ B & -XI_n \end{pmatrix}.$$

$\det(A'B') = \det(B'A')$ et :

$$\det(A'B') = \begin{vmatrix} AB - XI_n & -XA \\ 0 & -XI_n \end{vmatrix} = (-X)^n \det(AB - XI_n)$$

et

$$\det(B'A') = \begin{vmatrix} -XI_n & A \\ 0 & BA - XI_n \end{vmatrix} = (-X)^n \det(BA - XI_n) .$$

D'où

$$\det(AB - XI_n) = P_{AB} = \det(BA - XI_n) = P_{BA} .$$

Autre solution utilisant la densité de $GL_n(\mathbb{C})$ dans $M_n(\mathbb{C})$ : soit $(A_n)_{n \in \mathbb{N}}$ une suite de matrices de $GL_n(\mathbb{C})$ qui tend vers $A$. On a :

$$\begin{aligned} \det(A_n B - XI) &= \det(A_n(B - XA_n^{-1})) \\ &= \det(A_n) \cdot \det(B - XA_n^{-1}) \\ &= \det(B - XA_n^{-1}) \cdot \det(A_n) \\ &= \det(BA_n - XI) . \end{aligned}$$

Comme le déterminant est continu sur $M_n(\mathbb{C})$, en passant à la limite, on obtient le résultat.

**5.** Un endomorphisme est diagonalisable si et seulement si il est annulé par un polynôme scindé à racines simples. De plus, si un polynôme annule $v$, il annule la restriction de $v$ à un sous espace (rappelons que le sous-espace en question doit être stable pour que cela est un sens). Le résultat cherché découle immédiatement de ces deux assertions.

**6.** Comme $\mathbb{C}$ est algébriquement clos (tout polynôme non constant a une racine), $u$ a une valeur propre $\lambda$. Le sous-espace propre associé, $E_\lambda(u)$ est de dimension supérieure ou égale à 1 et est stable par $v$ (car $u$ et $v$ commutent) ce qui implique que $v_\lambda$, la restriction de $v$ à $E_\lambda(u)$ est un élément de $L(E_\lambda(u))$. $v_\lambda$ a une valeur propre $\mu$ dans $E_\lambda(u)$ et $x$ un vecteur propre associé convient... On peut prolonger la question en remarquant que si $u$ et $v$ sont diagonalisables et commutent alors ils sont diagonalisables dans une même base : si $u$ est diagonalisable, on a : $E = \oplus_{\lambda \in Sp(u)} E_\lambda(u)$. Mais les $E_\lambda(u)$ sont stables par $v$ donc les $v_\lambda$ sont diagonalisables. En recollant des bases des $E_\lambda(u)$ diagonalisant $v_\lambda$, on obtient une base diagonalisant simultanément $u$ et $v$.

## EXERCICE 1 Une démonstration du théorème de Cayley-Hamilton

Soit $u \in L(E)$ où $E$ est un $\mathbb{K}$– espace vectoriel de dimension finie $n$. On veut montrer que $\chi_u(u) = 0$ où $\chi_u$ est le polynôme caractéristique de $u$. Pour cela, on fixe $x \neq 0$ quelconque dans $E$ et on va voir que $\chi_u(u)(x) = 0$.
Soit $F = \text{Vect}\{x, u(x), ..., u^p(x), ..., p \in \mathbb{N}\}$.
**1.** Soit $k = \inf\{p \in \mathbb{N} \;/\; (x, u(x), ..., u^p(x)) \text{ est une famille liée}\}$. Montrer que $\dim F = k$ et que $\left(x, u(x), ..., u^{k-1}(x)\right)$ est une base de $F$.
**2.** Remarquer que $F$ est stable par $u$ et écrire la matrice $A$ de la restriction de $u$ à $F$ notée $u|_F$ dans la base $\left(x, u(x), ..., u^{k-1}(x)\right)$. Calculer $\chi_A$.
**3.** Soit $G$ un supplémentaire de $F$ dans $E$, $E = F \oplus G$ et $(g_{k+1}, ..., g_n)$ une base de $G$. Donner la forme de la matrice de $u$ dans $\left(x, u(x), ..., u^{k-1}(x), g_{k+1}, ..., g_n\right)$, calculer $\chi_u$ en fonction de $\chi_A$ et conclure.

### solution

**1.** L'entier $k$ est bien défini car $x \neq 0$ et l'espace $E$ est de dimension finie donc $k \leq n$. La famille $\left(x, u(x), ..., u^{k-1}(x)\right)$ est libre par définition de $k$. Pour achever de montrer que c'est une base, il suffit de montrer que c'est une famille génératrice.
Comme $\left(x, u(x), ..., u^k(x)\right)$ est liée, on peut écrire :

$$u^k(x) = \sum_{i=0}^{k-1} a_i u^i(x) .$$

Posons $P(X) = X^k - \sum_{i=0}^{k-1} a_i X^i$ ; tout $y \in F$ s'écrit $y = Q(u)(x)$ où $Q \in \mathrm{K}[X]$. On fait la division euclidienne de $Q$ par $P$ :

$$Q = BP + R \text{ avec } \deg R \leq k-1 ,$$

ce qui entraîne $y = R(u)(x)$.
Donc la famille est génératrice, et finalement $\dim F = k$.
**2.** De manière évidente, $F$ est stable par $u$, donc $u|_F \in L(F)$. La matrice $A$ s'écrit alors, dans la base $\left(x, u(x), ..., u^{k-1}(x)\right)$, de la manière suivante :

$$A = \begin{pmatrix} 0 & \cdots & \cdots & 0 & a_0 \\ 1 & \ddots & & \vdots & \vdots \\ 0 & \ddots & \ddots & \vdots & \vdots \\ \vdots & \ddots & \ddots & 0 & \vdots \\ 0 & \cdots & 0 & 1 & a_{k-1} \end{pmatrix} .$$

La matrice obtenue est appelée matrice compagnon. Tout candidat doit savoir calculer son polynôme caractéristique sans hésitation (on va voir qu'il est égal au polynôme $P$ défini ci-dessus).
On a :

$$\chi_A(X) = \begin{vmatrix} -X & \cdots & \cdots & 0 & a_0 \\ 1 & \ddots & & \vdots & \vdots \\ 0 & \ddots & \ddots & \vdots & \vdots \\ \vdots & \ddots & \ddots & -X & a_{k-2} \\ 0 & \cdots & 0 & 1 & a_{k-1} - X \end{vmatrix} .$$

L'astuce consiste à multiplier la deuxième ligne par $X$, à l'ajouter à la première, et on continue ainsi : on multiplie la $i$−ième ligne par $X^{i-1}$ et on l'ajoute à chaque fois à la première ligne. Ceci ne change évidemment pas le déterminant, et on obtient :

$$\chi_A(X) = \begin{vmatrix} 0 & 0 & \cdots & 0 & -X^k + \sum\limits_{i=0}^{k-1} a_i X^i \\ 1 & -X & \ddots & \vdots & a_1 \\ 0 & \ddots & \ddots & 0 & \vdots \\ \vdots & \ddots & \ddots & -X & a_{k-2} \\ 0 & \cdots & 0 & 1 & a_{k-1} - X \end{vmatrix} ,$$

et on développe par rapport à la $1^{ère}$ ligne :

$$\boxed{\chi_A(X) = (-1)^k \left( X^k - \sum_{i=0}^{k-1} a_i X^i \right)} .$$

**3.** Soit $D$ la matrice de $u$ dans $\left(x, u(x), ..., u^{k-1}(x), g_{k+1}, ..., g_n\right)$, alors $D$ est de la forme :

$$D = \begin{pmatrix} A & B \\ 0 & C \end{pmatrix}$$

(le bloc de $0$ vient du fait que $F$ est stable par $u$).
Puis $\chi_u = \chi_D = \chi_A \cdot \chi_C$ (Cf. *Questions brèves* de la section déterminants) :

$$\chi_u(u)(x) = \chi_C(u) \circ \chi_A(u)(x) .$$

Or $\chi_A(u)(x) = (-1)^k \left( u^k(x) - \sum\limits_{i=0}^{k-1} a_i u^i(x) \right) = 0$, ce qui achève la démonstration.

## EXERCICE 2 Calcul des puissances d'une matrice

Soit $A$ la matrice de $M_n(\mathbb{R})$ suivante :

$$A = \begin{pmatrix} 4 & -15 & 3 \\ 1 & -4 & 1 \\ 2 & -10 & 3 \end{pmatrix}.$$

Calculer $A^n$ pour tout $n \in \mathbb{N}$.

**solution**

Cherchons à réduire la matrice $A$ (si $A$ est diagonalisable, il est facile de calculer $A^n$). Son polynôme caractéristique est :

$$P_A(X) = \begin{vmatrix} 4-X & -15 & 3 \\ 1 & -4-X & 1 \\ 2 & -10 & 3-X \end{vmatrix}.$$

Le développement ce déterminant par rapport à la première colonne donne :

$$\begin{aligned} P_A(X) &= (4-X)\left[(-4-X)(3-X)+10\right] \\ &\quad -\left[-15(3-X)+30\right]+2\left[-15+3(X+4)\right] \\ &= -X^3+3X^2-3X+1 \\ &= -(X-1)^3 . \end{aligned}$$

Comme la seule valeur propre de $A$ est 1, si $A$ était diagonalisable, elle serait semblable à $I_3$ et donc égale à $I_3$, ce qui est absurde . En revanche, comme $P_A(X)$ est scindé, $A$ est trigonalisable. Cependant, trigonaliser une matrice et calculer la puissance $n$ d'une matrice triangulaire ne sont pas en général des opérations très faciles. Ici, comme le sous-espace propre de $A$ associé à la valeur propre 1 est de dimension 2, cette méthode permet tout de même de calculer $A^n$.

Voyons une autre méthode. Il s'agit de trouver un polynôme annulateur de $A$. À la lumière du théorème de Cayley-Hamilton, cherchons un tel polynôme parmi les diviseurs du polynôme caractéristique de $A$. Un simple calcul montre que :

$$A^2 = \begin{pmatrix} 5 & -30 & 6 \\ 2 & -7 & 2 \\ 4 & -20 & 7 \end{pmatrix} = 2A + I_3 ,$$

c'est-à-dire que $A$ annule le polynôme $Q(X) = (X-1)^2$ (lequel divise $P_A(X)$).

Effectuons la division euclidienne de $X^n$ par $Q(X)$ :

$$\exists (S_n, R_n) \in \mathbb{R}[X]^2 \ / \ X^n = Q(X) S_n(X) + R_n(X) \text{ avec } \deg R_n \leq 1 .$$

Le reste est de la forme :

$$R_n(X) = \alpha_n X + \beta_n$$

où $(\alpha_n, \beta_n) \in \mathbb{R}^2$, et la formule de division euclidienne en $X = 1$ s'écrit alors :

$$1^n = 0 + \alpha_n + \beta_n .$$

De même, en dérivant la formule de division euclidienne, puis en prenant la valeur particulière $X = 1$, on obtient :

$$n1^{n-1} = \alpha_n .$$

Ainsi,

$$\forall n \in \mathbb{N} , \begin{cases} \alpha_n = n \\ \beta_n = 1 - n . \end{cases}$$

Il ne nous reste plus qu'à appliquer la formule de division euclidienne à $A$ :

$$A^n = 0 + nA + (1 - n) I_3 ,$$

c'est-à-dire :

$$\boxed{A^n = \begin{pmatrix} 3n+1 & -15n & 3n \\ n & 1-5n & n \\ 2n & -10n & 2n+1 \end{pmatrix}} .$$

## EXERCICE 3 Une équation matricielle

Soit :

$$A = \begin{pmatrix} -2 & -6 & 3 \\ -5 & -1 & 5 \\ -16 & -16 & 17 \end{pmatrix} .$$

Résoudre $X^2 = A$ dans $M_3(\mathbb{R})$ .

**solution**

On calcule le polynôme caractéristique de $A$,

$$P_A(\lambda) = (1-\lambda)(4-\lambda)(9-\lambda) \ .$$

$A$ a 3 valeurs propres distinctes, donc est diagonalisable. Néanmoins, il n'y a pas de raison *a priori* que $X$, solution de l'équation, le soit.
Soit $X$ solution de l'équation. $X$ est trigonalisable dans $M_3(\mathbb{C})$ et, dans $\mathbb{C}$, les valeurs propres de $A$ sont les carrés des valeurs propres de $X$ , donc $X$ a 3 valeurs propres réelles : $\varepsilon_1$ , $2\varepsilon_2$ et $3\varepsilon_3$ où $\varepsilon_i = \pm 1$, qui sont distinctes donc $X$ est en fait diagonalisable dans $M_3(\mathbb{R})$ .
Il est clair qu'une base diagonalisant $X$ diagonalise $A$ (car si $X = PDP^{-1}$, avec $D$ diagonale, alors $A = X^2 = PD^2P^{-1}$ où $D^2$ est toujours diagonale).
Réciproquement, montrons qu'une base diagonalisant $A$ diagonalise $X$. Il sera alors aisé de résoudre l'équation dans une telle base puisqu'on connaît toutes les matrices diagonales semblables à $X$.
$A$ est diagonalisable donc :

$$\mathbb{R}^3 = \bigoplus_{i=1}^{3} \operatorname{Ker}(A - \lambda_i I)$$

avec $\lambda_1 = 1$ , $\lambda_2 = 4$ et $\lambda_3 = 9$ .

$$\begin{aligned} \operatorname{Ker}(A-\lambda_i I) &= \operatorname{Ker}\left[\left(X-\sqrt{\lambda_i}I\right)\left(X+\sqrt{\lambda_i}I\right)\right] \\ &= \operatorname{Ker}\left(X-\sqrt{\lambda_i}I\right) \oplus \operatorname{Ker}\left(X+\sqrt{\lambda_i}I\right) \ , \end{aligned}$$

en appliquant le théorème de décomposition des noyaux (en effet, les polynômes $x-\sqrt{\lambda_i}$ et $x+\sqrt{\lambda_i}$ sont premiers entre eux car $\lambda_i \neq 0$).
Or $\dim \operatorname{Ker}(A-\lambda_i I) = 1$ pour tout $i \in \{1,2,3\}$ , donc soit on a :

$$\operatorname{Ker}\left(X-\sqrt{\lambda_i}I\right) = \operatorname{Ker}(A-\lambda_i I) \ \text{ et } \ \operatorname{Ker}\left(X+\sqrt{\lambda_i}I\right) = \{0\} \ ,$$

soit le contraire.
$A$ et $X$ ont donc les mêmes sous-espaces propres, et finalement une base diagonalisant $A$ diagonalise $X$.
On diagonalise alors $A$ :

$$v_1 = \begin{pmatrix} 1 \\ 0 \\ 1 \end{pmatrix} \ , \ v_2 = \begin{pmatrix} 1 \\ -1 \\ 0 \end{pmatrix} \ \text{ et } v_3 = \begin{pmatrix} 0 \\ 1 \\ 2 \end{pmatrix}$$

est une base de vecteurs propres pour $A$ ($v_i$ étant associé à la valeur propre $\lambda_i$).
Or, d'après ce qu'on a vu précédemment, la matrice $X$ est diagonalisable dans cette base, donc on en déduit toutes les matrices $X$ solutions :

$$X = P \begin{pmatrix} \varepsilon_1 & 0 & 0 \\ 0 & 2\varepsilon_2 & 0 \\ 0 & 0 & 3\varepsilon_3 \end{pmatrix} P^{-1} ,$$

où :

$$P = \begin{pmatrix} 1 & 1 & 0 \\ 0 & -1 & 1 \\ 1 & 0 & 2 \end{pmatrix} .$$

➡*Remarque :* Soit $E$ un espace vectoriel de dimension finie et $u \in L(E)$ . Si $u^2$ est diagonalisable, a-t-on toujours $u$ diagonalisable ?
Non ! Voici un contre-exemple :

$$B = \begin{pmatrix} 0 & 1 \\ 0 & 0 \end{pmatrix}$$

n'est pas diagonalisable (sinon elle devrait être semblable à la matrice nulle) mais $B^2 = 0$ est diagonalisable.
Montrer qu'une condition nécessaire et suffisante pour que $u$ soit diagonalisable, en supposant $u^2$ diagonalisable, est :

$$\operatorname{Ker} u = \operatorname{Ker} u^2$$

(on utilisera le théorème de décomposition des noyaux comme dans l'exercice).

➡*Question subsidiaire :* Si $A$ était semblable à :

$$\begin{pmatrix} 0 & 0 & 0 \\ 0 & 0 & 0 \\ 0 & 0 & 1 \end{pmatrix} ,$$

quelles seraient les solutions $X$ de $X^2 = A$ ?

➡*Réponse :* Ce sont toutes les matrices de la forme :

$$\begin{pmatrix} \multicolumn{2}{c}{\multirow{2}{*}{N}} & 0 \\ & & 0 \\ 0 & 0 & \varepsilon \end{pmatrix}$$

où $\varepsilon = \pm 1$ et $N$ est une matrice nilpotente de $M_2(\mathbb{R})$ .

## EXERCICE 4 Matrice de trace nulle

Soit $M$ une matrice de $M_n(\mathbb{R})$ , de trace nulle.
Montrer que $M$ est semblable à une matrice de diagonale nulle.

### solution

Ce résultat se démontre par récurrence sur la taille de $M$ :
— si $M \in M_1(\mathbb{R})$ est de trace nulle, alors $M = 0$.
— supposons la propriété vérifiée au rang $n$ , montrons qu'elle est vraie au rang $n+1$.
Soit $M \in M_{n+1}(\mathbb{R})$ telle que $\operatorname{tr}(M) = 0$. On peux alors distinguer les deux cas suivants :

— si il existe $\alpha \in\mathbb{R}$ tel que $M = \alpha I_{n+1}$ (c'est-à-dire que $M$ est une homothétie) alors $(n+1)\alpha = 0$ et donc $M = 0$, ce qui achève la démonstration.

— sinon, $M$ n'est pas une homothétie. Notons $u$ l'endomorphisme de $\mathbb{R}^n$ dont la matrice dans la base canonique de $\mathbb{R}^n$ est $M$, et montrons par l'absurde qu'il existe $x \in\mathbb{R}^{n+1}$ tel que $x$ et $u(x)$ soient linéairement indépendants.
En effet, si l'on suppose que $\forall x \in\mathbb{R}^{n+1}$, $x$ et $u(x)$ sont liés, alors :

$$\forall x \in \mathbb{R}^{n+1} \ , \ \exists \alpha_x \in \mathbb{R} \text{ tel que } u(x) = \alpha_x x \ . \tag{1}$$

Considérons deux vecteurs non nuls $x$ et $y$ de $\mathbb{R}^{n+1}$ , alors :

$$u(x+y) = \alpha_{x+y}.(x+y) = \alpha_{x+y}x + \alpha_{x+y}y \ ,$$

et par linéarité de $u$ :

$$u(x+y) = u(x) + u(y) = \alpha_x x + \alpha_y y \ ,$$

donc si on suppose $x$ et $y$ linéairement indépendants, alors :

$$\alpha_x = \alpha_y = \alpha_{x+y} \ .$$

Dans le cas contraire, c'est-à-dire si $x$ et $y$ sont liés, alors :

$$\exists \beta \in \mathbb{R} \text{ tel que } y = \beta x \ .$$

Et dans ce cas, la linéarité donne :

$$u(y) = \alpha_y y = \beta u(x) = \beta \alpha_x x = \alpha_y \beta x.$$

On conclut aussi par : $\alpha_x = \alpha_y$ . Donc dans $(1)$, $\alpha_x$ est indépendant de $x$ et $u$ est une homothétie.
En conclusion, comme $u$ n'est pas une homothétie, on peut choisir $x$ dans $\mathbb{R}^{n+1}$ tel que $(x, u(x))$ soit une famille libre. On complète cette famille en une base $B = (x, u(x), e_3,$

..., $e_{n+1})$ de $\mathbb{R}^{n+1}$. Alors, la matrice $M'$ de $u$ dans cette base est de la forme :

$$M' = \begin{pmatrix} 0 & * & \cdots & \cdots & * \\ 1 & & & & \\ 0 & & (N) & & \\ \vdots & & & & \\ 0 & & & & \end{pmatrix},$$

où $N$ est une matrice de $M_n(\mathbb{R})$ et $*$ représente des coefficients que l'on ne précise pas. Comme $M'$ est semblable à $M$ qui est de trace nulle, $M'$ puis $N$ sont également de trace nulle. En appliquant l'hypothèse de récurrence au rang $n$ :

$$\exists Q \in GL_n(\mathbb{R}) \ / \ Q^{-1}NQ = \begin{pmatrix} 0 & * & \cdots & * \\ * & \ddots & \ddots & \vdots \\ \vdots & \ddots & \ddots & * \\ * & \cdots & * & 0 \end{pmatrix}.$$

On pose :

$$P = \begin{pmatrix} 1 & 0 & \cdots & 0 \\ 0 & & & \\ \vdots & & (Q) & \\ 0 & & & \end{pmatrix}.$$

Sachant que $P$ est inversible ($\det P = \det Q$ en développant par rapport à la première ligne), la formule du produit par blocs montre que :

$$P^{-1} = \begin{pmatrix} 1 & 0 & \cdots & 0 \\ 0 & & & \\ \vdots & & (Q^{-1}) & \\ 0 & & & \end{pmatrix}.$$

Donc :

$$P^{-1}M'P = \begin{pmatrix} 0 & * & \cdots & * \\ * & & & \\ \vdots & & (Q^{-1}NQ) & \\ * & & & \end{pmatrix},$$

avec $Q^{-1}NQ$ matrice de diagonale nulle, ce qui termine la récurrence et achève la démonstration.

## EXERCICE 5 Caractérisation des endomorphisme nilpotents

Soit $M \in M_n(\mathbb{C})$ telle que $\forall k \in \{1,...,n\}$ , $\operatorname{tr}\left(M^k\right) = 0$.
Montrer que $M$ est nilpotente.

### solution

On propose deux méthodes différentes pour résoudre cet exercice.
$1^{ère}$ méthode. — D'après le théorème de Cayley-Hamilton, le polynôme caractéristique de $M$ noté :

$$P_M(X) = X^n + \alpha_1 X^{n-1} + \alpha_2 X^{n-2} + \cdots + \alpha_{n-1} X + \alpha_n$$

vérifie :

$$P_M(M) = 0 .$$

Dans $\mathbb{C}$, $P_M$ est scindé, c'est-à-dire :

$$\exists (\lambda_i)_{i\in\{1,\dots,n\}} \in \mathbb{C}^n \ / \ P_M(X) = \prod_{i=1}^{n} (X - \lambda_i) .$$

Or, si on pose $S_k = \sum\limits_{i=1}^{n} \lambda_i^k$ avec $k > 0$ , alors, d'après les formules de Newton :

$$\alpha_1 = -S_1$$

et :

$$(-1)^i i\alpha_i + (-1)^{i-1} \alpha_{i-1} S_1 + \cdots + \alpha_1 S_{i-1} + S_i = 0 .$$

Les $\alpha_i$ s'écrivent donc comme combinaison linéaire des $S_i$ .
Or, en trigonalisant $M$ , on voit que :

$$\forall k \in \{1,...,n\} , \ \operatorname{tr}\left(M^k\right) = S_k .$$

On en conclut :

$$\forall i \in \{1,...,n\} , \ \alpha_i = 0 .$$

Donc $P_M(X) = X^n$ et en invoquant le théorème de Cayley-Hamilton :

$$\boxed{M^n = 0} .$$

On a donc montré que $M$ est nilpotente.

$2^e$ méthode. — L'ensemble $\mathbb{C}$ est algébriquement clos, donc $M$ est trigonalisable dans $\mathbb{C}$, c'est-à-dire :

$$\exists P \in GL_n(\mathbb{R}) \ / \ P^{-1}MP = \begin{pmatrix} \lambda_1 & * & \cdots & \cdots & * \\ 0 & \ddots & \ddots & & \vdots \\ \vdots & \ddots & \ddots & \ddots & \vdots \\ \vdots & & \ddots & \ddots & * \\ 0 & \cdots & \cdots & 0 & \lambda_n \end{pmatrix}$$

où $*$ symbolise un coefficient que l'on n'a pas besoin *a priori* de préciser dans la suite de l'exercice.
Comme $\forall (A,B) \in M_n(\mathbb{C})^2$ , $\mathrm{tr}(AB) = \mathrm{tr}(BA)$ ,

$$\forall k \in \{1,...,n\}\ ,\ \mathrm{tr}\left(M^k\right) = \mathrm{tr}\left(\left(P^{-1}MP\right)^k\right) = \sum_{i=1}^{n} \lambda_i^k = 0\ .$$

Soit $P_M$ le polynôme caractéristique de $M$ :

$$P_M(X) = X^n + \alpha_1 X^{n-1} + \alpha_2 X^{n-2} + \cdots + \alpha_{n-1} X + \alpha_n\ .$$

Les $\lambda_i$ étant les racines de $P_M(X)$ , on a :

$$\begin{cases} \lambda_1^n + \alpha_1 \lambda_1^{n-1} + \alpha_2 \lambda_1^{n-2} + \cdots + \alpha_n = 0 \\ \lambda_2^n + \alpha_1 \lambda_2^{n-1} + \alpha_2 \lambda_2^{n-2} + \cdots + \alpha_n = 0 \\ \vdots \\ \lambda_3^n + \alpha_1 \lambda_3^{n-1} + \alpha_2 \lambda_3^{n-2} + \cdots + \alpha_n = 0\ . \end{cases}$$

Donc en sommant les égalités précédentes :

$$\left(\sum_{i=1}^{n} \lambda_i^n\right) + \alpha_1 \left(\sum_{i=1}^{n} \lambda_i^{n-1}\right) + \alpha_2 \left(\sum_{i=1}^{n} \lambda_i^{n-2}\right) + \cdots + \alpha_{n-1} \left(\sum_{i=1}^{n} \lambda_i\right) + n\alpha_n = 0\ ,$$

soit $n\alpha_n = 0$ c'est-à-dire :

$$\alpha_n = 0.$$

Considérons $n_0$ tel que $P_M(X)/X^{n_0}$ soit un polynôme avec un coefficient constant non nul. Ses racines seront donc les $\lambda_i$ non nuls. La somme de ces $\lambda_i$ , ainsi que celle de leurs puissances sera toujours nulle. Par le même raisonnement que précédemment, le terme constant du polynôme $P_M(X)/X^{n_0}$ sera nul, ce qui est exclu par construction.
Ceci signifie que tous les $\lambda_i$ sont nuls, donc :

$$P_M(X) = X^n\ .$$

Ainsi, la seule valeur propre de $M$ est 0 et donc $M$ est nilpotente.

## EXERCICE 6 Polynôme minimal d'un endomorphisme

Soit $E$ un espace vectoriel de dimension finie $n$ et de corps de base $\mathbb{K}=\mathbb{R}$ ou $\mathbb{C}$.
**1.** On considère $p$ sous-espaces vectoriels de $E$ notés $E_1, ..., E_p$ . On suppose que :

$$\bigcup_{i=1}^{p} E_i = E\ .$$

Montrer qu'il existe $i \in \{1, ..., p\}$ pour lequel $E_i = E$.
Soit $u \in L(E)$ .
**2.a.** Soit $x \in E$. On note :

$$I_x = \{P \in \mathbb{K}[X]\ /\ P(u)(x) = 0_E\}\ .$$

Montrer que $I_x$ est un idéal de $\mathbb{K}[X]$ engendré par un polynôme unitaire que l'on notera $\pi_x$ .
**2.b.** Montrer qu'il existe $x_0$ dans $E$ tel que $\Pi_{x_0} = \Pi_u$ .

### *solution*

**1.** On utilise une récurrence sur $p$ :
— si $p = 1$ alors le résultat est évident ;
— supposons la propriété vraie au rang $p$ et montrons-la au rang $p + 1$ .
Soient $E_1, ..., E_{p+1}$ , $p + 1$ sous-espaces vectoriels de $E$ tels que :

$$\bigcup_{i=1}^{p+1} E_i = E\ .$$

Soit $(e_1, ..., e_n)$ une base de $E$.
Si :

$$\forall j \in \{1, ..., n\}\ ,\ \forall i \in \{1, ..., p + 1\}\ ,\ e_j \in E_i$$

alors tous les sous-espaces $E_i$ sont égaux à $E$. Donc, on peut supposer :

$$\exists j_0 \in \{1, ..., n\}\ ,\ \exists i_0 \in \{1, ..., p + 1\}\ /\ e_{j_0} \notin E_{i_0}\ . \tag{1}$$

(De plus, quitte à permuter les vecteurs de la base, on peut supposer que $j_0 = 1$.)
Montrons qu'alors :

$$\bigcup_{\substack{i=1 \\ i \neq i_0}}^{p+1} E_i = E\ ,$$

ce qui permettrait de conclure, en utilisant l'hypothèse de récurrence au rang $p$.
Soit $x \in E$ et $\mathcal{V} = \{x + te_1 \ / \ t \in \mathbb{K}\}$. Comme $E$ est l'union des $E_i$, chacun des $x+te_1$ est contenu dans un $E_i$. Or, les $(E_i)_{i=\{1,\dots,p\}}$ sont en nombre fini alors que $\mathcal{V}$ est infini, donc il existe un $E_i$ qui contient deux éléments distincts de $\mathcal{V}$.
Nécessairement $i \neq i_0$; en effet, on aurait dans le cas contraire :

$$(x + te_1) \in E_{i_0} \ \text{ et } \ (x + t'e_1) \in E_{i_0} \ \text{ avec } t \neq t'$$

donc par différence :

$$(t - t')\, e_1 \in E_{i_0}$$

ce qui est en contradiction avec $(1)$.
En revanche, on obtient de cette manière que $e_1 \in E_i$ donc $x \in E_i$ car :

$$x = (x + te_1) - te_1 \ .$$

En définitive :

$$\forall x \in E \ , \ x \in \bigcup_{\substack{i=1 \\ i \neq i_0}}^{p+1} E_i \ ,$$

ce qui achève la démonstration.
**2.a.** Si $P$ est un polynôme de $I_x$ , alors :

$$(-P)(u)(x) = -P(u)(x) = -0_E = 0_E \ ,$$

et, si $Q$ est un autre polynôme de $I_x$ , alors :

$$(P + Q)(u)(x) = P(u)(x) + Q(u)(x) = 0_E \ ,$$

donc $I_x$ est bien un sous-groupe additif de $\mathbb{K}[X]$ .
Par ailleurs, si $P \in I_x$ et $R \in \mathbb{K}[X]$ , alors :

$$(PR)(u)(x) = (RP)(u)(x) = R(u) \circ P(u)(x) = 0_E \ ,$$

car $P \in I_x$ .
Donc $I_x$ est un idéal de $\mathbb{K}[X]$ .
Enfin, $\mathbb{K}[X]$ étant un anneau principal, $I_x$ est engendré par un polynôme unitaire $\pi_x$ .
**2.b.** Soit $x \in E$.
Comme $\pi_u$ est le polynôme annulateur minimal de $u$ alors $\pi_u(u) = 0_{L(E)}$ donc $\pi_u(u)(x) = 0_E$ .
Ainsi $\pi_u \in I_x$ donc $\pi_x$ divise $\pi_u$ .

Pour tout $x$ de $E$ , le polynôme $\pi_x$ est un polynôme unitaire qui divise $\pi_u$. Or, $\pi_u$ n'a qu'un nombre fini de tels diviseurs : il existe donc $p$ vecteurs $x_1, ..., x_p$ de $E$, tels que :

$$\forall x \in E \ , \ \exists i \in \{1, ..., p\} \ / \ \pi_x = \pi_{x_i}$$

c'est-à-dire :

$$\forall x \in E \ , \ \exists i \in \{1, ..., p\} \ / \ x \in \operatorname{Ker}\left(\pi_{x_i}(u)\right) \ .$$

Ainsi :

$$E = \bigcup_{i=1}^{p} \operatorname{Ker}\left(\pi_{x_i}(u)\right) \ .$$

On applique alors le résultat de la première question :

$$\exists i \in \{1, ..., p\} \ / \ \operatorname{Ker}\left(\pi_{x_i}(u)\right) = E \ ,$$

c'est-à-dire :

$$\forall x \in E \ , \ \pi_{x_i}(u)(x) = 0_E \ ,$$

ou encore :

$$\pi_{x_i}(u) = 0_{L(E)}$$

et $\pi_u$ divise $\pi_{x_i}$. Or, on a montré au début de la question que $\pi_{x_i}$ divise $\pi_u$ , donc $\pi_u = \pi_{x_i}$ .

# IV ESPACES ET GÉOMÉTRIE EUCLIDIENS

Les espaces euclidiens sont des espaces vectoriels de dimension finie munis d'une structure supplémentaire : le produit scalaire. Cette forme bilinéaire symétrique définie positive permet de définir les notions de norme d'un vecteur (et donc de distance euclidienne), de vecteurs orthogonaux, etc. Dans de tels espaces, on peut donc faire de la géométrie et la géométrie euclidienne est très riche. Par exemple, les triangles rectangles, isocèles ou encore équilatéraux sont remarquables en géométrie euclidienne, alors que ces trois types de triangles ne peuvent pas être distingués dans le cadre de la géométrie affine. En contre-partie de cette richesse, il y a plus de formules à apprendre et les calculs sont souvent plus compliqués, on n'a rien sans rien... Enfin, signalons quand même que l'on n'a pas choisi d'étudier ces espaces par hasard ; L'espace euclidien $\mathbb{R}^3$ est un bon modèle pour notre espace ambiant.

## QUESTIONS BRÈVES

**1.** On se place dans $E = C^0([-1,1])$ l'ensemble des fonctions continues sur l'intervalle $[-1,1]$ à valeurs réelles. Montrer que $\langle f, g\rangle = \int_{-1}^{1} \sqrt{1-t^2} f(t) \cdot g(t)dt$ définit un produit scalaire sur $E$.

**2.** Soit $f$ une fonction continue par morceaux sur $[0,1]$, montrer que

$$\left(\int_0^1 f(t)dt\right)^2 \leq \int_0^1 f(t)^2 dt .$$

**3.** Soit $U \in M_n(\mathbb{R})$ une matrice symétrique telle que ${}^tXUX = 0$ pour tout $X \in\mathbb{R}^n$. Montrer que $U$ est la matrice nulle.

**4.** Soit $\|.\|$ une norme sur $\mathbb{R}^n$. Montrer que $\|.\|$ est une norme euclidienne (c'est-à-dire qu'il existe un produit scalaire $\langle .,. \rangle$ tel que $\|x\| = \sqrt{\langle x, x\rangle}$ pour tout $x \in\mathbb{R}^n$) si et seulement si elle vérifie l'égalité du parallélogramme :

$$\forall x, y \in \mathbb{R}^n , \quad \|x+y\|^2 + \|x-y\|^2 = 2\|x\|^2 + 2\|y\|^2 .$$

**5.** Soit $M$ une matrice antisymétrique réelle, c'est-à-dire telle que ${}^tM = -M$. Que peut-on dire de ses valeurs propres ?

## *réponses*

**1.** Commençons par rappeler qu'un produit scalaire est une forme bilinéaire symétrique dont la forme quadratique est définie positive. La linéarité de l'intégrale entraîne facilement la bilinéarité de $\langle ., . \rangle$ qui est de plus symétrique de façon évidente. Il nous reste à montrer que sa forme quadratrique associée est définie positive, c'est-à-dire que $\forall f \in E$ , $\langle f, f \rangle \geq 0$ et $\langle f, f \rangle = 0 \Leftrightarrow f = 0$. Comme nos fonctions sont à valeurs réelles, on a bien

$$\langle f, f \rangle = \int_{-1}^{1} \sqrt{1-t^2} f(t)^2 dt \geq 0 \, .$$

Par ailleurs, si

$$\int_{-1}^{1} \sqrt{1-t^2} f(t)^2 dt = 0 \, ,$$

alors, comme $x \mapsto \sqrt{1-t^2} f(t)^2$ est positive et continue sur $[-1, 1]$, elle est nulle (Cf. *Questions brèves* d'intégration). Donc $f(t) = 0$ pour tout $t \in ]-1, 1[$, puis $f$ est nulle sur $[-1, 1]$ tout entier car elle est continue. Ceci termine la preuve.

**2.** Nous allons commencer par démontrer la propriété sur les fonctions en escaliers, puis nous conclurons par densité.
Soit $f$ une fonction en escaliers sur $[0, 1]$, $f$ s'écrit :

$$f(t) = \sum_{i=0}^{n} \lambda_i \chi_{[a_i, a_{i+1}]} \, ,$$

où $a_0 = 0 < a_1 < \cdots < a_{n+1} = 1$ est une subdivision admissible pour $f$ et $\chi_{[\alpha,\beta]}$ est la fonction caractéristique de l'intervalle $[\alpha, \beta]$ . Ainsi, $\int_0^1 f(t)dt = \sum_{i=0}^{n} \lambda_i (a_{i+1} - a_i)$ et en appliquant l'inégalité de Cauchy-Schwarz pour les suites :

$$\begin{aligned}
\left( \sum_{i=0}^{n} \lambda_i (a_{i+1} - a_i) \right)^2 &= \left( \sum_{i=0}^{n} \lambda_i \sqrt{a_{i+1} - a_i}^2 \right)^2 \\
&\leq \sum_{i=1}^{n} \lambda_i^2 (a_{i+1} - a_i) \cdot \sum_{i=0}^{n} a_{i+1} - a_i \\
&\leq \sum_{i=1}^{n} \lambda_i^2 (a_{i+1} - a_i) \cdot 1 = \int_0^1 f(t)^2 dt.
\end{aligned}$$

On a bien la formule cherchée pour les fonctions en escaliers.
Maintenant, on sait que toute fonction continue par morceaux est limite uniforme

de fonctions en escaliers qui vérifient l'inégalité, donc à la limite $f$ vérifie bien :

$$\left(\int_0^1 f(t)dt\right)^2 \leq \int_0^1 f(t)^2 dt \,.$$

➡*Remarque :* La formule est immédiate sur l'espace vectoriel des fonctions continues, c'est simplement l'inégalité de Cauchy-Schwarz appliquée pour le produit scalaire $\langle f, g\rangle = \int_0^1 f(x)\cdot g(x)\,dx$. Mais $\langle .,.\rangle$ n'est pas un produit scalaire sur l'espace vectoriel des fonctions continues par morceaux sur $[0,1]$. C'est bien une forme bilinéaire symétrique positive mais elle n'est pas définie (car l'intégrale d'une fonction continue par morceaux peut être nulle sans que la fonction soit identiquement nulle). Néanmoins, on peut montrer que l'inégalité de Cauchy-Schwarz est encore vraie dans le cas des formes bilinéaires symétriques positives.

**3.** Soient $X, Y \in \mathbb{R}^n$. On a :

$${}^t(X+Y)U(X+Y) = {}^tXUX + {}^tXUY + {}^tYUX + {}^tYUY \,.$$

En utilisant l'hypothèse, on obtient que :

$${}^tXUY + {}^tYUX = 0 \,.$$

Mais comme $U$ est symétrique et que ${}^tYUX$ est un scalaire, on a :

$${}^t({}^tYUX) = {}^tX{}^tUY = {}^tXUY$$

et finalement ${}^tXUY = 0$ pour tout $X, Y \in \mathbb{R}^n$ ce qui prouve que $U$ est nulle (appliquer l'égalité précédente aux vecteurs de la base canonique pour s'en convaincre).
Autre méthode utilisant le fait qu'une matrice symétrique est diagonalisable (en base orthonormée) : Si $\lambda$ est une valeur propre de $U$, alors il existe un vecteur $X$ non nul tel que $UX = \lambda X$. Ainsi, ${}^tXUX = \lambda \|X\|^2 = 0$ ; donc $\lambda = 0$. Et donc, comme $U$ est diagonalisable, elle est nulle.
Noter que ce résultat est faux si $U$ n'est pas symétrique (prendre tout simplement $U$ antisymétrique comme contre-exemple).

**4.** Traitons le cas de la condition nécessaire. Si la norme est euclidienne,

$$\|x+y\|^2 = \langle x+y, x+y\rangle = \|x\|^2 + 2\langle x,y\rangle + \|y\|^2$$

et donc

$$\begin{aligned} \|x+y\|^2 + \|x-y\|^2 &= \|x\|^2 + 2\langle x,y\rangle + \|y\|^2 \\ &\quad + \|x\|^2 + 2\langle x,-y\rangle + \|y\|^2 \\ &= 2\|x\|^2 + 2\|y\|^2. \end{aligned}$$

On retrouve bien l'égalité du parallélogramme.
Supposons maintenant que l'égalité du parallélogramme soit vérifiée. Montrons que la norme $\|.\|$ est euclidienne c'est-à-dire qu'elle dérive d'un produit scalaire.

Les formules de polarisation entraînent que le produit scalaire, s'il existe, a nécessairement la forme suivante :

$$\langle x,y\rangle = \frac{1}{2}\left(\|x+y\|^2 - \|x\|^2 - \|y\|^2\right) = \frac{1}{4}\left(\|x+y\|^2 - \|x-y\|^2\right).$$

On a bien $\langle x,y\rangle = \langle y,x\rangle$, il nous reste donc à montrer la bilinéarité ;

$$\begin{aligned}
4\langle x_1+x_2,y\rangle &= \|x_1+x_2+y\|^2 - \|x_1+x_2-y\|^2 \\
&= \left(2\|x_1+y\|^2 + 2\|x_2\|^2 - \|x_1-x_2+y\|^2\right) \\
&\quad - \left(2\|x_2-y\|^2 + 2\|x_1\|^2 - \|x_2-y-x_1\|^2\right) \\
&= 2\left(\|x_1+y\|^2 - \|x_2-y\|^2 - \|x_1\|^2 + \|x_2\|^2\right) \\
&= \|x_1+y\|^2 - \|x_2-y\|^2 + \left(2\|x_1\|^2 + 2\|y\|^2 - \|x_1-y\|^2\right) \\
&\quad - \left(2\|x_2\|^2 + 2\|y\|^2 - \|x_2+y\|^2\right) - 2\|x_1\|^2 + 2\|x_2\|^2 \\
&= \left(\|x_1+y\|^2 - \|x_1-y\|^2\right) + \left(\|x_2+y\|^2 - \|x_2-y\|^2\right) \\
&= 4\left(\langle x_1,y\rangle + \langle x_2,y\rangle\right).
\end{aligned}$$

Donc, pour tout $x_1, x_2, y \in \mathbb{R}^n$ : $\langle x_1+x_2,y\rangle = \langle x_1,y\rangle + \langle x_2,y\rangle$. Il reste encore à voir que pour tout scalaire $\lambda \in \mathbb{R}$ , $\langle \lambda x,y\rangle = \lambda\langle x,y\rangle$. Par une récurrence immédiate, en utilisant la formule déjà démontrée, on obtient :

$$\forall n \in \mathbb{N}\,, \quad \langle nx,y\rangle = n\langle x,y\rangle.$$

Puis $\langle x-x,y\rangle = 0 = \langle x,y\rangle + \langle -x,y\rangle$ d'où $\langle -x,y\rangle = -\langle x,y\rangle$ et donc :

$$\forall n \in \mathbb{Z}\,, \quad \langle nx,y\rangle = n\langle x,y\rangle.$$

Soit $r = p/q$ un rationnel ($p, q \in \mathbb{Z}$) ;

$$\langle rx,y\rangle = \left\langle \frac{p}{q}x,y\right\rangle = p\left\langle \frac{1}{q}x,y\right\rangle \quad \text{et} \quad \langle x,y\rangle = \left\langle \frac{q}{q}x,y\right\rangle = q\left\langle \frac{1}{q}x,y\right\rangle.$$

En combinant ces deux dernières formules, on obtient :

$$\left\langle \frac{p}{q}x,y\right\rangle = \frac{p}{q}\langle x,y\rangle\ .$$

Soit maintenant un réel $\lambda$. Par densité de $\mathbb{Q}$ dans $\mathbb{R}$, il existe une suite $(r_n)_{n\in\mathbb{N}}$ de rationnels qui tend vers $\lambda$. Comme $\langle .,.\rangle$ est continu (car la norme $\|.\|$ l'est), on a :

$$\langle \lambda x,y\rangle = \lim_{n\to+\infty}\langle r_n x,y\rangle = \lim_{n\to+\infty}\left(r_n\langle x,y\rangle\right) = \lambda\langle x,y\rangle$$

ce qui termine la preuve.

**5.** La matrice complexe $iM$ est hermitienne, en effet :

$${}^t(\overline{iM}) = {}^t(\overline{i}\,\overline{M}) = -i^tM = iM.$$

Donc, d'après le cours, elle est diagonalisable et ses valeurs propres sont réelles. Ainsi, notre matrice $M$ est diagonalisable dans $\mathbb{C}$ et ses valeurs propres sont des imaginaires purs.

## EXERCICE 1 Réduction d'une matrice orthogonale

Étudier l'application affine $f$ définie analytiquement par :

$$f(x,y) = \begin{cases} x' = \frac{1}{4}\left(3x + y + \sqrt{6}z\right) \\ y' = \frac{1}{4}\left(x + 3y - \sqrt{6}z\right) \\ z' = \frac{1}{4}\left(-\sqrt{6}x + \sqrt{6}y + 2z\right) \ . \end{cases}$$

On précisera la nature de $f$ ainsi que ses éléments caractéristiques.

**solution**

On remarque tout d'abord que $f$ est en fait une application linéaire et si on note $M$ sa matrice dans la base canonique de $\mathbb{R}^3$ , alors on a :

$$\begin{pmatrix} x' \\ y' \\ z' \end{pmatrix} = M \begin{pmatrix} x \\ y \\ z \end{pmatrix} \quad \text{avec } M = \frac{1}{4}\begin{pmatrix} 3 & 1 & \sqrt{6} \\ 1 & 3 & -\sqrt{6} \\ -\sqrt{6} & \sqrt{6} & 2 \end{pmatrix}.$$

On constate que ${}^tMM = I_3$ donc $f$ est un endomorphisme orthogonal, c'est-à-dire que $f$ est une isométrie de $\mathbb{R}^3$ muni du produit scalaire canonique.
Calculons $\det M$ avec la règle de Sarrus :

$$\begin{aligned} \det M &= \frac{1}{4^3}\Big(3 \times 3 \times 2 + 1 \times \left(-\sqrt{6}\right) \times \left(-\sqrt{6}\right) + \sqrt{6} \times 1 \times \sqrt{6} \\ &\quad - \left(-\sqrt{6}\right) \times 3 \times \sqrt{6} - \sqrt{6} \times \left(-\sqrt{6}\right) \times 3 - 2 \times 1 \times 1\Big) \\ &= \frac{1}{4^3}\left(18 + 6 + 6 + +18 + 18 - 2\right) = 1 \end{aligned}$$

➡*Rappel :* La règle de Sarrus est un procédé mnémotechnique permettant de calculer facilement un déterminant d'ordre 3, en répétant à droite du déterminant les deux premières colonnes de la matrice et en considérant toutes les diagonales (descendantes puis montantes respectivement affectées d'un signe $+$ et $-$) :

$$\begin{aligned}\det A &= \begin{vmatrix} a_{11} & a_{12} & a_{13} \\ a_{21} & a_{22} & a_{23} \\ a_{31} & a_{32} & a_{33} \end{vmatrix} \left\{\begin{matrix} a_{11} & a_{12} \\ a_{21} & a_{22} \\ a_{31} & a_{32} \end{matrix}\right\} \\ &= a_{11}a_{22}a_{33} + a_{12}a_{23}a_{31} + a_{13}a_{21}a_{32} \\ &\quad -a_{31}a_{22}a_{13} - a_{32}a_{23}a_{11} - a_{33}a_{21}a_{12}\ .\end{aligned}$$

On savait déjà que $\det M = \pm 1$, le fait que $\det M = 1$ nous dit que $f$ est une isométrie linéaire directe c'est-à-dire une rotation. Si le déterminant de $M$ était négatif, $f$ serait la composée d'une symétrie hyperplane et d'une rotation.
Déterminons son axe $\Delta$, c'est-à-dire l'ensemble des points fixés par $f$. Un point de coordonnées $x, y$ et $z$ est sur l'axe de $f$ si et seulement si :

$$\left\{\begin{aligned} x &= \frac{1}{4}\left(3x + y + \sqrt{6}z\right) \\ y &= \frac{1}{4}\left(x + 3y - \sqrt{6}z\right) \\ z &= \frac{1}{4}\left(-\sqrt{6}x + \sqrt{6}y + 2z\right)\ . \end{aligned}\right.$$

$$\Leftrightarrow \left\{\begin{array}{c} -x + y + \sqrt{6}z = 0 \\ \sqrt{6}x - \sqrt{6}y + 2z = 0 \end{array}\right. \Leftrightarrow \left\{\begin{array}{c} x = y \\ z = 0\ . \end{array}\right.$$

Donc $\Delta$ est la droite vectorielle portée par $\vec{\imath} + \vec{\jmath}$, où $\vec{\imath}$ et $\vec{\jmath}$ sont les deux premiers vecteurs de la base canonique.
Déterminons l'angle $\theta$ de la rotation $f$.
Il est connu que la matrice de $f$ dans une base orthonormée bien choisie est de la forme :

$$\begin{pmatrix} \cos\theta & -\sin\theta & 0 \\ \sin\theta & \cos\theta & 0 \\ 0 & 0 & 1 \end{pmatrix}.$$

Or, la trace est un invariant de similitude, donc

$$\mathrm{tr}\,(M) = 2\cos\theta + 1 = 2\ ,$$

c'est-à-dire :

$$\theta = \pm\frac{\pi}{3}\,.$$

Pour conclure sur le signe, on regarde l'image d'un vecteur orthogonal à l'axe, disons $\vec{k}$ le troisième vecteur de la base canonique. Il s'agit de voir si la base $(\vec{k}, f(\vec{k}), \vec{i}+\vec{j})$ est directe ou indirecte. On considère donc :

$$\det(\vec{k}, f(\vec{k}), \vec{i}+\vec{j}) = \frac{1}{4}\begin{vmatrix} 0 & \sqrt{6} & 1 \\ 0 & -\sqrt{6} & 1 \\ 1 & 2 & 0 \end{vmatrix} = \frac{\sqrt{6}}{2} > 0\,.$$

Le trièdre considéré étant direct, les vecteurs $\vec{k}$ et $f(\vec{k})$ font un angle positif, ainsi :

$$\boxed{\theta = +\frac{\pi}{3}}\,.$$

## EXERCICE 2 Famille de cercles

Soient $K_1$ , $K_2$ et $K_3$ trois compacts de$\mathbb{R}^2$ . On suppose qu'aucune droite ne rencontre les trois ensembles à la fois. Montrer qu'alors, parmi les cercles passant par $K_1$ , $K_2$ et $K_3$ , il en existe un de rayon minimal et un autre de rayon maximal.

### *solution*

Nous allons écrire les choses rigoureusement.
Calculons pour un triplet donné $(a, b, c) \in K_1 \times K_2 \times K_3$ le rayon du cercle passant par ces trois points ; ce cercle existe et est unique car $a$, $b$ et $c$ ne peuvent être alignés.
Soit $x$ son centre, alors :

$$\begin{aligned} & \|x-a\|^2 &= \|x-b\|^2 = \|x-c\|^2 \\ \Leftrightarrow\ & \|x-a\|^2 &= \|x-a\|^2 + 2\langle x-a, a-b\rangle + \|a-b\|^2 \\ & &= \|x-a\|^2 + 2\langle x-a, a-c\rangle + \|a-c\|^2 \end{aligned}$$

$$\Leftrightarrow 0 = 2\langle x-a, a-b\rangle + \|a-b\|^2 = 2\langle x-a, a-c\rangle + \|a-c\|^2\,.$$

Intéressons-nous à la première égalité. On pose :

$$A = \begin{pmatrix} 0 & -1 \\ 1 & 0 \end{pmatrix},$$

ainsi pour tout point $z$ de $\mathbb{R}^2$, on a :

$$\langle Az, z\rangle = 0 \, .$$

En effet, si on note $(\alpha, \beta)$ les coordonnées de $z$, alors $Az$ est un point de coordonnées $(-\beta, \alpha)$, ce qui permet de conclure.
On remarque alors que :

$$\forall \lambda \in \mathbb{R} \, , \; x - a = \frac{b-a}{2} + \lambda A (a-b)$$

vérifie la première égalité.
En la reportant dans la deuxième égalité :

$$\begin{aligned} 0 &= 2\left\langle \frac{b-a}{2}, a-c \right\rangle + 2\lambda \langle A(a-b), a-c\rangle + \|a-c\|^2 \\ \Leftrightarrow & \quad \lambda = \frac{-\langle b-a, a-c\rangle - \|a-c\|^2}{2\langle A(a-b), a-c\rangle} \, . \end{aligned}$$

Nous vérifions bien que le dénominateur n'est pas nul, car sinon dans $\mathbb{R}^2$ :

$$A(a-b) \perp (a-c) \quad \text{ou} \quad A(a-b) \perp (a-b)$$

ce qui entraînerait que $(a-c)$ et $(a-b)$ sont colinéaires, ce qui est exclu car $a$, $b$ et $c$ ne peuvent être alignés.
On obtient donc une formule donnant le rayon du cercle passant par $a$, $b$ et $c$ :

$$r(a,b,c) = \|x-a\| = \left\| \frac{b-a}{2} + \frac{-\langle b-a, a-c\rangle - \|a-c\|^2}{2\langle A(a-b), a-c\rangle} A(a-b) \right\| \; ;$$

$r$ est une fonction continue (comme composée d'applications continues) de $K_1 \times K_2 \times K_3 \to \mathbb{R}_+^*$ .
Comme $K_1$ , $K_2$ et $K_3$ sont compacts, le produit l'est aussi, ce qui permet de conclure en invoquant le théorème des bornes atteintes (Cf. *Questions brèves* page 96).

## EXERCICE 3 Matrices de Gram

Soit $E$ un espace euclidien dans lequel on note $\langle .,. \rangle$ le produit scalaire.
Si $x_1, ..., x_p$ sont $n$ vecteurs de $E$, on note $\text{Gram}(x_1, ..., x_p)$ le déterminant de la matrice suivante :

$$(\langle x_i, x_j \rangle)_{1 \leq i,j \leq p} = \begin{pmatrix} \langle x_1, x_1 \rangle & \cdots & \langle x_1, x_p \rangle \\ \vdots & & \vdots \\ \langle x_p, x_1 \rangle & \cdots & \langle x_p, x_p \rangle \end{pmatrix}.$$

**1.** Soient $p$ vecteurs $x_1, ..., x_p$ de $E$. Montrer que la famille $(x_1, ..., x_p)$ est liée si et seulement si $\text{Gram}(x_1, ..., x_p) = 0$.
**2.** Soient maintenant $p$ vecteurs $x_1, ..., x_p$ de $E$ formant une famille libre. Soit $y \in E$, montrer que :

$$d(y, \text{Vect}(x_1, ..., x_p))^2 = \frac{\text{Gram}(x_1, ..., x_p, y)}{\text{Gram}(x_1, ..., x_p)}$$

où $d\,(y, \text{Vect}\,(x_1, ..., x_p))$ est la distance de $y$ à l'espace vectoriel engendré par les vecteurs $x_1, ..., x_p$.

### *solution*

**1.** Commençons par la condition nécessaire : si la famille $(x_1, ..., x_p)$ est liée, alors il existe $p$ réels $\lambda_1, ..., \lambda_p$ non tous nuls tels que

$$\sum_{i=1}^{p} \lambda_i x_i = 0\,.$$

Ainsi,

$$\forall j \in \{1, ..., p\}\ ,\ \left\langle \sum_{i=1}^{p} \lambda_i x_i, x_j \right\rangle = 0\,,$$

ce qui entraîne :

$$\sum_{i=1}^{p} \lambda_i \langle x_i, x_j \rangle = 0\,.$$

On montre ainsi que les lignes de la matrice $(\langle x_i, x_j \rangle)_{1 \leq i,j \leq p}$ sont liées. Donc $\text{Gram}(x_1, ...x_p) = 0$.
Regardons maintenant la condition suffisante : si $\text{Gram}(x_1, ..., x_p) = 0$, alors les vecteurs colonnes de la matrice $(\langle x_i, x_j \rangle)_{1 \leq i,j \leq p}$ sont liés ; c'est-à-dire qu'il existe $p$ réels $\lambda_1, ..., \lambda_p$

non tous nuls tels que :

$$\forall i \in \{1,...,p\} \ , \ \sum_{j=1}^{p} \lambda_j \langle x_i, x_j \rangle = 0$$

d'où :

$$\left\langle x_i, \sum_{j=1}^{p} \lambda_j x_j \right\rangle = 0 \ .$$

Donc par linéarité à gauche du produit scalaire, on peut sommer toutes ces égalités en multipliant chacune au rang $i$ par le coefficient $\lambda_i$.
On obtient :

$$\left\langle \sum_{i=1}^{p} \lambda_i x_i \, , \sum_{j=1}^{p} \lambda_j x_j \right\rangle = 0 \ .$$

Ainsi la norme du vecteur $\sum\limits_{i=1}^{p} \lambda_i x_i$ est nulle, donc il est nul. On a exhibé une combinaison linéaire non triviale des vecteurs $x_1, ..., x_p$ qui s'annule.
Conclusion : la famille $(x_1, ..., x_p)$ est liée.
**2.** Si on note $p$ la projection orthogonale sur $\mathrm{Vect}(x_1, ..., x_p)$, alors $y$ s'écrit :

$$y = p(y) + (y - p(y)) \ \text{ avec } \ \begin{cases} p(y) & \in \mathrm{Vect}(x_1, ..., x_p) \\ y - p(y) & \in \mathrm{Vect}(x_1, ..., x_p)^{\perp}. \end{cases}$$

Comme $p(y) \in \mathrm{Vect}(x_1, ..., x_p)$, il est combinaison linéaire des $(x_i)_{1 \leq i \leq p}$ :

$$\exists\, (\lambda_1, ..., \lambda_p) \in \mathrm{R}^p \ \text{ tel que } \ p(y) = \sum_{i=1}^{p} \lambda_i x_i \ .$$

Calculons le $\mathrm{Gram}(x_1, ..., x_p, y)$, c'est-à-dire le déterminant de la matrice :

$$\begin{pmatrix} \langle x_1, x_1 \rangle & \cdots & \langle x_1, x_p \rangle & \langle x_1, y \rangle \\ \vdots & & \vdots & \vdots \\ \langle x_p, x_1 \rangle & \cdots & \langle x_p, x_p \rangle & \langle x_p, y \rangle \\ \langle y, x_1 \rangle & \cdots & \langle y, x_p \rangle & \langle y, y \rangle \end{pmatrix}$$

Notons $(c_i)_{1 \leq i \leq p+1}$ les colonnes de cette matrice.
Remplacons $c_{p+1}$ par $c_{p+1} - \sum\limits_{i=1}^{p} \lambda_i c_i$ ; cette transformation ne change pas le déterminant.

La nouvelle matrice est la suivante :

$$\begin{pmatrix} \langle x_1, x_1\rangle & \cdots & \langle x_1, x_p\rangle & \langle x_1, y-p(y)\rangle \\ \vdots & & \vdots & \vdots \\ \langle x_p, x_1\rangle & \cdots & \langle x_p, x_p\rangle & \langle x_p, y-p(y)\rangle \\ \langle y, x_1\rangle & \cdots & \langle y, x_p\rangle & \langle y, y-p(y)\rangle \end{pmatrix},$$

ceci car $p(y) = \sum_{i=1}^{p} \lambda_i x_i$.
Or $y - p(y) \in \mathrm{Vect}(x_1, ..., x_p)^{\perp}$, donc :

$$\forall i \in \{1, ..., p\} \ , \ \langle x_i, y - p(y)\rangle = 0 \ .$$

D'autre part, comme $\langle p(y), y - p(y)\rangle = 0$ :

$$\langle y, y - p(y)\rangle = \langle y - p(y), y - p(y)\rangle = d(y, \mathrm{Vect}(x_1, ..., x_p))^2.$$

En conclusion, en développant par rapport à la dernière colonne, on trouve :

$$\mathrm{Gram}(x_1, ..., x_p, y) = d(y, \mathrm{Vect}(x_1, ..., x_p))^2 \cdot \mathrm{Gram}(x_1, ..., x_p).$$

Donc comme les $(x_i)_{1\le i\le p}$ sont linéairement indépendants :

$$d(y, \mathrm{Vect}(x_1, ..., x_p))^2 = \frac{\mathrm{Gram}(x_1, ..., x_p, y)}{\mathrm{Gram}(x_1, ..., x_p)}.$$

## EXERCICE 4 Un problème de minimisation

Soient $A(0,0)$ , $B(1,0)$ , $C(2,1)$ et $D(3,2)$ quatre points du plan réel.
Soit une équation de droite de la forme $y = ax + b$ ; cette droite coupe les quatre verticales correspondant aux droites $x = 0$, $x = 1$, $x = 2$ et $x = 3$. Notons $E(x_E = 0)$, $F(x_F = 1)$, $G(x_G = 2)$ et $H(x_H = 3)$ ces quatre points d'intersection dépendant de $a$ et $b$.
Minimiser $AE^2 + BF^2 + CG^2 + DH^2$ sur tous les couples $(a,b)$ de $\mathbb{R}^2$.

**solution**

Nous pouvons aisément calculer les coordonnées des points $E$, $F$, $G$ et $H$.
Nous avons $E(0,b)$, $F(1, a+b)$, $G(2, 2a+b)$ et $H(3, 3a+b)$.
La fonction $f$ des variables $a$ et $b$ à minimiser est donc la suivante :

$$f(a,b) = b^2 + (a+b)^2 + (2a+b-1)^2 + (3a+b-2)^2.$$

En posant le problème dans $\mathbb{R}^4$, on veut minimiser la norme au carré du vecteur $\overrightarrow{XY}$ où :

$$X(b, a+b, 2a+b, 3a+b) \text{ et } Y(0,0,1,2).$$

Précisons que la norme choisie sur $\mathbb{R}^4$ est la norme euclidienne canonique, c'est-à-dire associée au produit scalaire :

$$\langle (x_1, x_2, x_3, x_4), (y_1, y_2, y_3, y_4) \rangle = x_1y_1 + x_2y_2 + x_3y_3 + x_4y_4.$$

Il s'agit donc de minimiser la distance au carré de $Y$ à l'ensemble des vecteurs de la forme :

$$(b, a+b, 2a+b, 3a+b)$$

pour $(a, b) \in\mathbb{R}^2$ qui est un sous-espace vectoriel $\mathcal{E}$ de dimension 2 engendré par les vecteurs $(0, 1, 2, 3)$ et $(1, 1, 1, 1)$.
Si on note $P_{\mathcal{E}}$ la projection orthogonale sur $\mathcal{E}$ , alors le minimum cherché est égal à $\|P_{\mathcal{E}}(Y) - Y\|^2$.
Par définition, la projection orthogonale $P_{\mathcal{E}}(Y)$ est caractérisée par :
— d'une part, $P_{\mathcal{E}} \in \mathcal{E}$ c'est-à-dire

$$P_{\mathcal{E}}(Y) = \lambda(1,1,1,1) + \beta(0,1,2,3)$$

pour un couple $(\lambda, \beta) \in\mathbb{R}^2$ à déterminer ;
— d'autre part, le vecteur $Y - P_{\mathcal{E}}(Y)$ est orthogonal à $\mathcal{E}$, ce qui se traduit par :

$$\begin{cases} \langle \lambda(1,1,1,1) + \beta(0,1,2,3), (1,1,1,1) \rangle & = \langle Y, (1,1,1,1) \rangle \\ \langle \lambda(1,1,1,1) + \beta(0,1,2,3), (0,1,2,3) \rangle & = \langle Y, (0,1,2,3) \rangle \end{cases}$$

c'est-à-dire :

$$\begin{cases} \lambda + \lambda + \beta + \lambda + 2\beta + \lambda + 3\beta & = 3 \\ \lambda + \beta + 2(\lambda + 2\beta) + 3(\lambda + 3\beta) & = 8 \end{cases}.$$

On se ramène donc au système suivant :

$$\begin{cases} 4\lambda + 6\beta & = 3 \\ 6\lambda + 14\beta & = 8 \end{cases}$$

qui donne $\lambda$ et $\beta$ d'où :

$$P_{\mathcal{E}}(Y) = -\frac{3}{10}(1,1,1,1) + \frac{7}{10}(0,1,2,3) .$$

On peut donc calculer le minimum cherché :

$$\|P_{\mathcal{E}}(Y) - Y\|^2 = \frac{3}{10}.$$

➡*Remarque :* Cet exercice correspond en fait à un problème de régression linéaire souvent utilisé dans les laboratoires. Le physicien procède à des mesures expérimentales qu'il peut placer dans un repère sur le plan. Il cherche alors à connaître la loi vérifiée par celles-ci. Si son modèle correspond à une loi affine, il est alors ramené à trouver la droite qui se rapproche le plus de toutes ses mesures pour déterminer ou vérifier la loi exacte. C'est exactement ce que l'on fait dans cet exercice où l'on cherche en fait la droite qui minimise la somme de ses « distances » aux différents points $A$, $B$, $C$ et $D$.

# Analyse

# et géométrie différentielles

# I TOPOLOGIE ET ESPACES VECTORIELS NORMÉS

Comme l'indique l'étymologie, la topologie est l'étude mathématique des formes. Cette partie des mathématiques permet de définir rigoureusement et d'utiliser la notion naturelle de continuité. En cela, la topologie est un passage obligé vers l'analyse. Les espaces vectoriels normés jouent eux aussi un rôle central en analyse puisque ce sont les espaces où ‹‹ vivent ›› les objets de l'analyse : nombres, fonctions... Remarquons en effet que $(\mathbb{R}, |.|)$ et $(\mathbb{C}, |.|)$ sont deux exemples d'espaces vectoriels normés.

## QUESTIONS BRÈVES

1. Montrer qu'une suite de Cauchy est toujours bornée.
2. Montrer que $\mathbb{Z}$ est complet mais que $\mathbb{Q}$ ne l'est pas (autrement dit les suites de Cauchy de $\mathbb{Z}$ convergent dans $\mathbb{Z}$ alors que celles de $\mathbb{Q}$ ne convergent pas forcément dans $\mathbb{Q}$).
3. Montrer que si $K$ est un compact et $f$ une fonction continue de $K$ dans $\mathbb{R}$ alors $f$ est bornée et atteint ses bornes.
4. Soit $P \in \mathbb{C}[X]$ non constant. Montrer que $|P(z)| \to +\infty$ quand $|z| \to +\infty$.
5. Soit $A$ un fermé de $\mathbb{C}$ et $\gamma : [0,1] \to \mathbb{C}$ une courbe continue telle que $\gamma(0) \in A$, $\gamma(1) \notin A$. Montrer qu'il existe $x \in [0,1]$ tel que $\gamma(x) \in \mathrm{Fr}(A)$ où $\mathrm{Fr}(A) = \overline{A} - \overset{\circ}{A}$ est la frontière de $A$ (théorème de la douane).
6. Soit $E = C^1([0,1],\mathbb{R})$, le $\mathbb{R}$-espace vectoriel des fonctions $C^1$ sur $[0,1]$. Si $f \in E$, on définit $\|f\|_\infty = \sup\limits_{x\in[0,1]} |f(x)|$ et $N(f) = |f(0)| + \sup\limits_{x\in[0,1]} |f'(x)|$. Montrer que $\|.\|_\infty$ et $N$ sont des normes sur $E$ et les comparer.
7. Soit $F = C^0([0,1],\mathbb{R})$, le $\mathbb{R}$-espace vectoriel des fonctions continues sur $[0,1]$. Pour $f \in F$, on définit $\|f\|_2 = \left(\int_0^1 |f(t)|^2\, dt\right)^{1/2}$ et $T_\varphi : F \to \mathbb{R}$ telle que $T_\varphi(f) = \int_0^1 \varphi(x) f(x)\, dx$ où $\varphi \in F$ est fixée. Montrer que $(F, \|.\|_2)$ est un espace vectoriel normé et que $T_\varphi$ est une forme linéaire sur $F$. Calculer $|||T_\varphi|||$.

## réponses

**1.** Soit $(u_n)_{n\in\mathbb{N}}$ une suite de Cauchy d'un espace vectoriel normé $(E, \|.\|)$. Par définition :

$$\forall \epsilon > 0 \ , \ \exists N > 0 \text{ tel que } \forall n, p \geq N \ , \ \|u_n - u_p\| \leq \epsilon \ .$$

Pour $\epsilon = 1$, en fixant $p = N$, on obtient :

$$\forall n \geq N \ , \ \|u_n\| - \|u_N\| \leq \|u_n - u_N\| \leq 1$$

d'où $\|u_n\| \leq 1 + \|u_N\|$ pour tout $n \geq N$.
On pose $M = \max(\|u_0\|, ..., ||u_{N-1}||, 1 + ||u_N||)$. Pour tout entier $n$, on a : $||u_n|| \leq M$. Ainsi $(u_n)$ est bornée. Cet exercice fait réfléchir à la notion de suite de Cauchy : pour un $\epsilon$ aussi petit que l'on veut, il existe un rang $N$ tel que les $N-1$ premiers termes de la suite soient n'importe où mais tous les suivants soient $\epsilon$-proches les uns des autres.

**2.** Soit $(a_n)_{n\in\mathbb{N}}$ une suite de Cauchy de $\mathbb{Z}$. D'après la définition, avec $\epsilon = 1/2$, on a :

$$\exists N \in \mathbb{N} \text{ tel que } \forall n \geq N \ , \ |a_n - a_N| \leq 1/2 \ .$$

Comme $(a_n)$ est une suite d'entiers, elle est nécessairement constante à partir du rang $N$ et donc converge dans $\mathbb{Z}$ qui est complet. Comme $\mathbb{Q}$ est dense dans $\mathbb{R}$, il existe une suite $(u_n)$ de rationnels qui tend vers $\sqrt{2}$. La suite $(u_n)$ converge dans $\mathbb{R}$ ; elle est donc de Cauchy. Comme $\sqrt{2}$ est irrationnel, l'unicité de la limite dans $\mathbb{R}$ montre que $(u_n)$ ne converge pas vers un rationnel. Le corps $\mathbb{Q}$ n'est donc pas complet.

**3.** L'image d'un compact par une application continue est un compact donc $f(K)$ est un compact de $\mathbb{R}$. Les compacts de $\mathbb{R}$ étant les fermés bornés, $m = \inf\limits_{y\in f(K)} y$ et $M = \sup\limits_{y\in f(K)} y$ existent et sont des éléments de $f(K)$, donc il existe $x_1, x_2 \in K$ tels que :

$$\forall x \in K \ , \ m = f(x_1) \leq f(x) \leq f(x_2) = M$$

ce qui prouve le résultat.

**4.** Il s'agit de bien utiliser l'inégalite triangulaire :

$$\begin{aligned} |P(z)| &= |a_n z^n + \cdots + a_0| \\ &\geq |a_n| \cdot |z^n| - \sum_{k=0}^{n-1} |a_k| \cdot |z|^k \\ &= |z|^n \left( |a_n| - \sum_{k=0}^{n-1} |a_k| \cdot |z|^{k-n} \right) \end{aligned}$$

et le terme entre parenthèse est supérieur à $|a_n|/2$ pour $n$ assez grand ce qui prouve le résultat.

**5.** Soit $\bar{x} = \inf\{x \in [0,1] \mid \gamma(x) \notin A\}$; $\bar{x}$ est bien défini car $\gamma(1) \notin A$. Si $\bar{x} = 0$, $\gamma(\bar{x}) \in A$. Sinon, pour $n$ assez grand $x_n = \bar{x} - 1/n > 0$ ; or $x_n$ tend vers $\bar{x}$ donc par continuité de $\gamma$, $\gamma(x_n)$ tend vers $\gamma(\bar{x})$. Mais $x_n < \bar{x}$ donc $\gamma(x_n) \in A$ et donc $\gamma(\bar{x}) \in \bar{A} = A$ car $A$ est fermé. Ainsi, dans tous les cas $\gamma(\bar{x}) \in A = \bar{A}$. Pour tout $y_n = \bar{x} + 1/n$, $\gamma(y_n) \notin A$. Cependant, $\gamma(y_n)$ tend vers $\gamma(\bar{x})$. Donc $\gamma(\bar{x}) \notin \overset{\circ}{A}$. Finalement $\gamma(\bar{x}) \in \bar{A} - \overset{\circ}{A} = \mathrm{Fr}(A)$ et $\bar{x}$ convient.

**6.** Montrons que $\|.\|_\infty$ est une norme. Soit $f \in E$, $\|f\|_\infty$ est bien défini (d'après la *question brève* 3.) et est positif. Si $\|f\|_\infty = \sup_{x\in[0,1]} |f(x)| = 0$ alors $f = 0$ donc l'axiome de séparation est satisfait.
Soit $f \in E$ et $\lambda \in \mathbb{R}$ ,

$$|\lambda f(x)| = |\lambda| \cdot |f(x)| \leq |\lambda| \|f\|_\infty$$

et en passant à la borne supérieure, $\|\lambda f\|_\infty \leq |\lambda| \cdot \|f\|_\infty$.
Si $\lambda = 0$, l'égalité est satisfaite et si $\lambda \neq 0$,

$$\|f\|_\infty = \left\|\frac{\lambda}{\lambda} f\right\|_\infty \leq \left|\frac{1}{\lambda}\right| \|\lambda f\|_\infty$$

d'où $|\lambda| \|f\|_\infty \leq \|\lambda f\|_\infty$ et finalement on a montré l'axiome d'homogénéité.
Enfin si $f, g \in E$ alors

$$|f(x) + g(x)| \leq |f(x)| + |g(x)| \leq \|f\|_\infty + \|g\|_\infty$$

et en passant à la borne supérieure on obtient bien l'inégalité triangulaire. Les trois axiomes de la norme sont vérifiés et donc $\|.\|_\infty$ est une norme.
Pour $N$, les vérifications sont similaires et nous les laissons au lecteur. Seul l'axiome de séparation demande de remarquer que si $N(f) = 0$ alors $f' = 0$ sur $[0,1]$ et $f(0) = 0$ donc $f$ est une constante valant 0 en 0 donc $f = 0$.
Comme $f$ est $C^1$, $f(x) = f(0) + \int_0^x f'(t)\,dt$ et donc

$$|f(x)| \leq |f(0)| + \int_0^x |f'(t)|\,dt \leq |f(0)| + x \cdot \sup_{t\in[0,1]} |f'(t)| \leq N(f)\,.$$

En passant à la borne supérieure, on obtient alors $\|f\|_\infty \leq N(f)$.
Les normes ne sont pas équivalentes : en effet, soit $f_n(x) = \sin(nx)$ ; $f_n \in E$ et $f'_n(x) = n\cos(nx)$. On a :

$$\frac{N(f_n)}{\|f_n\|_\infty} = n \underset{n\to+\infty}{\longrightarrow} +\infty$$

donc il n'existe pas de constante $A > 0$ telle que $N(f) \leq A \cdot \|f\|_\infty$. Ceci signifie que si l'on « contrôle » la valeur d'une fonction en un point ainsi que sa dérivée sur $[0,1]$ alors on « contrôle » la fonction sur $[0,1]$ tout entier. La réciproque est évidemment fausse : la dérivée d'une fonction de classe $C^1$ bornée par une certaine constante fixée $M$ peut être aussi grande que l'on veut !

**7.** Soit $f \in F$; $\|f\|_2 \geq 0$ et si $\|f\|_2 = 0$ alors $f = 0$ (voir les *Questions brèves* sur l'intégration). L'axiome d'homogénéité est évident. Enfin, si $f, g \in F$,

$$\begin{aligned}
\|f+g\|_2^2 &= \int_0^1 f(x)^2\,dx + \int_0^1 g(x)^2\,dx + 2\int_0^1 f(x)g(x)\,dx \\
&\leq \int_0^1 f(x)^2\,dx + \int_0^1 g(x)^2\,dx \\
&\quad +2\left(\int_0^1 f(x)^2\,dx\right)^{1/2}\left(\int_0^1 g(x)^2\,dx\right)^{1/2} \\
&\leq \left(\|f\|_2 + \|g\|_2\right)^2
\end{aligned}$$

(on a appliqué l'inégalité de Cauchy-Schwarz pour les intégrales). Ainsi l'inégalité triangulaire est satisfaite. Finalement $(F, \|.\|_2)$ est un espace vectoriel normé. On voit facilement que $T_\varphi$ est une forme linéaire.
Maintenant, si $f \in F$,

$$|T_\varphi(f)| \leq \int_0^1 |\varphi(x)||f(x)|\,dx \leq \|\varphi\|_2\|f\|_2$$

en utilisant à nouveau l'inégalité de Cauchy-Schwarz, ce qui prouve que $T_\varphi$ est continue. Par définition,

$$|||T_\varphi||| = \sup_{f\in F,\ \|f\|_2\leq 1} |T_\varphi(f)|.$$

Clairement, $|||T_\varphi||| \leq \|\varphi\|_2$ et ce majorant est atteint pour $\tilde{f} = \varphi/\|\varphi\|_2 \in F$, on a $|T_\varphi(f)| = \|\varphi\|_2$ donc $|||T_\varphi||| = \|\varphi\|_2$.

## EXERCICE 1 Ensembles de Julia

On se place dans le plan complexe. Soit $P(z) = z^2 + c$ un polynôme. On définit la suite $(z_n)_{n\in\mathbb{N}}$ par une valeur $z_0 \in\mathbb{C}$ donnée et par la relation de récurrence $z_{n+1} = P(z_n)$. On appelle ensemble de Julia, l'ensemble $K_c = \{z_0 \in \mathbb{C} \ /\ (z_n)_n \text{ est bornée}\}$. Montrer que $K_c$ est un compact.

### *solution*

Les compacts de $\mathbb{C}$ sont les fermés bornés, on va donc montrer que $K_c$ est borné et fermé.
$1^{er}$ point. — $K_c$ est borné. L'idée est simple : si $z_0$ est pris avec un module trop grand,

on n'a aucune chance que la suite reste bornée. En effet, supposons que :

$$|z_0| \geq 2 + |c|$$

et montrons par récurrence la propriété $\mathcal{P}$ :

$$\text{«}\ |z_n| \geq 2^{2^n} + |c|\ \text{»}.$$

En effet :
— $\mathcal{P}$ est vraie pour $n = 0$ par hypothèse ;
— si $\mathcal{P}$ est vraie au rang $n$, alors :

$$\begin{aligned} |z_{n+1}| &= \left|z_n^2 + c\right| \geq |z_n|^2 - |c| \\ &\geq \left(2^{2^n} + |c|\right)^2 - |c| \\ &= 2^{2^{n+1}} + 2^{2^n}|c| + |c|^2 - |c| \\ &\geq 2^{2^{n+1}} + |c|\ , \end{aligned}$$

ce qui signifie que $\mathcal{P}$ est vraie au rang $n+1$, et donc par récurrence $\mathcal{P}$ est vraie pour tout $n \in \mathbb{N}$.
Finalement, si $|z_0| \geq 2 + |c|$ , $z_0$ ne peut pas appartenir à $K_c$ , la suite $(z_n)_n$ diverge très rapidement. Il est même clair que s'il existe $n \in \mathbb{N}$ tel que $|z_n| \geq 2 + |c|$ alors $z_0 \notin K_c$ . Cette remarque immédiate sera utile pour la suite.
$2^{nd}$ point. — Au lieu de montrer que $K_c$ est fermé, on montre que son complémentaire $\mathbb{C} \backslash K_c$ est ouvert. On fixe $z_0 \notin K_c$ et on va montrer qu'une petite boule :

$$\bar{B}(z_0, r) = \{y_0 \in \mathbb{C}\ /\ |y_0 - z_0| \leq r\}$$

est encore dans $\mathbb{C} \backslash K_c$. Comme $z_0 \notin K_c$ , on peut trouver $N \in \mathbb{N}$ tel que $|z_N| > 2 + |c|$ . Maintenant, si on arrive à contrôler correctement la distance entre $z_n$ et $y_n$ , alors en partant avec $z_0$ et $y_0$ proches, on peut espérer que $z_N$ et $y_N$ seront encore suffisamment proches pour que $|z_N| \geq 2 + |c|$ , ce qui permettra de conclure.
Pour cela, on montre par récurrence la propriété $\mathcal{Q}$ :

$$\text{«}\ |z_n - y_n| \leq |z_0 - y_0|\, P_n\left(|z_0|, |z_1|, ..., |z_{n-1}|\right)\ \text{»}$$

où $P_n$ est un polynôme de $n$ variables.
En effet :
— $\mathcal{Q}$ est vérifiée de manière évidente pour $n = 0$ (on prend $P_0 = 1$) ;
— supposons $\mathcal{Q}$ vérifiée au rang $n$, alors :

$$\begin{aligned} |y_{n+1} - z_{n+1}| &= \left|y_n^2 - z_n^2\right| = |y_n - z_n|\,|y_n + z_n| \\ &\leq |y_n - z_n|\,(|y_n - z_n| + 2\,|z_n|) \\ &\leq |y_0 - z_0|\,P_n\,(|z_0|\,,|z_1|\,,...,|z_{n-1}|) \\ &\quad \times (|y_0 - z_0|\,P_n\,(|z_0|\,,|z_1|\,,...,|z_{n-1}|) + 2\,|z_n|) \\ &\leq |y_0 - z_0|\,P_{n+1}\,(|z_0|\,,|z_1|\,,...,|z_n|) \end{aligned}$$

en prenant $|y_0 - z_0| \leq 1$ (ce qu'on peut supposer) et en posant :

$$\begin{aligned} P_{n+1}\,(X_0,...,X_n) &= P_n\,(X_0,...,X_{n-1}) \\ &\quad \times (P_n\,(X_0,...,X_{n-1}) + 2X_n)\ . \end{aligned}$$

On a donc montré que $\mathcal{Q}$ est vraie au rang $n+1$.
Donc $\mathcal{Q}$ est vraie pour tout $n \in \mathbb{N}$.
Soit alors $r$ tel que $1 \geq r > 0$ et :

$$rP_N\,(|z_0|\,,|z_1|\,,...,|z_{N-1}|) \leq \frac{|z_N| - (2 + |c|)}{2}$$

(c'est possible car $|z_N| > 2 + |c|$).
Pour tout $y_0 \in \bar{B}\,(z_0, r)$ , on a :

$$\begin{aligned} |z_N| - |y_N| &\leq |y_N - z_N| \\ &\leq rP_N\,(|z_0|\,,|z_1|\,,...,|z_{N-1}|) \\ &\leq \frac{|z_N| - (2 + |c|)}{2}\ . \end{aligned}$$

On en déduit que :

$$|y_N| \geq |z_N| - \frac{|z_N| - (2 + |c|)}{2} \geq 2 + |c|$$

et donc, on en conclut que :

$$\boxed{\bar{B}\,(z_0, r) \subset \mathbb{C} \backslash K_c}\,.$$

➡ *Remarques :*

$(i)$ La propriété $\mathcal{Q}$ a été trouvée par tâtonnements. Il y a sans doute beaucoup d'autres formules qui permettent d'aboutir au résultat.

$(ii)$ Les ensembles de Julia sont un bel exemple de ce qu'on appelle les fractales. Le lecteur curieux pourra programmer le tracé de tels objets : pour certaines valeurs de $c$, on trouve des images qui ne sont pas inconnues du grand public !

## EXERCICE 2 Ensemble ω-limite

Soit $K$ un compact de $\mathbb{R}^2$ et $\gamma\ :\ [0,1[\ \to K$ une application continue.
On pose :

$$\omega(\gamma) = \bigcap_{t\in[0,1[} \overline{\gamma(]t,1[)}\ ,$$

où $\overline{\gamma(]t,1[)}$ est l'adhérence de l'ensemble des points de $\mathbb{R}^2$ que constitue la courbe $\gamma(]t,1[)$.

**1.** Montrer que $\omega(\gamma)$ est l'ensemble des $x$ de $\mathbb{R}^2$ pour lesquels il existe une suite $(t_n)$ à valeurs dans $[0,1[$ telle que :

$$t_n \to 1 \text{ et } \gamma(t_n) \to x$$

lorsque $n \to +\infty$.
**2.** Dans chacun des cas suivants, déterminer (sans justifier) $\omega(\gamma)$ :
**a.** $\gamma(t) = (t, 2t)$ ;
**b.** $\gamma(t) = (t\cos(\pi/(1-t)), t\sin(\pi/(1-t)))$.
**3.** Si $F$ est une partie fermée non vide de $\mathbb{R}^2$ et $x$ un point, on pose :

$$d(x,F) = \inf_{y\in F} \|x-y\|\ ,$$

où $\|.\|$ désigne par exemple la norme euclidienne de $\mathbb{R}^2$.
**a.** Montrer que pour tout $x$, il existe $y$ dans $F$ tel que $d(x,y) = \|x-y\|$.
**b.** Montrer que la fonction :

$$\begin{array}{ccc} \mathbb{R}^2 & \to & \mathbb{R}_+ \\ x & \mapsto & d(x,F) \end{array}$$

est $1-$lipschitzienne.
**c.** Soit $F_1$ et $F_2$ deux fermés non vides disjoints de $\mathbb{R}^2$. Trouver une fonction continue $f\ :\ \mathbb{R}^2 \to [0,1]$ telle que $f\ |_{F_1}$(resp. $f\ |_{F_2}$) est constante égale à 0 (resp. 1) : on pourra commencer par le cas où $F_1$ et $F_2$ sont des singletons.
**4.a.** Montrer que $\omega(\gamma)$ est un compact non vide.
**4.b.** Soit $\Omega \subset \omega(\gamma)$ tel que $\Omega$, ainsi que son complémentaire dans $\omega(\gamma)$ soient fermés. Montrer que $\Omega$ est soit vide soit égal à $\omega(\gamma)$.

### solution

**1.** Soit $x \in\mathbb{R}^2$ pour lequel il existe une suite comme dans l'énoncé.
Soit $t \in [0,1[$. On veut montrer que $x$ appartient à l'adhérence de $\gamma(]t,1[)$.

Comme $t_n$ tend vers 1, à partir d'un certain rang, $t_n$ est supérieur à $t$ ; mais alors $\gamma(t_n) \in \gamma(]t,1[)$ et tend vers $x$. Donc $x \in \overline{\gamma(]t,1[)}$.
Soit maintenant $x$ un point de $\omega(\gamma)$. On a :

$$\forall t \in [0,1[\ ,\ \forall \varepsilon > 0\ ,\ \exists u > t\ /\ \|\gamma(u) - x\| < \varepsilon\ . \tag{1}$$

Pour $\varepsilon = 1/n$ et $t = 1 - 1/n$, on obtient un $u_n$ tel que :

$$\begin{cases} 1 > u_n > 1 - 1/n \\ \|\gamma(u_n) - x\| < 1/n\ . \end{cases}$$

En particulier $u_n$ tend vers 1 et $\gamma(u_n)$ vers $x$.
**2.a.** Si $(t_n)$ tend vers $1$, $\gamma(t_n)$ tend vers $(1,2)$. Donc $\omega(\gamma) = \{(1,2)\}$.
**2.b.** La courbe $\gamma$ a l'allure suivante :

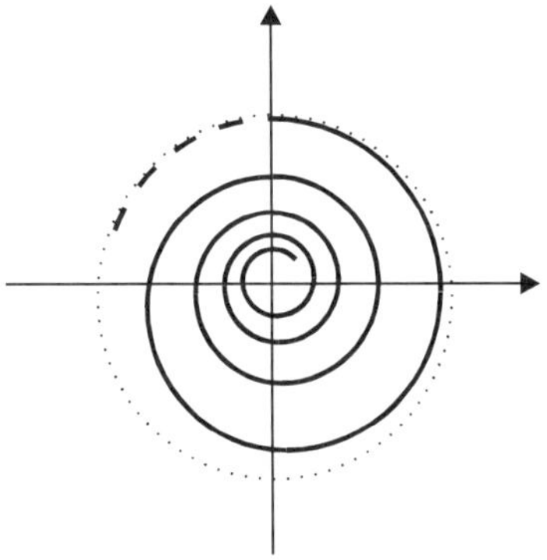

$\omega(\gamma)$ est donc le cercle unité de $\mathbb{R}^2$.
**3.a.** Il s'agit de montrer qu'un infimum est atteint.
Soit $y_0 \in F$. On a :

$$d(x,F) \leq \|x - y_0\|\ .$$

Si l'on note $C = F \cap B(x, \|x - y_0\|)$, on a alors :

$$d(x,F) = d(x,C)\ .$$

Or $d(x,C)$ est la borne inférieure de la fonction $y \mapsto \|x - y\|$ sur le fermé borné $C$. On s'est donc ramené à une application continue sur un compact ; elle atteint ses bornes, ce qui permet de conclure.
**3.b.** Soient $x_1$ et $x_2$ deux points de $\mathbb{R}^2$.
Pour tout $y \in F$, on a :

$$d(x_1,F) \leq \|x_1 - y\| \leq \|x_1 - x_2\| + \|x_2 - y\|\ ,$$

puis, en passant à la borne inférieure :

$$d(x_1, F) \leq \|x_1 - x_2\| + d(x_2, F) \ ,$$

donc :

$$d(x_1, F) - d(x_2, F) \leq \|x_1 - x_2\| \ .$$

On conclut en renversant les rôles de $x_1$ et $x_2$.

**3.c.** Pour voir que la fonction : $x \mapsto d(x, F_1)/(d(x, F_1) + d(x, F_2))$ convient, il suffit de montrer que $d(x, F_1) + d(x, F_2)$ ne s'annule pas.

Or, comme $d(x, F_i)$ est atteinte, on a :

$$d(x, F_i) = 0 \Leftrightarrow x \in F_i \ .$$

Les deux ensembles fermés étant disjoints, on peut alors conclure.

**4.a**. Chaque $\overline{\gamma(]t,1[)}$ est un ensemble fermé inclus dans $K$ (qui est un ensemble fermé contenant $\gamma(]t,1[)$). Donc $\omega(\gamma)$ est un ensemble fermé de $K$ donc un compact.

Soit $(t_n)$ une suite qui tend vers 1. La suite $\gamma(t_n)$ est à valeurs dans $K$, elle possède donc une suite extraite convergente dont la limite est dans $\omega(\gamma)$ d'après 1.

➡*Remarque :* $\omega(\gamma)$ est en fait une intersection décroissante de compacts non vides donc est non vide.

**4.b**. Supposons par l'absurde que $\Omega$ et $\omega(\gamma) - \Omega$ sont non vides. La question 3. fournit alors une fonction continue de $\mathbb{R}^2$ dans $\mathbb{R}$ telle que :

$$\begin{cases} f\,|_{\Omega} = 0 \\ f\,|_{\omega(\gamma)-\Omega} = 1 \ . \end{cases} \tag{2}$$

Soit $x_1 \in \Omega$ et $x_2 \in \omega(\gamma) - \Omega$. Comme $f$ est continue,

$$\exists \varepsilon > 0 \ / \ \begin{cases} |z_1 - x_1| < \varepsilon \Rightarrow f(z_1) < 1/4 \\ |z_2 - x_2| < \varepsilon \Rightarrow f(z_2) > 3/4 \ . \end{cases}$$

En écrivant (1) avec cet $\varepsilon$ et $x = x_1$ puis $x = x_2$ on obtient :

$$\forall t \in [0,1[ \ , \ \exists u^1 > t \ \text{ tel que } f \circ \gamma(u^1) < \frac{1}{4}$$

et

$$\forall t \in [0,1[ \ , \ \exists u^2 > t \ \text{ tel que } f \circ \gamma(u^2) > \frac{3}{4} \ .$$

En particulier (pour $t = 1 - 1/n$ puis $u_n^1$) on a :

$$\forall n \in \mathbb{N} \ , \ \exists u_n^1 > 1 - 1/n \ \text{ et } \ u_n^2 > u_n^1 \ \text{ tels que } \ f \circ \gamma(u_n^1) < \frac{1}{4} \ \text{ et } \ f \circ \gamma(u_n^2) > \frac{3}{4} \ .$$

En invoquant le théorème des valeurs intermédiaires, il existe $u_n^3$ tel que :

$$u_n^1 < u_n^3 < u_n^2 \text{ et } f \circ \gamma\left(u_n^3\right) = \frac{1}{2}\,. \tag{3}$$

Par compacité, une suite extraite de $\gamma\left(u_n^3\right)$ converge vers $x$. Ce point $x$ est dans $\omega\left(\gamma\right)$ et d'après (2) et (3) n'est ni dans $\Omega$ , ni dans $\omega\left(\gamma\right) - \Omega$ . Contradiction.

## EXERCICE 3 Un exemple d'espace complet

Soit :

$$\ell^\infty = \left\{\left(x_n\right)_{n\in\mathbb{N}} \;/\; x_n \in \mathbb{C} \text{ et la suite } \left(x_n\right)_n \text{ est bornée}\right\}\;.$$

**1.** Montrer que $\ell^\infty$ est un espace vectoriel normé pour $\|x\| = \sup\limits_{n\in\mathbb{N}} |x_n|$ .

**2.** Montrer que $(\ell^\infty, \|.\|)$ est un espace complet (c'est-à-dire que toute suite de Cauchy de $\ell^\infty$ converge dans $\ell^\infty$ ).

***solution***

**1.** Tout d'abord, $\ell^\infty$ est clairement un espace vectoriel, et $\|x\|$ est bien définie pour toute suite bornée $x$ avec $\|x\|$ toujours positif. On vérifie à présent les axiomes de la norme :

— séparation : si $\|x\| = 0$ alors

$$\forall n \in \mathbb{N}\,,\ |x_n| = 0\,,$$

donc $x = 0$ ;

— homogénéité : soit $\lambda \in\mathbb{C}$ alors

$$\|\lambda x\| = \sup_{n\in\mathbb{N}} |\lambda x_n| = |\lambda| \sup_{n\in\mathbb{N}} |x_n| = |\lambda|\ \|x\|\;.$$

➡ *Remarque :* Trop peu d'élèves montrent correctement que

$$\sup_{n\in\mathbb{N}} |\lambda x_n| = |\lambda| \sup_{n\in\mathbb{N}} |x_n|\;.$$

Il est d'abord nécessaire d'effectuer une majoration :

$$|\lambda x_n| = |\lambda|\,|x_n| \leq |\lambda| \sup_{n\in\mathbb{N}} |x_n|\;,$$

puis, en passant à la borne supérieure à gauche :

$$\sup_{n\in\mathbb{N}} |\lambda x_n| \leq |\lambda| \sup_{n\in\mathbb{N}} |x_n| \ .$$

Enfin, si $\lambda \neq 0$ alors :

$$\sup_{n\in\mathbb{N}} |x_n| = \sup_{n\in\mathbb{N}} \left|\frac{\lambda}{\lambda} x_n\right| \leq \left|\frac{1}{\lambda}\right| \sup_{n\in\mathbb{N}} |\lambda x_n| \ ;$$

— inégalité triangulaire : soit $x$ et $y$ deux éléments de $\ell^\infty$ alors

$$\forall n \in \mathbb{N} \ , \ |x_n + y_n| \leq |x_n| + |y_n| \leq ||x|| + ||y||$$

(simples majorations). On passe alors à la borne supérieure :

$$||x + y|| \leq ||x|| + ||y|| \ .$$

En conclusion, $(\ell^\infty, ||.||)$ est bien un espace vectoriel normé.

**2.** Il s'agit de montrer que toute suite de Cauchy de $\ell^\infty$ converge ; il est important de comprendre qu'une suite de $\ell^\infty$ est une suite de suites.

Soit $(x^N)_N$ une suite de Cauchy de $\ell^\infty$. Par définition :

$$\forall \varepsilon > 0 \ , \ \exists M > 0 \ / \ \forall N, P \geq M \ , \ \left\|x^N - x^P\right\| \leq \varepsilon \ .$$

Ceci entraîne que $|x^N - x^P| < \varepsilon$ pour tout $n \in\mathbb{N}$ et donc la suite $(x_n^N)_{N\in\mathbb{N}}$ est une suite de Cauchy de $\mathbb{C}$.

Comme les suites de Cauchy de $\mathbb{C}$ convergent, on peut poser $\ell_n = \lim\limits_{N\to+\infty} x_n^N$ . On obtient ainsi une suite $(\ell_n)_{n\in\mathbb{N}}$ de complexes.

Vérifions maintenant que $\ell = (\ell_n)_n \in \ell^\infty$ et que $x^N$ converge vers $\ell$ (dans $(\ell^\infty, ||.||)$) quand $N \to +\infty$ .

$1^{er}$ point. — Pour $\varepsilon = 1$ par exemple,

$$\exists M > 0 \ / \ \forall N, P \geq M \ , \ \left\|x^N - x^P\right\| \leq 1 \ ;$$

avec l'inégalité triangulaire, on obtient $||x^N|| \leq 1 + ||x^P||$ . On fixe $P$ et on pose :

$$K = \sup\left(1 + \left\|x^P\right\|, \left\|x^0\right\|, \left\|x^1\right\|, ..., \left\|x^{M-1}\right\|\right) \ .$$

Alors, $\forall N \in\mathbb{N}$ , $||x^N|| < K$ .

➡*Remarque :* On a ici redémontré le résultat important suivant : toute suite de Cauchy, à défaut d'être toujours convergente, est toujours bornée. À savoir !

Il suit :

$$\forall N \in \mathbb{N}\,,\ \left|x_n^N\right| < K\ ;$$

on fait tendre $N$ vers $+\infty$ et on obtient $|\ell_n| \leq K$ ce qui prouve que $\ell \in \ell^\infty$ .
$2^{nd}$ point. — Soit $\varepsilon > 0$ , alors :

$$\exists M > 0\ /\ \forall N, P \geq M\ ,\ \left\|x^N - x^P\right\| \leq \varepsilon\ .$$

Donc :

$$\forall n \in \mathbb{N}\,,\ \left|x_n^N - x_n^P\right| \leq \varepsilon$$

et en faisant tendre $P$ vers $+\infty$ , on obtient :

$$\forall n \in \mathbb{N}\,,\ \left|x_n^N - \ell_n\right| \leq \varepsilon\ .$$

On peut passer à la borne supérieure sur les $n \in \mathbb{N}$ :

$$\forall N \geq M\ ,\ \left\|x^N - \ell\right\| \leq \varepsilon\ ,$$

ce qui prouve que $x^N \to \ell$ quand $N \to +\infty$ car $\varepsilon$ a été choisi quelconque au départ.

➡*Remarque :* Cet exercice est difficile mais important : il faut bien le comprendre. Pourquoi par exemple ne peut on pas directement traiter le second point sans passer par le premier ? Car écrire des choses comme $\|x^N - \ell\|$ n'a aucun sens si on ne sait pas que $\ell \in \ell^\infty$.

## EXERCICE 4 Calcul de normes

On considère sur $\mathbb{R}^n$ les normes :

$$\|x\|_1 = \sum_{i=1}^{n} |x_i| \ , \ \|x\|_2 = \left(\sum_{i=1}^{n} |x_i|^2\right)^{\frac{1}{2}} \quad \text{et} \quad \|x\|_\infty = \sup_i |x_i| \ .$$

À une matrice $M$ de $M_n(\mathbb{R})$, on associe l'application linéaire $x \mapsto Mx$ et donc une norme triple $||| \ . \ |||_i$, associée à la norme $\|.\|_i$ sur $\mathbb{R}^n$, définie par :

$$||| \ M \ |||_i = \sup_{x \in \mathbb{R}^n \ / \ \|x\|_i = 1} \left(\|Mx\|_i\right) \ ,$$

et cela pour $i = 1 \ , \ 2$ ou $\infty$.
Montrer que les normes associées sur $M_n(\mathbb{R})$ sont respectivement :

$$||| \ M \ |||_1 = \sup_j \left(\sum_i |m_{ij}|\right) \ , \ ||| \ M \ |||_\infty = \sup_i \left(\sum_j |m_{ij}|\right)$$

$$\text{et} \quad ||| \ M \ |||_2 = \sqrt{\rho\left({}^t MM\right)} \ ,$$

où $\rho$ est définie, pour toute matrice $A$ de $M_n(\mathbb{R})$ par :

$$\rho(A) = \sup_{\lambda \in \mathrm{Sp}(A)} |\lambda| \ ,$$

où $\mathrm{Sp}(A)$ est le spectre de $A$, c'est-à-dire l'ensemble de ses valeurs propres.

### solution

$(i)$ On a $(Mx)_i = \sum_{j=1}^{n} m_{ij} x_j$ , donc :

$$\begin{aligned}
\|Mx\|_1 &= \sum_{i=1}^{n} \left| \sum_{j=1}^{n} m_{ij} x_j \right| \\
&\leq \sum_{i=1}^{n} \sum_{j=1}^{n} |m_{ij}| \, |x_j| = \sum_{j=1}^{n} \left(\sum_{i=1}^{n} |m_{ij}|\right) |x_j| \\
&\leq \left[\sup_j \left(\sum_i |m_{ij}|\right)\right] \|x\|_1 \ .
\end{aligned}$$

Donc :

$$||| \ M \ |||_1 \leq \sup_j \left(\sum_i |m_{ij}|\right) \ .$$

Or, si l'on note $(e_j)_{j\in\{1,\dots,n\}}$ la base canonique de $\mathbb{R}^n$ , alors $\forall j \in \{1,...,n\}$ :

$$\|Me_j\|_1 = \sum_i |m_{ij}| \quad \text{et} \quad \|e_j\|_1 = 1 .$$

Donc :

$$\boxed{||| M |||_1 = \sup_j \left( \sum_i |m_{ij}| \right)} .$$

$(ii)$ Par définition, $(Mx)_i = \sum_{j=1}^{n} m_{ij}x_j$ , donc :

$$\begin{aligned}
\|Mx\|_\infty &= \sup_i \left( \left| \sum_{j=1}^{n} m_{ij}x_j \right| \right) \\
&\leq \sup_i \left( \sum_{j=1}^{n} |m_{ij}| \, |x_j| \right) \\
&\leq \sup_i \left( \|x\|_\infty \sum_{j=1}^{n} |m_{ij}| \right) \\
&\leq \|x\|_\infty \sup_i \left( \sum_{j=1}^{n} |m_{ij}| \right) .
\end{aligned}$$

Donc d'après la définition :

$$||| M |||_\infty \leq \sup_i \left( \sum_{j=1}^{n} |m_{ij}| \right) .$$

Que se passe-t-il sur la base canonique ?

$$\|Me_j\|_\infty = \sup_i (|m_{ij}|) .$$

Regardons plutôt $Mx$ avec $x = (x_j)$ où :

$$x_j = \begin{cases} +1 & \text{si } m_{i_0j} \geq 0 \\ -1 & \text{sinon ,} \end{cases}$$

avec $i_0$ tel que $\sum_{j=1}^{n} |m_{i_0j}|$ soit maximal.

Alors :

$$\|Mx\|_\infty = \sup_i \left( \left| \sum_{j=1}^{n} m_{ij}x_j \right| \right) .$$

Or, $\forall i \in \{1,...,n\}$ :

$$\left|\sum_{j=1}^{n} m_{ij}x_j\right| \leq \sum_{j=1}^{n} |m_{ij}|\,|x_j| \leq \sum_{j=1}^{n} |m_{i_0j}| \ ,$$

et pour $i = i_0$ :

$$\left|\sum_{j=1}^{n} m_{i_0j}x_j\right| = \sum_{j=1}^{n} |m_{i_0j}| \ ,$$

par construction de $x$ .
Donc

$$\|Mx\|_\infty = \sup_i \left(\sum_{j=1}^{n} |m_{ij}|\right) \quad \text{et} \quad \|x\|_\infty = 1 \ .$$

En conclusion :

$$\boxed{|||\ M\ |||_\infty = \sup_i \left(\left|\sum_{j=1}^{n} m_{ij}\right|\right)} \ .$$

$(iii)$ Enfin, le dernier cas est beaucoup plus difficile. On rappelle que :

$$\rho\left({}^tMM\right) = \sup_{\lambda \in \mathrm{Sp}({}^tMM)} |\lambda| \ .$$

On remarque immédiatement que $\|x\|_2^2 = {}^txx$ , donc :

$$\|Mx\|_2^2 = \left[{}^t(Mx)\,Mx\right] = {}^tx{}^tMMx \ .$$

Or ${}^tMM$ est une matrice symétrique, positive donc diagonalisable à spectre réel positif dans une base orthonormée (pour le produit scalaire $\langle x, y\rangle = {}^txy$), c'est-à-dire $\exists P \in O_n(\mathbb{R})$ , $\exists (\lambda_1, ..., \lambda_n) \in \mathbb{R}_+^n$ tels que :

$$P{}^tMM{}^tP = \begin{pmatrix} \lambda_1 & & 0 \\ & \ddots & \\ 0 & & \lambda_n \end{pmatrix} .$$

Donc :

$$\begin{aligned} {}^tx{}^tMMx &= {}^tx{}^tP\,P{}^tMM{}^tPPx = {}^t(Px)\begin{pmatrix} \lambda_1 & & 0 \\ & \ddots & \\ 0 & & \lambda_n \end{pmatrix} Px \\ &= {}^t\left[\begin{pmatrix} \sqrt{\lambda_1} & & 0 \\ & \ddots & \\ 0 & & \sqrt{\lambda_n} \end{pmatrix} Px\right]\left[\begin{pmatrix} \sqrt{\lambda_1} & & 0 \\ & \ddots & \\ 0 & & \sqrt{\lambda_n} \end{pmatrix} Px\right] . \end{aligned}$$

On a donc :

$$\begin{aligned}\|Mx\|_2^2 &= \left\|\begin{pmatrix}\sqrt{\lambda_1} & & 0\\ & \ddots & \\ 0 & & \sqrt{\lambda_n}\end{pmatrix} Px\right\|_2^2\\ &\leq \left|\left|\left|\begin{pmatrix}\sqrt{\lambda_1} & & 0\\ & \ddots & \\ 0 & & \sqrt{\lambda_n}\end{pmatrix}\right|\right|\right|_2^2 \|Px\|_2^2\\ &\leq \left|\left|\left|\begin{pmatrix}\sqrt{\lambda_1} & & 0\\ & \ddots & \\ 0 & & \sqrt{\lambda_n}\end{pmatrix}\right|\right|\right|_2^2 \|x\|_2^2\end{aligned}$$

car $P$ est orthogonale.
Donc :

$$||| \ M \ |||_2 \leq ||| \ D \ |||_2 \quad \text{avec} \quad D = \begin{pmatrix}\sqrt{\lambda_1} & & 0\\ & \ddots & \\ 0 & & \sqrt{\lambda_n}\end{pmatrix}.$$

Or :

$$\forall x \in \mathbb{R}^n \ , \ x = \sum_{j=1}^{n} x_j e_j \ ,$$

donc

$$Dx = \sum_{j=1}^{n} \sqrt{\lambda_i} x_i e_i$$

et :

$$\|Dx\|_2^2 = \sum_{j=1}^{n} \lambda_i x_i^2 \leq \rho\left({}^t MM\right) \|x\|_2^2 \ .$$

Donc :

$$||| \ D \ |||_2 \leq \sqrt{\rho\left({}^t MM\right)}$$

et :

$$||| \ M \ |||_2 \leq \sqrt{\rho\left({}^t MM\right)} \ .$$

Soit d'autre part $\lambda_{i_0}$, une valeur propre de ${}^t MM$ de module maximal, alors :

$$\begin{aligned} \|MPe_{i_0}\|_2^2 &= {}^t e_{i_0} P^t MMPe_{i_0} = {}^t e_{i_0} D^2 e_{i_0} \\ &= \lambda_{i_0} = \lambda_{i_0} \|Pe_{i_0}\|_2^2 \end{aligned}$$

car $P$ est orthogonale.

Donc, on a bien :

$$\boxed{||| M |||_2 = \sqrt{\rho\left({}^t MM\right)}}\,.$$

## EXERCICE 5 Jauge de Minkowsky

Soit $C$ un ensemble convexe borné de $\mathbb{R}^n$ vérifiant les conditions suivantes :

$(i)$ $0 \in C^\circ$ ($C^\circ$désigne l'intérieur de $C$) ;

$(ii)$ $C$ est symétrique par rapport à 0, c'est-à-dire que :

$$\forall x \in C\ ,\ -x \in C\ .$$

On définit pour tout $x \in \mathbb{R}^n$ :

$$p\left(x\right) = \inf\left\{t \mid t > 0 \text{ et } x/t \in C\right\}\ .$$

**1.** Montrer que $p$ est une norme sur $\mathbb{R}^n$ .

**2.** Montrer que la boule fermée de centre 0 et de rayon 1 pour la norme $p$, notée $\overline{B_p\left(0,1\right)}$ est l'adhérence de $C$.

**solution**

**1.** Montrons tout d'abord que $p$ est bien définie.

Pour cela, on va utiliser la norme classique $\|.\|$ de $\mathbb{R}^n$ . On a $0 \in C^\circ$ donc

$$\exists \varepsilon > 0 \ /\ B_{\|.\|}\left(0,\varepsilon\right) \subset C\ ,$$

c'est-à-dire si $\|x\| < \varepsilon$ alors $x \in C$.

Soit $x \in \mathbb{R}^n$ alors :

$$\left\|\frac{\varepsilon}{2\left\|x\right\|}x\right\| < \varepsilon \Rightarrow \frac{\varepsilon}{2\left\|x\right\|}x \in C\ ,$$

donc :

$$p\left(x\right) \le \frac{2\left\|x\right\|}{\varepsilon}\ .$$

La norme $p(x)$ est donc bien définie.
À l'évidence, $p(x) \geq 0$.
Nous allons maintenant vérifier que les différentes propriétés définissant une norme sont bien satisfaites :
$(a)$ montrons tout d'abord l'implication :

$$p(x) = 0 \Rightarrow x = 0 .$$

En effet, si $x \in \mathbb{R}^n$ est tel que $p(x) = 0$ alors, par définition de $p$, il existe une suite $(t_n)_{n \geq 0}$ telle que :

$$\lim_{n \to +\infty} t_n = 0 \text{ et } \forall n \in \mathbb{N} , \frac{x}{t_n} \in C .$$

Donc, $C$ étant borné,

$$\exists M \in \mathbb{R}_+ \text{ tel que } \forall n \in \mathbb{N} , \frac{\|x\|}{t_n} \leq M$$

soit encore

$$\|x\| \leq M t_n ,$$

donc, par passage à la limite :

$$\|x\| = 0 \text{ donc } x = 0 .$$

$(b)$ montrons ensuite que :

$$\forall x \in \mathbb{R}^n , \forall \lambda \in \mathbb{R} , p(\lambda x) = |\lambda| p(x) .$$

$1^{er}$ cas. — Supposons $\lambda > 0$, alors :

$$\begin{aligned} \lambda p(x) &= \lambda \inf \left\{ t \mid t > 0 \text{ et } \frac{x}{t} \in C \right\} \\ &= \inf \left\{ \lambda t \mid t > 0 \text{ et } \frac{x}{t} \in C \right\} \\ &= \inf \left\{ \lambda t \mid \mu t > 0 \text{ et } \frac{\mu x}{\mu t} \in C \right\} , \end{aligned}$$

et cela quel que soit $\mu$ fixé dans $\mathbb{R}_+^*$, donc *a fortiori* si $\mu = \lambda$, d'où :

$$\begin{aligned} \lambda p(x) &= \inf \left\{ \lambda t \mid \lambda t > 0 \text{ et } \frac{\lambda x}{\lambda t} \in C \right\} \\ &= \inf \left\{ u \mid u > 0 \text{ et } \frac{\lambda x}{u} \in C \right\} \\ &= p(\lambda x) . \end{aligned}$$

$2^e$ cas. — On suppose $\lambda < 0$ alors $-\lambda > 0$ et d'après ce qui précède :

$$p((-\lambda)x) = (-\lambda)p(x)$$

donc :

$$\begin{aligned} p((-\lambda)x) &= |p((-\lambda)x)| = |(-\lambda)p(x)| \\ &= |-\lambda|\,|p(x)| = |\lambda|\,p(x) \ . \end{aligned}$$

Il reste à montrer que $p(-x) = p(x)$.

$$\begin{aligned} p(x) &= \inf\left\{t \mid t > 0 \text{ et } \frac{x}{t} \in C\right\} \\ &= \inf\left\{t \mid t > 0 \text{ et } -\frac{x}{t} \in C\right\} \ , \end{aligned}$$

d'après l'hypothèse $(ii)$ de l'énoncé, d'où :

$$\begin{aligned} p(x) &= \inf\left\{t \mid t > 0 \text{ et } \frac{-x}{t} \in C\right\} \\ &= p(-x) \ . \end{aligned}$$

Ceci achève l'étude du deuxième cas.

$3^e$ cas. — On suppose $\lambda = 0$. Soit $x \in \mathbb{R}^n$, alors :

$$\forall t > 0 \ , \ \frac{0.x}{t} = 0 \in C \ ,$$

donc $p(\lambda x) = 0$. À l'évidence, on a alors :

$$p(\lambda x) = \lambda p(x) \ .$$

Ceci achève la démonstration du $(b)$.

$(c)$ Montrons l'inégalité triangulaire :

$$\forall x, y \in \mathbb{R}^n \ , \ p(x+y) \leq p(x) + p(y) \ ,$$

Soient $x$ et $y$ deux vecteurs de $\mathbb{R}^n$. Il existe alors deux suites $(t_n)_{n\geq 0}$ et $(t'_n)_{n\geq 0}$ telles que :

— d'une part $\lim\limits_{n\to+\infty} t_n = p(x)$ et $\lim\limits_{n\to+\infty} t'_n = p(y)$ ;

— d'autre part $\forall n \in \mathbb{N}$ , $x/t_n \in C$ et $y/t'_n \in C$.

Or, à $n$ fixé :

$$\frac{x+y}{t_n+t'_n} = \frac{t_n}{t_n+t'_n}\frac{x}{t_n} + \frac{t'_n}{t_n+t'_n}\frac{y}{t'_n} \quad \text{avec} \quad \frac{t_n}{t_n+t'_n} + \frac{t'_n}{t_n+t'_n} = 1 \ .$$

Donc, par convexité de $C$ :

$$\forall n \in N \ , \ \frac{x+y}{t_n + t'_n} \in C$$

et d'autre part $\lim_{n\to+\infty} t_n + t'_n = p(x) + p(y)$ , d'où le résultat.
Nous avons donc montré que $p$ est une norme sur $\mathbb{R}^n$ .
**2.** Étudions la boule unité fermée $\overline{B_p(0,1)}$ .
$1^{ère}$ étape. — Montrons que $C \subset \overline{B_p(0,1)}$ .
En effet, si $x \in C$ alors comme $C$ est convexe et que $0 \in C$ :

$$\forall t > 1 \ , \ \frac{x}{t} \in C \text{ et donc } p(x) < 1 \ ;$$

$2^{nde}$ étape. — Maintenant, si $x \in \mathbb{R}^n$ tel que $p(x) < 1$ , alors il existe alors une suite $(t_n)_{n\geq 0}$ telle que d'une part $\lim_{n\to+\infty} t_n = p(x)$ et d'autre part $\forall n \in \mathbb{N}$ , $x/t_n \in C$.
Comme l'adhérence de $C$, notée $\overline{C}$, est fermée, on a $x/p(x) \in \overline{C}$.
Or :

$$x = p(x) \frac{x}{p(x)} + (1 - p(x)) .0$$

donc $x \in C$ par convexité. Donc :

$$\overline{B_p(0,1)} = \overline{C} \ .$$

➡*Remarque :* On peut en déduire que les convexes symétriques contenant 0 sont homéomorphes à $B^n$ .
Pour cela, on pose $f : B^n \to C$ telle que :

$$f(x) = \begin{cases} \dfrac{\|x\|}{p(x)} x & \text{si } x \neq 0 \\ 0 & \text{si } x = 0 \ . \end{cases}$$

On remarque que $f$ est continue et bijective (en effet $f^{-1}(x) = (p(x) / \|x\|) x$) sur un compact, il s'agit donc d'un homéomorphisme.

## EXERCICE 6 Théorèmes de point fixe

**1.** Soit $f : K \to K$ où $K$ est un compact de $(\mathbb{R}^n, \|.\|)$ tel que :

$$\forall (x,y) \in K^2 \ , \ \|f(x) - f(y)\| < \|x - y\| \ \text{ si } x \neq y \, .$$

Montrer que $f$ admet un point fixe et un seul.

**2.** On suppose maintenant que $K$ est un compact de $(\mathbb{R}^n, \|.\|)$ étoilé par rapport à un point $x_0$. En considérant les fonctions

$$f_n(x) = \left(1 - \frac{1}{n}\right) f(x) + \frac{1}{n} x_0 \ ,$$

montrer que $f$ a un point fixe dans $K$.

**3.** Que dire de l'ensemble des points fixes si, de plus, $K$ est convexe et la norme est euclidienne ?

### *solution*

**1.** La solution est courte et astucieuse.

Posons :

$$\begin{array}{rccc} \phi : & K & \longrightarrow & \mathbb{R}_+ \\ & x & \longmapsto & \|x - f(x)\| \, . \end{array}$$

$f$ étant continue, $\phi$ l'est aussi.

Donc $K$ étant compact, le théorème des bornes atteintes montre que $\phi$ atteint son minimum :

$$\exists a \in \mathbb{R}_+ \text{ tel que } \forall x \in K \ , \ \|a - f(a)\| \leq \|x - f(x)\| \ ,$$

donc :

$$\|a - f(a)\| \leq \|f(a) - f \circ f(a)\| \, .$$

D'autre part, d'après l'énoncé :

$$\|f(a) - f \circ f(a)\| < \|a - f(a)\| \ \text{ si } a \neq f(a) \ ,$$

donc $a = f(a)$ : on a donc prouvé l'existence d'un point fixe.

Pour montrer son unicité, supposons qu'il existe $b \in K$, avec $b \neq a$, tel que $f(b) = b$.

Alors :

$$\|a - b\| = \|f(a) - f(b)\|$$

mais d'après l'énoncé :

$$\|f(a) - f(b)\| < \|a - b\| ,$$

donc on obtient un résultat absurde : le point fixe est bien unique.

**2.** Nous allons utiliser le théorème du point fixe de Banach, que l'on rappelle ci-dessous.

➡*Théorème :* Soit $(E, \|.\|)$ un espace de Banach (c'est-à-dire un espace vectoriel normé complet) et $F$ un fermé de $E$. Soit $f : F \to F$ une application contractante (*i.e* lipschitzienne de constante de Lipschitz strictement plus petite que 1). Alors $f$ admet un unique point fixe.

Notre fonction $f$ est seulement $1-$lipschitzienne, donc le théorème ne s'applique pas ; nous allons donc « perturber » $f$.

Soit $x_0$ fixé dans $K$ et $n \in \mathbb{N}$.

Posons $f_n(x) = (1 - (1/n)) f(x) + (1/n) x_0$ . Alors $f_n(x) \in K$ car $K$ est convexe.

Or, $\forall (x, y) \in K^2$,

$$\begin{aligned} \|f_n(x) - f_n(y)\| &= \left(1 - \frac{1}{n}\right) \|f(x) - f(y)\| \\ &\leq \left(1 - \frac{1}{n}\right) \|x - y\| , \end{aligned}$$

donc $f_n$ est $(1 - 1/n)-$lipschitzienne, donc contractante de $K$ dans $K$ compact donc complet pour $\|.\|$ .

D'après le théorème du point fixe de Banach, $\forall n \in \mathbb{N}$ , $\exists x_n \in K$ tel que $f(x_n) = x_n$ .

Or $(x_n)_n$ est une suite d'éléments de $K$ compact, donc d'après le théorème de Bolzano-Weierstrass :

$\exists\, y \in K$ et il existe une suite strictement croissante $(n_k)_k$ telle que :

$$\lim_{k \to +\infty} x_{n_k} = y .$$

Or

$$f_{n_k}(x_{n_k}) = x_{n_k} = \left(1 - \frac{1}{n_k}\right) f(x_{n_k}) + \frac{1}{n_k} x_0 \underset{k \to +\infty}{\to} f(y) ,$$

donc $f(y) = y$ et la fonction $f$ admet un point fixe.

**3.** Si la norme est euclidienne, c'est-à-dire est issue d'une produit scalaire, alors on peut montrer que l'ensemble des points fixes de $f$ est convexe.

En effet, soient $x$ et $y$, deux points fixes de $f$ et $t \in [0, 1]$ . Alors comme $f$ est $1-$lipschitzienne :

$$\|f(tx + (1 - t) y) - f(x)\| \leq \|(tx - (1 - t) y) - x\| ,$$

c'est-à-dire :

$$\|f(tx+(1-t)y)-f(x)\| \leq (1-t)\|x-y\| . \tag{1}$$

De même :

$$\|f(y)-f(tx+(1-t)y)\| \leq t\|x-y\| . \tag{2}$$

Par ailleurs :

$$\|x-y\| = \|f(x)-f(y)\| \tag{3}$$

car $x$ et $y$ sont deux points fixes, et :

$$\|f(x)-f(y)\| \leq \|f(tx+(1-t)y)-f(x)\| + \|f(y)-f(tx+(1-t)y)\| ,$$

d'après l'inégalité triangulaire.
Alors, d'après $(1)$ , $(2)$ et $(3)$ :

$$\|f(x)-f(y)\| = \|f(tx+(1-t)y)-f(x)\| + \|f(y)-f(tx+(1-t)y)\| .$$

Donc on est dans le cas d'égalité de l'inégalité triangulaire. Comme la norme est euclidienne, ceci implique :

$$f(tx+(1-t)y) \in [f(x), f(y)] ,$$

ou encore :

$$\exists \lambda \in [0,1] \ / \ f(tx+(1-t)y) = \lambda f(x) + (1-\lambda) f(y) . \tag{4}$$

En particulier :

$$(1-\lambda)(f(x)-f(y)) = f(x) - f(tx+(1-t)y)$$

d'où :

$$(1-\lambda)\|x-y\| = \|f(x)-f(tx+(1-t)y)\| ,$$

en utilisant le fait que $x$ et $y$ soient des points fixes de $f$.
D'après $(1)$ :

$$(1-\lambda)\|x-y\| \leq (1-t)\|x-y\| \tag{5}$$

De même, on obtient :

$$\lambda\|x-y\| = \|f(y)-f(tx+(1-t)y)\| \leq t\|x-y\| . \tag{6}$$

On peut exclure le cas trivial où $x = y$ , donc $\|x-y\| \neq 0$ et en comparant $(5)$ et $(6)$ , on obtient $t = \lambda$ .

Alors, d'après $(4)$ :

$$f\left(tx+(1-t)\,y\right)=tf\left(x\right)+(1-t)\,f\left(y\right)=tx+(1-t)\,y\ ,$$

donc $tx+(1-t)\,y$ est un point fixe de $f$.
En définitive, $t$ étant supposé quelconque dans $[0,1]$ , on a bien montré que dans le cas d'une norme euclidienne, l'ensemble des points fixes est convexe.

# II SUITES ET SÉRIES NUMÉRIQUES

## 1 Suites de réels et de complexes

Les suites sont des objets fondamentaux de l'analyse. Les nombres réels eux-mêmes sont définis comme des limites de suites de nombres rationnels. Par conséquent, les suites numériques constituent un outil essentiel dans le calculs de certains nombres réels. Par exemple, le nombre $\sqrt{2}$ ne peut être calculé directement ; en revanche, on peut trouver une suite de rationnels définie par récurrence qui tend vers $\sqrt{2}$. On s'intéressera tout particulièrement aux propriétés asymptotiques des suites : convergent-t-elles ? Quelle est leur vitesse de convergence (en $1/n$, en $1/n^2$, etc.) ? Cette dernière question est motivée entre autre par l'utilisation des ordinateurs pour le calcul numérique. Dans les exercices qui suivent, nous proposons l'étude de certaines suites classiques.

### QUESTIONS BRÈVES

**1.** Montrer qu'une suite croissante et majorée converge.

**2.** Montrer que $\sqrt{2p+1} \leq p$ pour $p \geq 3$ et en déduire que :

$$u_n = \sqrt{1 + \sqrt{2 + \sqrt{\cdots + \sqrt{n - 1 + \sqrt{n}}}}}$$

converge.

**3.** Montrer que si une suite converge alors elle est de Cauchy.

**4.** Montrer qu'une suite d'un compact qui a une seule valeur d'adhérence converge.

**5.** Soient $(u_n)_{n\in\mathbb{N}}$ et $(v_n)_{n\in\mathbb{N}}$ deux suites réelles telles que $u_n + v_n \to 0$ et $e^{u_n} + e^{v_n} \to 2$ quand $n \to +\infty$. Montrer que les deux suites convergent et préciser leur limite.

**6.** Calculer

$$p_N = \prod_{k=1}^{N-1} \sin\left(\frac{k\pi}{2N}\right) .$$

**7.** Remarquer que la convergence d'une suite $(u_n)_{n>0}$ est équivalente à la convergence de la série $\sum_{n=1}^{+\infty}(u_{n+1} - u_n)$. En déduire la formule de Stirling

$$n! \sim k\sqrt{n}(n/e)^n$$

en considérant $u_n = \ln(v_n)$ avec $v_n = n!/\left(n^n e^{-n}\sqrt{n}\right)$ et l'existence de la constante d'Euler $\gamma$ en considérant $w_n = 1 + 1/2 + \cdots + 1/n - \ln(n)$.

## *réponses*

**1.** Soit $\ell = \sup\limits_{n\in\mathbb{N}} u_n$. Comme $(u_n)$ est majorée, $\ell \in\mathbb{R}$. Montrons que $u_n$ tend vers $\ell$. Soit $\epsilon > 0$. Par définition de la borne supérieure, il existe $N \in\mathbb{N}$ tel que $|u_N - \ell| < \epsilon$. Mais alors, par croissance de $(u_n)$, $\forall n \geq N$ , $u_N \leq u_n \leq \ell$ ce qui entraîne $|u_n - \ell| < \epsilon$ , $\forall n \geq N$ et prouve le résultat.

**2.** La suite $(u_n)$ est clairement croissante, il suffit de montrer qu'elle est bornée. L'inégalité demandée est équivalente à montrer $2p + 1 \leq p^2$ pour $p \geq 3$. On pose $\phi(x) = x^2 - 2x - 1$ ; ce trinôme est positif pour $x$ supérieur à $1 + \sqrt{2} \leq 3$ ce qui prouve le résultat. Pour $n - 1 \geq 3$ on a :

$$\sqrt{n - 1 + \sqrt{n}} \leq \sqrt{2(n-1)+1} \leq n - 1 .$$

Puis, si $n - 2 \geq 3$,

$$\sqrt{(n-2)+(n-1)} = \sqrt{2(n-2)+1} \leq n - 2 .$$

On continue ainsi et par une récurrence immédiate on obtient :

$$\sqrt{3+4} = \sqrt{2.3+1} \leq 3$$

d'où

$$u_n \leq \sqrt{1 + \sqrt{2+3}} = \sqrt{1+\sqrt{5}} .$$

$(u_n)$ est bornée et donc converge vers $\ell \in [0, \sqrt{1+\sqrt{5}}]$.

**3.** Supposons que $(z_n)_{n\in\mathbb{N}}$ converge vers $\ell \in\mathbb{C}$. Soit $\epsilon > 0$. Il existe $N > 0$ tel que :

$$\forall n \geq N \text{ , } |z_n - \ell| \leq \epsilon/2.$$

Alors, pour tout $p, q \geq N$,

$$|z_p - z_q| \leq |z_p - \ell| + |\ell - z_q| \leq \epsilon/2 + \epsilon/2 = \epsilon$$

ce qui prouve que $(z_n)$ est de Cauchy.

**4.** Soit $(z_n)_{n\in\mathbb{N}}$ une suite d'un compact $K$ de $\mathbb{C}$. On suppose que $(z_n)$ n'a qu'une seule valeur d'adhérence $\ell$. Soit $\epsilon > 0$ et $B(\ell, \epsilon)$ la boule ouverte de centre $\ell$ et de rayon $\epsilon$. L'ensemble $K - B(\ell, \epsilon)$ est encore compact donc ne contient qu'un nombre fini de terme de $(z_n)$ (sinon on aurait une valeur d'adhérence différente de $\ell$ car hors de $B(\ell, \epsilon)$). Il existe alors $N \in \mathbb{N}$ tel que $z_n \in B(\ell, \epsilon)$ pour tout $n \geq N$. Ainsi, $z_n$ tend vers $\ell$.

**5.** Les deux suites $(u_n)$ et $(v_n)$ sont majorées. En effet, si par exemple $(u_n)$ ne l'est pas alors $e^{u_n} + e^{v_n} \geq e^{u_n}$ n'est pas majorée donc ne peut pas converger. Elles sont également minorées car si $(u_n)$ par exemple ne l'est pas, comme $u_n + v_n \to 0$, $(v_n)$ n'est pas majorée. Finalement les deux suites sont bornées donc admettent des valeurs d'adhérence. On extrait successivement des sous-suites : il existe $\phi : \mathbb{N} \to \mathbb{N}$ strictement croissante telle que $u_{\phi(n)} \to u$ où $u$ est une valeur d'adhérence de $(u_n)$ puis il existe $\psi : \mathbb{N} \to \mathbb{N}$ strictement croissante telle que $v_{\phi o \psi(n)} \to v$ où $v$ est une valeur d'adhérence de $(v_n)$. Alors $(u_{\phi o \psi(n)}, v_{\phi o \psi(n)}) \to (u, v)$ et on a : $u + v = 0$ et $e^u + e^v = 2$ ce qui entraîne $u = v = 0$. Les deux suites ont donc 0 comme unique valeur d'adhérence et ce sont des suites d'un compact donc elles convergent vers 0 d'après la question précédente.

**6.** On a :

$$\sin\left(\frac{k\pi}{2N}\right) = \frac{e^{ik\pi/(2N)} - e^{-ik\pi/(2N)}}{2i},$$

d'où

$$p_N = \left(\frac{1}{2i}\right)^{N-1} \prod_{k=1}^{N-1} e^{ik\pi/(2N)}(1 - e^{-ik\pi/N}).$$

D'une part :

$$\prod_{k=1}^{N-1} e^{ik\pi/(2N)} = e^{i\pi(N-1)/4}$$

et d'autre part, en posant $P(z) = \prod_{k=1}^{N-1} (z - e^{-ik\pi/N})$, on a :

$$P(z) = \frac{z^N - 1}{z - 1} = 1 + z + \cdots + z^{N-1}$$

d'où $P(1) = N$. Finalement :

$$p_N = \frac{N(-i)^{N-1}}{2^{N-1}} e^{i\frac{\pi}{4}(N-1)} .$$

**7.** Comme $\sum_{n=1}^{N}(u_{n+1}-u_n) = u_N - u_1$, $(u_n)$ converge si et seulement si $\sum(u_{n+1}-u_n)$ converge. Si $u_n = \ln\left(n!/\left(\sqrt{n}n^n e^{-n}\right)\right)$, un développement limité donne : $u_{n+1} - u_n = 1/(6n^2) + o(1/n^2)$. Par suite, $\sum(u_{n+1} - u_n)$ converge vers $\ell \in \mathbb{R}$ et $(v_n)$ converge vers $k = e^{\ell} > 0$. Ceci donne la formule de Stirling (en fait, $k$ vaut $\sqrt{2\pi}$ et se calcule à l'aide des intégrales de Wallis). Si $w_n = 1+1/2+\cdots+1/n-\ln(n)$, alors $w_{n+1} - w_n = -1/(2n^2) + o(1/n^2)$ et donc $\sum(w_{n+1} - w_n)$ converge. Ainsi $(w_n)$ tend vers un certain $\gamma$ qui vaut $0,577215664...$ et qu'on appelle constante d'Euler.

## EXERCICE 1 Le critère de Cauchy généralise celui de d'Alembert

Soit $(a_n)_{n\geq 0}$ une suite, de réels strictement positifs, telle que :

$$\lim_{n\to+\infty} \frac{a_{n+1}}{a_n} = p ,$$

où $p \geq 0$.

Montrer que :

$$\lim_{n\to+\infty} \sqrt[n]{a_n} = p .$$

### solution

Comme $(a_n)_{n\in\mathbb{N}}$ est une suite de réels strictement positifs, on peut passer au logarithme. On remarque que :

$$\forall n \in \mathbb{N}^* , \ \ln\left(\sqrt[n]{a_n}\right) = \frac{\ln a_n}{n} .$$

Afin d'utiliser l'hypothèse, on écrit que :

$$\forall n \in \mathbb{N} , \ \ln(a_n) - \ln(a_0) = \ln\left(a_n/a_{n-1}\right) + \cdots + \ln\left(a_1/a_0\right) ,$$

et on pose :

$$\forall n \in \mathbb{N}\ ,\ u_n = \frac{\ln a_n - \ln a_0}{n}.$$

On est donc ramené à montrer que :

$$\lim_{n\to+\infty} u_n = \begin{cases} \ln p & \text{si } p > 0 \\ -\infty & \text{si } p = 0\ . \end{cases}$$

Pour cela, nous allons appliquer une technique analogue à la sommation de Cesáro sur la suite $(\ln(a_n/a_{n-1}))$, en distinguant les cas $p > 0$ et $p = 0$.
$1^{er}$ cas. — Si $p > 0$.
On a dans ce cas :

$$\lim_{n\to+\infty}\left(\ln\frac{a_{n+1}}{a_n}\right) = \ln p\ .$$

Fixons $\varepsilon > 0$, alors par hypothèse :

$$\exists N \in \mathbb{N}\ /\ \forall n \geq N\ ,\ \left|\ln\frac{a_n}{a_{n-1}} - \ln p\right| \leq \frac{\varepsilon}{2}\ .$$

Pour tout $n \geq N$ on a :

$$\begin{aligned} |u_n - \ln p| &\leq \left|\frac{(\ln(a_n/a_{n-1}) - \ln p) + \cdots + (\ln(a_1/a_0) - \ln p)}{n}\right| \\ &\leq \frac{1}{n}\sum_{i=1}^{N-1}\left|\ln\left(\frac{a_i}{a_{i-1}}\right) - \ln p\right| + \frac{1}{n}\left(\frac{\varepsilon}{2}\right)(n-N)\ . \end{aligned}$$

Or, à $N$ fixé :

$$\lim_{n\to+\infty}\left(\frac{1}{n}\sum_{i=1}^{N-1}\left|\ln\left(\frac{a_i}{a_{i-1}}\right) - \ln p\right|\right) = 0\ ,$$

donc on peut trouver $N' \geq N$ tel que :

$$\forall n \geq N'\ ,\ \left|\frac{1}{n}\sum_{i=1}^{N-1}\left|\ln\left(\frac{a_i}{a_{i-1}}\right) - \ln p\right|\right| \leq \frac{\varepsilon}{2}\ .$$

Par ailleurs,

$$\frac{1}{n}\left(\frac{\varepsilon}{2}\right)(n-N) \leq \frac{\varepsilon}{2}\ ,$$

donc :

$$\forall n \geq N'\ ,\ |u_n - \ln p| \leq \varepsilon\ .$$

En conclusion :

$$\lim_{n\to+\infty} u_n = \ln p = \lim_{n\to+\infty} (\ln(\sqrt[n]{a_n})) ,$$

et par continuité de la fonction exponentielle :

$$\boxed{\lim_{n\to+\infty} \sqrt[n]{a_n} = p} .$$

$2^{nd}$ cas. — Si $p = 0$ alors :

$$\lim_{n\to+\infty} \left(\ln \frac{a_{n+1}}{a_n}\right) = -\infty .$$

Soit $A > 0$ alors :

$$\exists N \in \mathbb{N} \;/\; \forall n \geq N \;,\; \ln \frac{a_n}{a_{n-1}} \leq -A . \tag{1}$$

Pour tout $n \geq N$ on a :

$$\begin{aligned} u_n &= \frac{1}{n}\sum_{i=1}^{N-1}\left(\ln\left(\frac{a_i}{a_{i-1}}\right) - \ln p\right) + \frac{1}{n}\sum_{i=N}^{n}\left(\ln\left(\frac{a_i}{a_{i-1}}\right) - \ln p\right) \\ &\leq \frac{1}{n}\sum_{i=1}^{N-1}\left(\ln\left(\frac{a_i}{a_{i-1}}\right) - \ln p\right) - A\frac{n-N+1}{n} . \end{aligned}$$

Fixons $N$ tel que $(1)$ soit vérifié. On a alors :

$$\lim_{n\to+\infty}\left(\frac{1}{n}\sum_{i=1}^{N-1}\left(\ln\left(\frac{a_i}{a_{i-1}}\right) - \ln p\right)\right) = 0 \quad \text{et} \quad \lim_{n\to+\infty} \frac{n-N+1}{n} = 1 ,$$

donc on peut trouver $N' \geq N$ tel que :

$$\forall n \geq N' \;,\; \left|\frac{1}{n}\sum_{i=1}^{N-1}\left|\ln\left(\frac{a_i}{a_{i-1}}\right) - \ln p\right|\right| \leq 1 \quad \text{et} \quad \frac{n-N+1}{n} \geq \frac{1}{2} .$$

Ainsi :

$$\forall n \geq N' \;,\; u_n \leq \frac{-A}{2} + 1$$

donc :

$$\lim_{n\to+\infty} u_n = -\infty$$

puis :

$$\boxed{\lim_{n\to+\infty} \sqrt[n]{a_n} = 0} .$$

➧*Remarque :* Soit $\sum a_n$ une série numérique à termes strictement positifs. Cet exercice montre que le critère de Cauchy généralise celui d'Alembert : si $a_{n+1}/a_n \to p$

(et alors, par le critère d'Alembert, $\sum a_n$ converge si $p < 1$ et diverge si $p > 1$) alors $\sqrt[n]{a_n}$ tend forcément vers $p$ et le critère de Cauchy s'applique également : $\sum a_n$ converge si $p < 1$ diverge si $p > 1$. Attention, la réciproque est fausse : si l'on prend $a_n = 3^n$ pour $n$ pair et $3^{n+1}$ pour $n$ impair, $\sqrt[n]{a_n} \to 3$ mais $a_{n+1}/a_n = 1$ ou $9$ diverge.

## EXERCICE 2 Suite à récurrence non-linéaire

Soit $(u_n)_{n\in\mathbb{N}}$ la suite définie par $u_0 \in [0,1]$ et $u_{n+1} = \sin u_n$. Trouver un équivalent de cette suite quand $n$ tend vers $+\infty$.

### solution

On visualise de telles suites sur le dessin classique (Cf. figure).

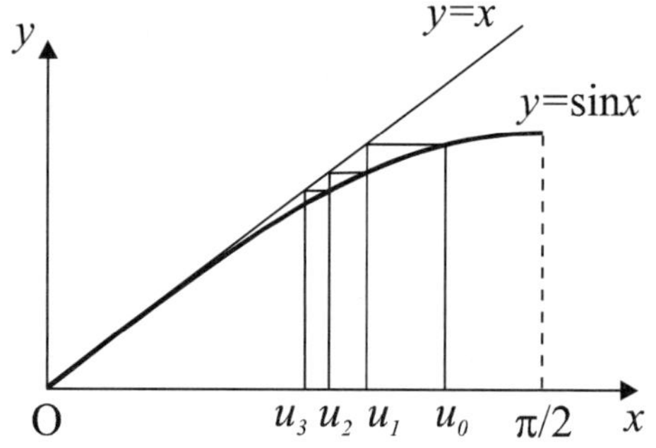


On voit graphiquement que $u_n$ tend vers $0$, ce qu'on va montrer dans un premier temps. La fonction sinus transforme l'intervalle $[0,1]$ en $[0,\sin 1] \subset [0,1]$ donc par une récurrence immédiate, on voit que comme $u_0 \in [0,1]$, alors $u_n \in [0,1]$ pour tout $n$. Comme $\sin x \leq x\,,\ \forall x \geq 0$ on en déduit que $u_{n+1} \leq u_n$. La suite $(u_n)_n$ est donc minorée et décroissante, elle converge donc vers $\ell \in [0,1]$ et par continuité de la fonction sinus, $\ell = \sin(\ell)$. $0$ est le seul point fixe de la fonction sinus sur $[0,1]$ (et même sur $\mathbb{R}$) donc $\ell = 0$.

Il s'agit maintenant de trouver un équivalent de $u_n$. On a :

$$u_{n+1} = \sin u_n = u_n - \frac{u_n^3}{6} + o\left(u_n^3\right) .$$

Donc :

$$\begin{cases} u_{n+1} \underset{n\to+\infty}{\sim} u_n \,; \\[2ex] \dfrac{u_{n+1} - u_n}{u_n^3} \underset{n\to+\infty}{\longrightarrow} -\dfrac{1}{6} \,. \end{cases}$$

L'idée est alors de poser :

$$v_n = \frac{1}{u_{n+1}^2} - \frac{1}{u_n^2},$$

d'où :

$$v_n = \frac{u_n^2 - u_{n+1}^2}{u_n^2 u_{n+1}^2} = \frac{(u_n - u_{n+1})(u_n + u_{n+1})}{u_n^2 u_{n+1}^2} \underset{n\to+\infty}{\sim} \frac{2}{6}\frac{u_n^4}{u_n^4} = \frac{1}{3}.$$

On remarque que l'on récupère une estimation de $u_n$ (plus exactement de $1/u_n^2$) en considérant la série de terme général $v_n$.
La somme est télescopique :

$$\sum_{k=0}^{n} v_k = \frac{1}{u_{n+1}^2} - \frac{1}{u_0^2}$$

(on suppose que $u_0 > 0$ et alors $u_n > 0$ sans quoi la suite $(u_n)_n$ est identiquement nulle).
Il y a deux arguments possibles pour conclure :
— soit on utilise le lemme de Cesáro : $v_n \to 1/3$ donc :

$$\frac{1}{n+1}\sum_{k=0}^{n} v_k \underset{n\to+\infty}{\to} \frac{1}{3};$$

— soit on se sert du théorème général sur les restes et sommes partielles de séries à termes de signe constant, que l'on rappelle ci-dessous.

➡*Théorème :* $\sum a_n$ et $\sum b_n$ sont deux séries à termes positifs (ou négatifs) et on suppose que $a_n \underset{n\to+\infty}{\sim} b_n$ :

— si $\sum a_n$ converge alors $\sum b_n$ converge et $\sum_{k=n}^{+\infty} a_n \underset{n\to+\infty}{\sim} \sum_{k=n}^{+\infty} b_n$ ;

— si $\sum a_n$ diverge alors $\sum b_n$ diverge et $\sum_{k=1}^{+\infty} a_n \underset{n\to+\infty}{\sim} \sum_{k=1}^{+\infty} b_n$.

Dans notre cas, on prend $a_n = 1/3$ pour obtenir :

$$\sum_{k=0}^{n} v_k \underset{n\to+\infty}{\sim} \sum_{k=0}^{n} \frac{1}{3} = \frac{n+1}{3}.$$

Dans les deux cas, on aboutit à :

$$\frac{1}{u_{n+1}^2} \underset{n\to+\infty}{\sim} \frac{n+1}{3},$$

ce qui donne l'équivalent recherché :

$$u_n \underset{n\to+\infty}{\sim} \sqrt{\frac{3}{n}}\,.$$

➡*Remarque :* La méthode de cet exercice est générale donc importante. On peut traiter ainsi beaucoup de cas de suites données par une relation de récurrence $u_{n+1} = f(u_n)$ où $f$ est assez régulière. La difficulté est de bien poser la suite $v_n$...

## EXERCICE 3 Suite définie implicitement

Soit $P_n(x) = x^{2n+1} - x^{n+1} - 1$ où $n \geq 1$.

**1.** Montrer que $P_n$ admet une unique racine réelle, que l'on note $u_n$.

**2.** Étudier $u_n$, $u_n^n$ et $n(u_n - 1)$.

**solution**

**1.** Soit $n \in \mathbb{N}^*$.

On a :

$$\begin{aligned} P_n'(x) &= (2n+1)x^{2n} - (n+1)x^n \\ &= x^n\left[(2n+1)x^n - (n+1)\right], \end{aligned}$$

donc :

$$P_n'(x) = 0 \Leftrightarrow x = 0 \text{ ou } x^n = \frac{n+1}{2n+1}$$

d'où $P_n'$ a au plus trois racines réelles, toutes situées dans $]-1,1[$.

On peut maintenant rechercher toutes les racines de $P_n$ en considérant successivement différents intervalles de $\mathbb{R}$ :

— intervalle $]-\infty,-1[$ :

d'une part,

$$P_n(-1) = -2 - (-1)^{n+1} < 0$$

et d'autre part :

$$\lim_{x\to-\infty} P_n(x) = -\infty$$

($P_n$ est un polynôme de degré impair). Comme $P_n'$ ne s'annule pas dans $]-\infty,-1[$ alors $P_n$ n'a pas de racines dans $]-\infty,-1[$ ;

— intervalle $[-1,1]$ :

— si $x \in [0,1]$ alors on a :

$$x^{2n+1} \leq x^{n+1} \Rightarrow P_n(x) \leq -1 ,$$

— si $x \in [-1,0[$ alors :

$$x^{2n+1} < 0 \text{ et } \left|x^{n+1}\right| \leq 1$$

donc :

$$P_n(x) < 0 .$$

On peut donc en conclure que $P_n$ n'a pas de racine dans $[-1,1]$ ;
— intervalle $]1,+\infty[$ :
on a

$$\lim_{x\to+\infty} P_n(x) = +\infty \text{ et } P_n(1) = -1 ,$$

donc d'après le théorème des valeurs intermédiaires :

$$\exists u_n \in ]1,+\infty[ \ / \ P_n(u_n) = 0 .$$

Il n'existe pas d'autre racine différente de $u_n$ dans $]1,+\infty[$, car $P_n'$ ne s'annule pas dans $]1,+\infty[$. Pour la même raison, cette racine est simple.
En conclusion le polynôme $P_n$ admet une unique racine $u_n$, située dans l'intervalle $]1,+\infty[$.
**2.** On a remarque que $u_n > 1$ , $\forall n \in \mathbb{N}^*$. Or :

$$P_{n+1}(u_n) = u_n\left(u_n^{2n+1} - u_n^{n+1}\right) - 1 = u_n - 1 > 0 ,$$

donc comme $P_{n+1}(1) = -1$, l'unique racine de $P_{n+1}$ se trouve dans $]1,u_n[$.
La suite $(u_n)_n$ est donc strictement décroissante. De plus, elle est minorée par 1 donc elle converge vers $\ell \geq 1$.
Déterminons exactement la limite $\ell$.
On a :

$$\begin{aligned} P_n(u_n) &= 0 \Leftrightarrow u_n^{2n+1} - u_n^{n+1} = 1 \\ &\Leftrightarrow \ln\left(u_n^{n+1}(u_n^n - 1)\right) = 0 \\ &\Leftrightarrow (n+1)\ln(u_n) + \ln(u_n^n - 1) = 0 . \end{aligned}$$

Donc si $\ell > 1$, alors :

$$\lim_{n\to+\infty} (n+1)\ln(u_n) = +\infty$$

et :

$$\begin{aligned}\lim_{n\to+\infty} u_n^n &= \lim_{n\to+\infty} \exp(n\ln u_n) = +\infty \\ &\Rightarrow \lim_{n\to+\infty} \ln(u_n^n - 1) = +\infty\ ,\end{aligned}$$

or la somme des deux est nulle. Donc :

$$\boxed{\lim_{n\to+\infty} u_n = 1}\ .$$

Étudions maintenant la suite $(u_n^n)_n$ . On écrit, en reprenant l'égalité $P_n(u_n) = 0$ :

$$\begin{aligned}\forall n \in \mathbb{N}\ ,\ u_n > 1 \ &\Rightarrow (n+1)\ln u_n > 0 \\ &\Rightarrow \ln(u_n^n - 1) < 0 \\ &\Rightarrow 1 < u_n^n < 2\ .\end{aligned}$$

La suite $(u_n^n)_n$ reste donc bornée, elle admet alors une valeur d'adhérence $\alpha \in [1,2]$ , c'est-à-dire qu'il existe une suite strictement croissante d'entiers naturels $(n_k)_k$ telle que :

$$u_{n_k}^{n_k} \underset{k\to+\infty}{\longrightarrow} \alpha\ .$$

Or $P_{n_k}(u_{n_k}) = 0$, soit :

$$\left(u_{n_k}^{n_k}\right)^2 u_{n_k} - u_{n_k}^{n_k} u_{n_k} - 1 = 0\ ,$$

d'où, par passage à la limite :

$$\alpha^2 - \alpha - 1 = 0\ .$$

Or les racines de ce polynôme sont $\left(1+\sqrt{5}\right)/2$ et $\left(1-\sqrt{5}\right)/2$, donc :

$$\alpha = \frac{1+\sqrt{5}}{2}\ .$$

Ainsi, par unicité de la valeur d'adhérence, on a :

$$\boxed{\lim_{n\to+\infty} u_n^n = \frac{1+\sqrt{5}}{2}}\ .$$

On aura bien entendu reconnu le nombre d'or.

Étudions maintenant $(n(u_n - 1))_n$ .

D'après l'égalité écrite précédemment,

$$\lim_{n\to+\infty} (n+1)\ln u_n = \ln\left(\frac{\sqrt{5}+1}{2}\right)$$

donc :

$$\ln u_n \underset{n\to+\infty}{\sim} \frac{\ln\left(\left(\sqrt{5}+1\right)/2\right)}{n+1} \underset{n\to+\infty}{\sim} \frac{\ln\left(\left(\sqrt{5}+1\right)/2\right)}{n} .$$

Or :

$$\ln u_n = \ln\left(1+\left(u_n-1\right)\right) = \left(u_n-1\right) + o\left(\left(u_n-1\right)\right) ,$$

donc :

$$\ln u_n \underset{+\infty}{\sim} u_n - 1 ,$$

et, en conclusion :

$$\boxed{\lim_{n\to+\infty} n\left(u_n-1\right) = \ln\left(\frac{\sqrt{5}+1}{2}\right)} .$$

## EXERCICE 4 Suite définie par une somme

Montrer que la suite de terme général :

$$\sum_{k=0}^{n} \frac{1}{\sqrt{n^2-k^2}}$$

converge et calculer sa somme.

### solution

On a :

$$\sum_{k=0}^{n-1} \frac{1}{\sqrt{n^2-k^2}} = \frac{1}{n} \sum_{k=0}^{n-1} \frac{1}{\sqrt{1-k^2/n^2}} .$$

On est tenté d'appliquer le théorème de convergence des sommes de Riemann. Dans ce cas, la fonction associée à la somme de Riemann est :

$$f\left(t\right) = \frac{1}{\sqrt{1-t^2}} .$$

Donc, on souhaiterait écrire :

$$\frac{1}{n} \sum_{k=0}^{n-1} \frac{1}{\sqrt{1-k^2/n^2}} \underset{n\to+\infty}{\to} \int_0^1 \frac{dt}{\sqrt{1-t^2}} .$$

Or la fonction $f$ n'est pas continue sur le compact $[0, 1]$, le cours ne s'applique donc pas. Cherchons alors à encadrer la suite par des intégrales.

On montre sans difficulté que $f(t)$ est une fonction croissante sur l'intervalle $[0, 1]$, il est alors possible de majorer la suite de la manière suivante :

$$\frac{1}{n}\sum_{k=0}^{n-1}\frac{1}{\sqrt{1-k^2/n^2}} \leq \int_0^{(n-1)/n}\frac{dt}{\sqrt{1-t^2}} + \frac{1}{n}\frac{1}{\sqrt{1-((n-1)/n)^2}}$$

avec :

$$\int_0^{(n-1)/n}\frac{dt}{\sqrt{1-t^2}} \underset{n\to+\infty}{\to} \int_0^1\frac{dt}{\sqrt{1-t^2}}$$

et :

$$\frac{1}{n}\frac{1}{\sqrt{1-((n-1)/n)^2}} = \frac{1}{\sqrt{2n-1}} \underset{n\to+\infty}{\to} 0\,.$$

On peut par ailleurs proposer la minoration :

$$\frac{1}{n} + \int_0^{(n-1)/n}\frac{dt}{\sqrt{1-t^2}} \leq \frac{1}{n}\sum_{k=0}^{n-1}\frac{1}{\sqrt{1-k^2/n^2}}\,,$$

avec :

$$\frac{1}{n} + \int_0^{(n-1)/n}\frac{dt}{\sqrt{1-t^2}} \underset{n\to+\infty}{\to} \int_0^1\frac{dt}{\sqrt{1-t^2}}\,.$$

On peut donc conclure, avec le théorème des gendarmes, que la suite converge avec :

$$\lim_{n\to+\infty}\sum_{k=0}^{n}\frac{1}{\sqrt{n^2-k^2}} = \int_0^1\frac{dt}{\sqrt{1-t^2}} = \arcsin(1)\ ,$$

c'est-à-dire :

$$\boxed{\lim_{n\to+\infty}\sum_{k=0}^{n}\frac{1}{\sqrt{n^2-k^2}} = \frac{\pi}{2}}\,.$$

## EXERCICE 5 Majoration d'une suite par une série

Soit $\sum\limits_{n=1}^{+\infty} u_n$ une série réelle strictement positive et convergente.

**1.** Trouver une suite $(a_k)_{k\geq 1}$ de réels strictement positifs tels que :

$$\forall n \in \mathbb{N}\ ,\ u_1 \times \cdots \times u_n = \frac{a_1 u_1 \times \cdots \times a_n u_n}{(n+1)^n}\ .$$

**2.** En déduire que $\sum\limits_{n=1}^{+\infty} (u_1 \times \cdots \times u_n)^{\frac{1}{n}}$ converge et que sa somme est inférieure ou égale à $e \sum\limits_{n=1}^{+\infty} u_n$ .

### *solution*

**1.** Faisons une récurrence sur $n$ :

— pour $n = 1$, $a_1 = 2$ convient ;

— supposons construits les $n-1$ premiers termes de la suite $(a_k)_{k\geq 0}$. En utilisant l'hypothèse de récurrence :

$$\begin{aligned} u_1 \times \cdots \times u_n &= n^{-n+1} (a_1 u_1 \times \cdots \times a_{n-1} u_{n-1})\, u_n \\ &= (n+1)^{-n} (a_1 u_1 \times \cdots \times a_{n-1} u_{n-1})\, u_n \frac{(n+1)^n}{n^{n-1}}\ . \end{aligned}$$

Ainsi $a_n = (n+1)^n / n^{n-1}$ convient.

**2.** Posons :

$$\sigma_n = \sum_{k=1}^{n} a_k u_k\ ,$$

et :

$$S_N = \sum_{n=1}^{N} (u_1 \times \cdots \times u_n)^{\frac{1}{n}}\ .$$

En utilisant la première question :

$$S_N = \sum_{n=1}^{N} \frac{1}{n+1} (a_1 u_1 \times \cdots \times a_n u_n)^{\frac{1}{n}}\ .$$

L'inégalité arithmético-géométrique donne alors :

$$\begin{aligned}
S_N &\leq \sum_{n=1}^{N} \frac{1}{n+1}\frac{1}{n}\left(a_1u_1+\cdots+a_nu_n\right)\\
&\leq \sum_{n=1}^{N} \sigma_n\left(\frac{1}{n}-\frac{1}{n+1}\right)\\
&\leq \sum_{n=1}^{N} \frac{\sigma_n}{n}-\sum_{n=2}^{N+1}\frac{\sigma_n-a_nu_n}{n}\\
&\leq \sigma_1-\frac{\sigma_{N+1}}{N+1}+\sum_{n=2}^{N+1}\frac{a_nu_n}{n}\,.
\end{aligned}$$

Or $a_n = (n+1)^n/n^{n-1}$ donc :

$$S_N \leq \sigma_1 + \sum_{n=2}^{N+1}\left(1+\frac{1}{n}\right)^n u_n \leq \sum_{n=1}^{N+1}\left(1+\frac{1}{n}\right)^n u_n\,.$$

Or le graphe de la fonction $t \mapsto \ln(1+t)$ est au dessous de sa tangente en $0$, donc :

$$\left(1+\frac{1}{n}\right)^n \leq e\,,$$

d'où :

$$S_N \leq e\sum_{n=1}^{N+1} u_n \leq e\sum_{n=1}^{\infty} u_n\,.$$

Comme $\sum_{n\geq 1}(u_1\times\cdots\times u_n)^{\frac{1}{n}}$ est une série à termes positifs, ceci montre la convergence et l'inégalité recherchées.

# 2
# Séries numériques

En considérant les sommes partielles, l'étude théorique des séries se ramène à celle des suites. Cependant, les séries numériques apparaissent telles quelles. De plus, de nombreuses techniques leur sont propres : la convergence absolue, la comparaison à une intégrale, etc. Ce chapitre est par conséquent assez technique et sa maîtrise nécessite une certaine pratique. Par ailleurs, les séries numériques peuvent servir, comme les suites, à approcher des nombres réels. Par exemple, on sait exprimer $\pi$ de multiples façons comme somme d'une série. La formule

$$\frac{1}{\pi} = 12 \sum_{k=0}^{+\infty} \frac{(-1)^k\,(6k)!\,(13\,591\,409 + 545\,140\,134\,k)}{(3k)!\,(k!)^3\,(640\,320)^{3k+3/2}}$$

peut faire peur mais cette série a l'avantage de converger très rapidement ce qui a permis le calcul, à l'aide d'un super-ordinateur, de plus de 4 milliards de décimales de $\pi$ en mai 1994 ! (record battu depuis...)

## PLAN D'ÉTUDE D'UNE SÉRIE

Lorsqu'on veut déterminer la nature d'une série numérique $\sum u_n$, le plus difficile est souvent de démarrer et de se poser les bonnes questions.
Voici, nous semble-t-il, les questions à se poser et dans l'ordre suivant.

**1.** Est-il possible de calculer les sommes partielles $S_N = \sum_{n=0}^{N} u_n$ d'une série ?

Exemples :

$$\sum_{n\geq 0} q^n \text{ avec } q \in \mathbb{R} \ ; \ \sum_{n\geq 1} \frac{1}{n\,(n+1)}.$$

Si la réponse est affirmative, on est ramené à un problème de convergence de suite. Cependant, il est très rare que l'on puisse calculer $S_N$ .

**2.** Le terme général de la série tend-il vers $0$ ?
Sinon, la série diverge « grossièrement » ; le cas échéant, on continue.
Redémontrer que si la série $\sum u_n$ converge alors le terme général $u_n$ tend vers $0$

puis étudier l'exemple suivant :

$$\sum \frac{n^n}{n!}.$$

**3.** La suite $u_n$ est elle de signe constant ?
Dans ce cas, si $u_n \leq 0$ on se ramène à $u_n \geq 0$ en posant $v_n = -u_n$ . On peut alors utiliser :
**a.** La règle d'Alembert (ou plus rarement celle de Cauchy) :

$$\text{si } \frac{u_{n+1}}{u_n} \underset{n \to +\infty}{\longrightarrow} \ell \text{ alors } \begin{cases} \ell > 1 \Rightarrow \sum u_n \text{ diverge} \\ \ell < 1 \Rightarrow \sum u_n \text{ converge}. \end{cases}$$

Si $\ell = 1$ on ne peut rien dire en général. Remarquons quand même que si $u_{n+1}/u_n \geq 1$ à partir d'un certain rang alors la série diverge grossièrement.
Exemples :

$$\sum_{n \geq 1} \frac{n^{pn}}{(np)!} \text{ avec } p \in \mathbb{N}^* \quad ; \quad \sum_{n \geq 1} \frac{2^n n!}{n^n}.$$

**b.** Comparer la série à une série de référence (série de Riemann par exemple). Pour cela, on utilise des équivalents, ou plus simplement des majorations ou minorations, du terme général de la série.
Exemples :
Si $(u_n)$ est une suite de réels positifs telle que $\sum u_n$ converge, montrer que $\sum \sqrt{u_n}/n$ converge.
Étudier la convergence des séries suivantes :

$$\sum \ln\left(1 + \frac{1}{n^\alpha}\right) \quad ; \quad \sum \frac{n^3+1}{n^2\sqrt{n^2+n^5}} \; ;$$

$$\sum \ln\left(\frac{n^4}{n^4+1+\sqrt{n^4+1}}\right) \quad \text{et} \quad \sum \frac{1}{(3+(-1)^n)^n}.$$

**c.** Comparer la série à une intégrale.
Exemple :

$$\sum \frac{1}{n \ln n}.$$

**4.** Si $u_n$ n'est pas de signe constant.
**a.** Y a-t-il convergence absolue ?
Bien évidemment on utilise les méthodes du 3. pour répondre à cette question.
**b.** La série vérifie-t-elle les hypothèses du théorème spécial des séries alternées ?
Exemple :

$$\sum_{n \geq 1} \sin\left(\frac{n^2+2n+1}{n}\pi\right).$$

Un autre exemple est proposé dans l'exercice intitulé *Une application du théorème spécial des séries alternées*.

**c.** Peut-on utiliser une transformation d'Abel ?

À titre d'exemple, voir l'exercice intitulé *Transformation d'Abel et applications*.

**d.** Peut-on utiliser un développement asymptotique ?

Ceci est l'adaptation de la méthode du 3.b. pour les séries dont le terme général n'est pas de signe constant. Ici, un équivalent ne suffit plus, il faut effectuer un développement limité ou asymptotique.

Exemple :

$$\sum \sin\left(\pi\sqrt{n^2+1}\right) .$$

Les techniques les plus usitées ont été répertoriées ici. Il en existe d'autres : sommation par tranches, etc.

### *réponses*

**1.** Si $u_n = q^n$ alors :

$$S_N = \begin{cases} \dfrac{1-q^{N+1}}{1-q} & \text{si } q \neq 1 \\ \\ N+1 & \text{sinon .} \end{cases}$$

Donc $\sum q^n$ converge si et seulement si $|q| < 1$.

Si $u_n = 1/\left(n\left(n+1\right)\right)$ alors :

$$u_n = \frac{1}{n} - \frac{1}{n+1} ,$$

on est en présence d'une série télescopique, donc :

$$S_N = \sum_{n=1}^{N} \frac{1}{n} - \sum_{n=2}^{N+1} \frac{1}{n} = 1 - \frac{1}{N+1}$$

donc $\sum u_n$ converge.

**2.** Si la série $\sum u_n$ converge alors les sommes partielles $S_N = \sum_{n=1}^{N} u_n$ tendent vers la somme de la série $\sum_{n=1}^{+\infty} u_n$ et donc $S_{N+1} - S_N = u_n$ tend vers 0.

Ici,

$$u_n = \frac{n^n}{n!} = \prod_{k=1}^{n} \frac{n}{k} \geq 1 .$$

En particulier, $u_n$ ne tend pas vers 0 et $\sum u_n$ diverge « grossièrement ».

**3. a.** Si $u_n = n^{pn}/\,(pn)!$ alors :

$$\frac{u_{n+1}}{u_n} = \frac{(n+1)^{p(n+1)}}{(p\,(n+1))!}\frac{(pn)!}{n^{pn}} = \left(1+\frac{1}{n}\right)^{pn} \frac{(1+n)^p}{\prod\limits_{k=1}^{p}(pn+k)} .$$

Or :

$$\left(1+\frac{1}{n}\right)^{pn} = \exp\left(pn\ln\left(1+\frac{1}{n}\right)\right) \underset{n\to+\infty}{\longrightarrow} e^p ,$$

et :

$$\left(\frac{1+n}{pn+p}\right)^p \leq \prod_{k=1}^{p}\frac{1+n}{pn+k} \leq \left(\frac{1+n}{pn+1}\right)^p$$

Donc :

$$\frac{u_{n+1}}{u_n} \underset{n\to+\infty}{\longrightarrow} \left(\frac{e}{p}\right)^p .$$

Comme $2 < e < 3$ , le critère d'Alembert montre que $\sum u_n$ converge si et seulement si $p \geq 3$.
Dans le cas de $u_n = 2^n n!/\,(n^n)$ , on a :

$$\frac{v_{n+1}}{v_n} = \frac{2^{n+1}\,(n+1)!}{2^n n!}\frac{n^n}{(n+1)^{n+1}}$$
$$= 2\left(\frac{n}{n+1}\right)^n = 2\exp\left(-n\ln\left(1+\frac{1}{n}\right)\right) .$$

Donc :

$$\frac{v_{n+1}}{v_n} \underset{n\to+\infty}{\longrightarrow} \frac{2}{e} < 1 ,$$

d'où la convergence de la série $\sum u_n$ d'après le critère d'Alembert.
**b.** Comme $\left(\sqrt{u_n} - 1/n\right)^2 \geq 0$, on a $\sqrt{u_n}/n \leq \left(u_n + 1/n^2\right)/2$ ce qui entraîne le résultat car $\sum u_n$ et $\sum 1/n^2$ convergent.
Dans les quatre exemples qui suivent, on cherche un équivalent ou une majoration :
— si $\alpha > 0$ alors

$$\ln\left(1+\frac{1}{n^\alpha}\right) \underset{n\to+\infty}{\sim} \frac{1}{n^\alpha} ,$$

et si $\alpha \leq 0$ alors

$$\ln\left(1+\frac{1}{n^\alpha}\right) \geq \ln 2 .$$

Donc $\sum \ln\left(1+1/n^\alpha\right)$ converge si et seulement si $\alpha > 1$ ;

— l'équivalent asymptotique :

$$\frac{n^3+1}{n^2\sqrt{n^2+n^5}} \underset{n\to+\infty}{\sim} \frac{1}{n\sqrt{n}}$$

montre que $\sum (n^3+1) / \left(n^2\sqrt{n^2+n^5}\right)$ converge ;
— de manière évidente, cette série est à termes négatifs donc on pose $v_n = -u_n$ et :

$$v_n = \ln\left(\frac{n^4+1+\sqrt{n^4+1}}{n^4}\right) = \ln\left(1+\frac{\sqrt{n^4+1}}{n^4}+\frac{1}{n^4}\right)$$

donc :

$$v_n \underset{n\to+\infty}{\sim} \frac{1}{n^2},$$

donc $\sum v_n$ et $\sum u_n$ convergent ;
— la majoration suivante :

$$\frac{1}{\left(3+(-1)^n\right)^n} \le \frac{1}{2^n}$$

permet de conclure que la série converge.
**c.** Comme la fonction $t \mapsto 1/(t\ln t)$ est décroissante sur $[1;+\infty[$, nous avons :

$$\forall n \ge 2\,,\ \frac{1}{n\ln n} \ge \int_n^{n+1} \frac{dt}{t\ln t}$$

donc :

$$\sum_{n=2}^{N} \frac{1}{n\ln n} \ge \int_2^{N+1} \frac{dt}{t\ln t} = \ln\left(\ln\left(N+1\right)\right) - \ln\left(\ln 2\right)$$

Ainsi $\sum 1/(n\ln n)$ diverge.

➡*Remarque :* On montre exactement de la même façon que $\sum 1/n$ diverge. Il faut bien sûr savoir démontrer sans hésiter la divergence de cette série ! (En passant, notons que l'on peut aussi voir que $\sum 1/n$ diverge en remarquant que $S_N = \sum\limits_{n=1}^{N} 1/n$ n'est pas une suite de Cauchy car $S_{2N} - S_N = \sum\limits_{n=N+1}^{2N} 1/n \ge 1/2$.)

**4. b.** On transforme l'expression de $u_n$ :

$$u_n = \sin\left(\frac{n^2+2n+1}{n}\pi\right) = \sin\left(n\pi + 2\pi + \frac{\pi}{n}\right)$$
$$= (-1)^n \sin\left(\frac{\pi}{n}\right).$$

Donc $\sum u_n$ est une série alternée (car on remarque que $\sin(\pi/n) \ge 0$ pour $n \ge 1$).
De plus :

— d'une part :

$$u_n \underset{n\to+\infty}{\longrightarrow} 0\ ;$$

— d'autre part :

$$\forall n \geq 2\ ,\ |u_{n+1}| \leq |u_n|$$

car la fonction sinus est croissante sur $[0, \pi/2]$.
Donc le théorème des séries alternées s'applique et $\sum u_n$ converge.
**d.** Soit $u_n = \sin\left(\pi\sqrt{n^2+1}\right)$. Étudions le comportement asymptotique de $u_n$ :

$$\begin{aligned} u_n &= \sin\left(\pi n\sqrt{1+\frac{1}{n^2}}\right) \\ &= \sin\left(\pi n\left(1+\frac{1}{2n^2}-\frac{1}{8n^4}+\frac{\varepsilon_n}{n^4}\right)\right) \\ &= (-1)^n \sin\left(\frac{\pi}{2n}-\frac{\pi}{8n^3}+\frac{\pi\varepsilon_n}{n^3}\right) \end{aligned}$$

avec $\lim\limits_{n\to+\infty} \varepsilon_n = 0$,
donc :

$$u_n = (-1)^n \frac{\pi}{2n} + \frac{\varepsilon'_n}{n^2}$$

avec $\lim\limits_{n\to+\infty} \varepsilon'_n = 0$.
Donc, $\sum u_n$ est la somme de $\sum \left((-1)^n \pi\right) / (2n)$, série alternée convergente, et de $\sum \varepsilon'_n/n^2$, série absolument convergente, donc $\sum u_n$ converge.

## EXERCICE 1 Équivalent d'une suite

Étudier la convergence de $u_n = \sin(\pi e n!)$, puis trouver un équivalent de $u_n$ lorsque $n$ tend vers $+\infty$.

### solution

On remarque bien évidemment que :

$$e = \sum_{k\in\mathbb{N}} \frac{1}{k!}\ ,$$

donc :

$$\pi e n! = \pi \sum_{k\in\mathbb{N}} \frac{n!}{k!} = \pi \sum_{k=0}^{n} \frac{n!}{k!} + \pi \sum_{k=n}^{+\infty} \frac{n!}{k!}\ ,$$

et :

$$\sin(\pi e n!) = \sin\left(\pi\left(\frac{n!}{0!} + \frac{n!}{1!} + \frac{n!}{2!} + \cdots + \frac{n!}{(n-1)!} + 1\right) + R_n\right),$$

avec

$$R_n = \pi \sum_{k=n+1}^{+\infty} \frac{n!}{k!}.$$

Comme $n(n-1)$ est pair, on a alors :

$$\begin{aligned}\sin(\pi e n!) &= \sin(R_n + (n+1)\pi) \\ &= (-1)^{n+1} \sin(R_n).\end{aligned}$$

On encadre le reste $R_n$ :

$$\frac{\pi}{n+1} \leq R_n \leq \frac{\pi}{n+1}\left(\frac{1}{(n+1)^0} + \frac{1}{(n+1)^1} + \frac{1}{(n+1)^2} + \cdots\right)$$

soit :

$$\frac{\pi}{n+1} \leq R_n \leq \frac{\pi}{n+1}\frac{1}{1-1/(n+1)} = \frac{\pi}{n}.$$

Donc d'après le théorème des gendarmes,

$$R_n \underset{n\to+\infty}{\longrightarrow} 0 \text{ et } R_n \underset{n\to+\infty}{\sim} \frac{\pi}{n}.$$

La suite $(u_n)$ converge donc, vers $0$ et on a :

$$\boxed{u_n \underset{n\to+\infty}{\sim} (-1)^{n+1}\frac{\pi}{n}}.$$

## EXERCICE 2 Suites et séries

Soit $(u_n)_{n\in\mathbb{N}}$ une suite réelle à termes positifs telle que $\sum_{n\in\mathbb{N}} u_n$ converge.

**1.** Montrer que :

$$\lim_{n\to+\infty} \frac{1}{n^2}\sum_{k=1}^{n} k^2 u_k = 0 .$$

**2.** En déduire la limite de :

$$\sum_{k=1}^{n} \frac{1}{k^2 u_k}$$

quand $n$ tend vers l'infini.

### solution

**1.** On va utiliser une méthode de type Cesáro.
Fixons $\varepsilon > 0$.
On souhaite trouver un rang au-dessus duquel on aura :

$$0 \leq \frac{1}{n^2}\sum_{k=1}^{n} k^2 u_k \leq \varepsilon .$$

La convergence de la série de terme général $u_n$ permet d'écrire :

$$\exists N \in \mathbb{N} \,/\, \forall n \geq N \,, \sum_{k=1}^{+\infty} u_k \leq \frac{\varepsilon}{2} .$$

Donc, $\forall n \geq N$,

$$\begin{aligned}
\frac{1}{n^2}\sum_{k=1}^{n} k^2 u_k &= \frac{1}{n^2}\sum_{k=1}^{N-1} k^2 u_k + \frac{1}{n^2}\sum_{k=N}^{n} k^2 u_k \\
&= \frac{1}{n^2}\sum_{k=1}^{N-1} k^2 u_k + \sum_{k=N}^{n} \left(\frac{k^2}{n^2}\right) u_k \\
&\leq \frac{1}{n^2}\sum_{k=1}^{N-1} k^2 u_k + \sum_{k=N}^{n} u_k \\
&\leq \frac{1}{n^2}\sum_{k=1}^{N-1} k^2 u_k + \frac{\varepsilon}{2} .
\end{aligned}$$

Or, $N$ étant fixé, on a :

$$\lim_{n\to+\infty} \frac{1}{n^2}\sum_{k=1}^{N-1} k^2 u_k = 0 \ .$$

Donc $\exists N' \in \mathbb{N}$ (on peut le choisir supérieur à $N$) tel que :

$$\forall n \geq N' \ , \ \frac{1}{n^2}\sum_{k=1}^{N-1} k^2 u_k \leq \frac{\varepsilon}{2} \ .$$

On a ainsi

$$\forall n \geq N' \ , \ \frac{1}{n^2}\sum_{k=1}^{n} k^2 u_k \leq \varepsilon \ ,$$

d'où le résultat.

**2.** Remarquons l'égalité suivante :

$$\forall n \in \mathbb{N} \ , \ n^2 = \left(\sum_{k=1}^{n} 1\right)^2 = \left(\sum_{k=1}^{n} \frac{k\sqrt{u_k}}{k\sqrt{u_k}}\right)^2 \ .$$

Ainsi, d'après l'inégalité de Cauchy-Schwarz :

$$\forall n \in \mathbb{N} \ , \ n^2 \leq \left(\sum_{k=1}^{n} k^2 u_k\right)\left(\sum_{k=1}^{n} \frac{1}{k^2 u_k}\right)$$

d'où :

$$\left(\frac{1}{n^2}\sum_{k=1}^{n} k^2 u_k\right)^{-1} \leq \sum_{k=1}^{n} \frac{1}{k^2 u_k}$$

et finalement :

$$\boxed{\lim_{n\to+\infty} \sum_{k=1}^{n} \frac{1}{k^2 u_k} = +\infty} \ .$$

## EXERCICE 3 Une application du théorème spécial des séries alternées

Déterminer la nature de la série de terme général :

$$u_n = (-1)^n \frac{n + \ln n}{n^2 + 1}$$

où $n \geq 1$.

**solution**

La suite $(u_n)$ est de signe alterné et $|u_n| \sim 1/n$ donc $\sum u_n$ n'est pas absolument convergente.

Dans le but d'appliquer le théorème des séries alternées, posons $v_n = (-1)^n u_n$. La suite $v_n$ tend vers 0. Regardons :

$$\begin{aligned}\frac{v_{n+1}}{v_n} &= \frac{n+1+\ln(n+1)}{n+\ln n}\frac{n^2+1}{(n+1)^2+1} \\ &= \frac{1+1/n+\ln(n+1)/n}{1+\ln n/n}\frac{1+1/n^2}{1+2/n+2/n^2}.\end{aligned}$$

Il s'agit de montrer que $v_{n+1}/v_n \leq 1$ : pour cela il est nécessaire d'effectuer un développement asymptotique :

$$\begin{aligned}\frac{v_{n+1}}{v_n} &= \left(1+\frac{\ln n}{n}+\frac{1}{n}+\frac{\ln(1+1/n)}{n}\right)\left(1+\frac{1}{n^2}\right) \\ &\quad \times\left(1-\frac{\ln n}{n}+\left(\frac{\ln n}{n}\right)^2+o\left(\left(\frac{\ln n}{n}\right)^2\right)\right)\left(1-\frac{2}{n}+o\left(\frac{1}{n}\right)\right) \\ &= \left(1+\frac{1}{n}+o\left(\frac{1}{n}\right)\right)\left(1-\frac{2}{n}+o\left(\frac{1}{n}\right)\right) \\ &= 1-\frac{1}{n}+o\left(\frac{1}{n}\right).\end{aligned}$$

En particulier, pour $n$ assez grand, $v_{n+1}/v_n \leq 1$ . Ainsi, $\sum u_n$ vérifie les hypothèses du théorème des séries alternées à partir d'un certain rang : la série est convergente.

# 3

# Familles sommables

Le problème posé par la théorie des familles sommable est : quand et comment peut-on sommer une famille (infinie) de nombres complexes ? C'est une théorie différente de celle des séries : les indices des éléments de la famille ne sont pas ordonnés en général. Par conséquent, les termes d'une série absolument convergente forment une famille sommable alors que ce n'est pas le cas de ceux d'une série semi-convergente. Nous avons choisi de réserver une partie aux familles sommables pour mettre en valeur cette nouveauté du programme.

## QUESTION BRÈVE

Soit $I$ un ensemble et $(x_i)_{i\in I}$ une famille de nombres complexes indexée par $I$. On suppose que la famille $(x_i)$ est sommable. Montrer que $\{i \in I \ / \ x_i \neq 0\}$ est au plus dénombrable.

### *réponse*

Par définition, comme la famille $x_i$ est sommable, il existe un réel $M$ tel que toute somme des modules d'un nombre fini d'éléments de la famille soit inférieure à $M$. Soit $J_n = \{i \in I \ / \ |x_i| > 1/n\}$. L'ensemble $J_n$ ne contient pas plus de $M.n$ éléments ; en particulier il est fini. Comme $\{i \in I \ / \ x_i \neq 0\} = \bigcup\limits_n J_n$, cet ensemble est réunion dénombrable d'ensembles finis ; il est donc au plus dénombrable.

## EXERCICE Familles sommables

Soit $N$ une norme sur $\mathbb{R}^2$.

**1.** On considère l'ensemble des réels strictement positifs $\alpha$ tels que la famille :

$$\left(\frac{1}{N(z)^{\alpha}}\right)_{z\in\mathbb{Z}^2\setminus\{(0,0)\}}$$

soit sommable. Montrer que cet ensemble est indépendant de la norme $N$ de $\mathbb{R}^2$ choisie.

**2.** Déterminer cet ensemble.

**solution**

**1.** Soient $N_1$ et $N_2$ deux normes sur $\mathbb{R}^2$. Comme ces deux normes jouent des rôles symétriques, il suffit de prouver que si $\alpha > 0$ :

$$\sum_{z \in \mathbb{Z}^2 \setminus \{(0,0)\}} \frac{1}{N_1(z)^\alpha} \text{ converge} \Rightarrow \sum_{z \in \mathbb{Z}^2 \setminus \{(0,0)\}} \frac{1}{N_2(z)^\alpha} \text{ converge} .$$

Les normes de $\mathbb{R}^2$ étant équivalentes, il existe un réel strictement positif $k$ tel que :

$$\forall z \in \mathbb{R}^2 , \ N_1(z) \leq k N_2(z) .$$

Alors :

$$0 \leq \frac{1}{N_2(z)^\alpha} \leq \frac{k^\alpha}{N_1(z)^\alpha} .$$

Ainsi, s'il existe $M$ tel que toute somme d'une sous-famille finie de $1/N_1(z)^\alpha$ soit majorée par $M$, il en sera de même pour $1/N_1(z)^\alpha$ (avec $k^\alpha M$).

**2.** On a le choix de la norme, on prend la norme infinie $N_\infty$ car les points de coordonnées entières de ses sphères sont faciles à décrire (elles sont carrées !).

On pose alors, si $r$ est un réel positif :

$$B_r = \left\{ z \in \mathbb{Z}^2 \ / \ N_\infty(z) \leq r \right\}$$

et

$$S_r = \left\{ z \in \mathbb{Z}^2 \ / \ N_\infty(z) = r \right\} .$$

Alors :

$$\begin{aligned} \sum_{z \in B_n \setminus \{(0,0)\}} \frac{1}{N_\infty(z)^\alpha} &= \sum_{z \in S_n} \frac{1}{N_\infty(z)^\alpha} + \cdots + \sum_{z \in S_1} \frac{1}{N_\infty(z)^\alpha} \\ &= \frac{\operatorname{card}(S_n)}{n^\alpha} + \frac{\operatorname{card}(S_{n-1})}{(n-1)^\alpha} + \cdots + \operatorname{card}(S_1) , \end{aligned}$$

où $\operatorname{card}(S_i)$ est le cardinal de $S_i$.

Un élément de $B_n$ est un couple de deux entiers en valeur absolue inférieurs à $n$. Donc :

$$\operatorname{card}(B_n) = (2n+1)^2 .$$

Or :

$$S_n = B_n - B_{n-1} ,$$

donc :

$$\operatorname{card}(S_n) = (2n+1)^2 - (2n-1)^2 = 8n .$$

Ainsi,

$$\sum_{z \in B_n \setminus \{(0,0)\}} \frac{1}{N_\infty(z)^\alpha} = \sum_{k=1}^{n} \frac{8k}{k^\alpha} = 8 \sum_{k=1}^{n} k^{1-\alpha} . \tag{1}$$

Comme les $B_n \setminus \{(0,0)\}$ recouvrent, de manière croissante avec $n$, l'espace $\mathbb{Z}^2 \setminus \{(0,0)\}$ , la famille à termes positifs indexée par $\mathbb{Z}^2 \setminus \{(0,0)\}$ est sommable si et seulement si les sommes prises sur les $B_n \setminus \{(0,0)\}$ sont bornées. D'après $(1)$, c'est équivalent à avoir :

$$\boxed{\alpha > 2} .$$

# III FONCTIONS D'UNE VARIABLE

## 1

## Continuité et dérivabilité

La notion de fonction est omniprésente en mathématiques. La continuité est une propriété assez naturelle qui permet notament, grâce au théorème des valeurs intermédiaires, de trouver des solutions à des équations du type $f(x) = 0$. Les fonctions continues sont aussi celles qui ont un « bon comportement » par rapport à la notion de limite. Ces deux raisons parmi tant d'autres expliquent l'intérêt que les mathématiciens portent à la notion de continuité. La dérivabilité permet quant à elle, *via* le théorème des accroissements finis, d'étudier les variations des fonctions. Une application immédiate est l'obtention de résultats d'unicité pour les solutions de l'équation $f(x) = 0$. Remarquons que le théorème de Rolle peut lui aussi donner de tels résultats. Bien entendu, la résolution d'équation du type $f(x) = 0$ n'est pas le seul intérêt de la continuité et la dérivabilité : le sujet est vaste et les exercices où interviennent les fonctions sont innombrables.

### QUESTIONS BRÈVES

**1.** Démontrer l'inégalité arithmético-géométrique.

**2.** Montrer que si $x_1, x_2, ..., x_n$ sont des réels strictement positifs alors

$$\frac{x_1}{x_2} + \frac{x_2}{x_3} + \cdots + \frac{x_n}{x_1} \geq n\ .$$

**3.** Faire un développement limité à l'ordre 5 de $\ln(\cos x/\,(1-x))$ en 0 et à l'ordre 2 de $(1+x)^{1/x}$ en 0.

**4.** Une voiture parcourt 240 kilomètres en 2 heures. Montrer qu'il y a au moins un intervalle de temps d'une heure pendant lequel elle a parcouru exactement 120 kilomètres.

**5.** Montrer que si $f$ et $g$ sont lipschitziennes sur un compact $K$ alors le produit $fg$ est lipschitzien.

**6.** Montrer que $f$ définie par $f(0) = 0$ et $f(x) = \sin x/x$ pour $x \neq 0$ est de classe $C^1$ et lipschitzienne sur $\mathbb{R}$.

**7.** Soit $f$ une fonction dérivable sur $]a, b[$ telle que $f$ et $f'$ sont majorées sur $]a, b[$. Montrer que $f$ peut être prolongée par continuité en $a$.

## *réponses*

**1.** Soient $x_1, x_2, ..., x_n$ des réels strictement positifs. Le logarithme est concave sur $]0, +\infty[$ ce qui entraîne que :

$$\ln\left(\frac{x_1 + x_2 + \cdots + x_n}{n}\right) \geq \sum_{i=1}^{n} \frac{1}{n} \ln(x_i) = \ln\left(\prod_{i=1}^{n} x_i\right)^{1/n} .$$

Alors, par croissance de l'exponentielle, on a :

$$\frac{x_1 + x_2 + \cdots + x_n}{n} \geq \sqrt[n]{x_1 x_2 \cdots x_n} .$$

Cette inégalité s'appelle l'inégalité arithmético-géométrique.

**2.** On applique l'inégalité arithmético-géométrique aux réels strictement positifs $x_1/x_2, x_2/x_3, ..., x_n/x_1$ ce qui donne le résultat car le produit de ces $n$ réels vaut 1.

**3.** Pour le premier développement, on écrit

$$\ln\left(\frac{\cos x}{1-x}\right) = \ln(\cos x) - \ln(1-x) \ ;$$

on trouve

$$\ln\left(\frac{\cos x}{1-x}\right) = x + x^3/3 + x^4/6 + x^5/5 + o(x^5) .$$

Pour le second développement, on écrit

$$(1+x)^{1/x} = \exp\left(\ln(1+x)/x\right)$$

et on développe le logarithme à l'ordre 3. On obtient finalement

$$(1+x)^{1/x} = e - ex/2 + 11ex^2/24 + o(x^2) .$$

**4.** Soit $f(t)$ la distance parcourue au temps $t$. La fonction $f$ est continue et croissante sur $[0, 2]$. De plus, $f(0) = 0$ et $f(2) = 240$. La fonction $g(t) = f(t+1) - f(t)$ est continue positive sur $[0, 1]$ et représente la distance parcourue pendant 1 heure entre $t$ et $t+1$. De plus, $g(0) = f(1)$ et $g(1) = f(2) - f(1) = 240 - f(1)$. Il suit $g(0) + g(1) = 240$ et comme $g$ est une fonction positive, 120 est entre les valeurs $g(0)$ et $g(1)$. On applique alors le théorème des valeurs intermédiaires à la fonction $g$ sur $[0,1]$ : il existe $t_0 \in [0,1]$ tel que $g(t_0) = 120$. Cela signifie que la voiture a parcouru 120 kilomètres entre $t_0$ et $t_0 + 1$.

**5.** Si $f$ et $g$ sont continues sur $K$ compact, elles sont bornées sur $K$ (par $M_1$ et $M_2$ respectivement). Appelons $C_1$ la constante de Lipschitz de $f$ et $C_2$ celle de $g$.
On a :
$\forall x, y \in K$ ,

$$\begin{aligned} |f(x)g(x) - f(y)g(y)| &= |f(x)(g(x) - g(y)) + g(y)(f(x) - f(y))| \\ &\leq |f(x)| \cdot |g(x) - g(y)| + |g(y)| \cdot |f(x) - f(y)| \\ &\leq (M_1C_2 + M_2C_1)|x - y|. \end{aligned}$$

Ceci prouve que $f \cdot g$ est une fonction $C$-lipschitzienne sur $K$ avec $C = M_1C_2 + M_2C_1$.

**6.** Pour montrer que $f$ est $C^1$, on raisonne exactement comme dans la question 4. de l'exercice intitulé *Un calcul d'intégrale trigonométrique avec les séries de Fourier*. On voit ensuite que la dérivée $f'$ de $f$, qui vaut 0 en 0 et $f'(x) = (x\cos x - \sin x)/x^2$ est bornée par une certaine constante $M$ sur $\mathbb{R}$ ($f'$ est continue sur le compact $[-1,1]$ donc bornée et d'autre part, $|f'(x)| \leq 2$ sur $\mathbb{R}\backslash[-1,1]$ donc $f'$ est bornée sur $\mathbb{R}$). On conclut alors par l'inégalité des accroissements finis : $f$ est $M$- lipschitzienne sur $\mathbb{R}$. Notons en passant, que toute fonction de classe $C^1$ sur un compact $K$ est lipschitzienne sur ce compact.

**7.** Par hypothèses, $\forall x \in ]a,b[$ , $f(x) \leq M_1$ et $f'(x) \leq M_2$ pour $M_1$ et $M_2$ deux constantes positives. Posons $g(x) = f(x) - M_2\,x$. La fonction $g$ est majorée par $M_1 + M_2 \max(|a|, |b|)$ sur $]a,b[$ et est décroissante sur $]a,b[$ (car dérivable de dérivée $f'(x) - M_2 \leq 0$) donc $g$ admet une limite en $a$ qu'on note $g(a)$. Et donc $f$ est prolongeable par continuité en $a$ en posant $f(a) = g(a) + M_2$.

## EXERCICE 1 Continuité d'une fonction

On définit $f : \mathbb{R}_+ \to \mathbb{R}$ par :
— si $x \notin \mathbb{Q}$ alors

$$f(x) = \frac{x}{x+1} ;$$

— si $x \in \mathbb{Q}$ , $x = p/q$ avec $(p,q) \in \mathbb{N}^2$ et $\operatorname{pgcd}(p,q) = 1$ alors :

$$f(x) = \frac{p}{p+q+1} .$$

Étudier la continuité de $f$ sur $\mathbb{R}_+$ .

**solution**

Vu la définition de $f$, on est obligé de revenir à l'une des premières caractérisation de la continuité : $f$ est continue en un point $x_0$ si et seulement si, pour toute suite $(x_n)_{n>0}$ qui tend vers $x_0$,

$$f(x_n) \underset{n\to+\infty}{\to} f(x_0) .$$

On fixe un point $x_0$ et on regarde successivement le comportement de $f(x_n)$ pour des suites d'irrationnels qui tendent vers $x_0$ et des suites de rationnels qui tendent vers $x_0$.

1$^{er}$ cas : $x_0 = 0$. Alors :

— si $(x_n)_{n>0}$ est une suite d'irrationnels positifs tendant vers $0$,

$$|f(x_n)| = \left|\frac{x_n}{x_n+1}\right| \leq |x_n| \underset{n\to+\infty}{\to} 0 ;$$

— si $(x_n)_{n>0} = (p_n/q_n)_{n>0}$ est une suite de rationnels positifs tendant vers $0$,

$$|f(x_n)| = \left|\frac{p_n}{p_n+q_n+1}\right| = \left|\frac{p_n/q_n}{p_n/q_n+1+1/q_n}\right| \leq |p_n/q_n| \underset{n\to+\infty}{\to} 0 .$$

Cela suffit à prouver que pour toute suite $(x_n)_{n>0}$ positive tendant vers $0$, $f(x_n)$ tend vers $0 = f(0)$ et donc que $f$ est continue en $0$.

2$^e$ cas : $x_0 = p_0/q_0 \in \mathbb{Q}$, avec $p_0 \neq 0$.

Alors, si $(x_n)_{n>0}$ est une suite d'irrationnels tendant vers $x_0$, on pose $x_n = p_0/q_0 + \varepsilon_n$ où $\forall n \in \mathbb{N}$, $\varepsilon_n \notin \mathbb{Q}$ et $\lim\limits_{n\to+\infty} \varepsilon_n = 0$.

On a :

$$\begin{aligned}|f(x_n) - f(x_0)| &= \left|\frac{p_0/q_0+\varepsilon_n}{p_0/q_0+\varepsilon_n+1} - \frac{p_0}{p_0+q_0+1}\right| \\ &= \left|\frac{p_0+q_0\varepsilon_n+q_0^2\varepsilon_n}{(p_0+q_0\varepsilon_n+q_0)(p_0+q_0+1)}\right| ,\end{aligned}$$

donc :

$$|f(x_n) - f(x_0)| \underset{n\to+\infty}{\to} \frac{p_0}{(p_0+q_0)(p_0+q_0+1)} \neq 0 ,$$

c'est-à-dire que $f$ n'est pas continue en $x_0 = p_0/q_0$.

3$^e$ cas : $x_0$ est irrationnel. Alors :

— si $(x_n)_{n>0}$ est une suite d'irrationnels qui tend vers $x_0$, clairement $f(x_n) = x_n/(x_n+1)$ tend vers $f(x_0) = x_0/(x_0+1)$ ;

— soit $(x_n)_{n>0} = (p_n/q_n)_{n>0}$ une suite de rationnels qui tend vers $x_0$.

Avant de poursuivre, on a besoin de démontrer le résultat intermédiaire suivant : si $(p_n/q_n)_{n>0}$ tend vers $x_0$ irrationnel, alors $q_n \underset{n\to+\infty}{\to} +\infty$ (ce qui signifie que « pour approcher un irrationnel par des rationnels, on a besoin de rationnels compliqués, à gros dénominateurs ››). En effet, soit $M \in \mathbb{N}$ quelconque. Alors,

$$\forall \varepsilon > 0 \ , \ A_\varepsilon = \{p/q \in \mathbb{Q} \ / \ q \leq M \text{ et } |p/q - x_0| < \varepsilon\}$$

est de cardinal fini (car $p$ et $q$ ne peuvent prendre qu'on nombre fini de valeurs si $(p,q) \in \mathbb{N}^2$ et $\mathrm{pgcd}\,(p,q) = 1)$ . Soit :

$$\mu = \min_{p/q \in A_\varepsilon} |p/q - x_0| \ .$$

$\mu > 0$ car d'une part $A_\varepsilon$ est de cardinal fini et d'autre part $x_0 \notin \mathbb{Q}$. La suite $(p_n/q_n)_{n>0}$ tendant vers $x_0$ ,

$$\exists N > 0 \ / \ \forall n \geq N \ , \ |p_n/q_n - x_0| < \mu$$

et donc $q_n \geq M$ pour $n \geq M$ ce qui prouve que $q_n \to +\infty$ quand $n \to +\infty$ .
On peut alors conclure aisément ce cas :

$$\begin{aligned}
\left| f\left(\frac{p_n}{q_n}\right) - f(x_0) \right| &= \left| \frac{p_n}{p_n + q_n + 1} - \frac{x_0}{x_0 + 1} \right| \\
&= \frac{|p_n/q_n - x_0 - x_0/q_n|}{(x_0 + 1)(p_n/q_n + 1 + 1/q_n)} \\
&\leq \left| \frac{p_n}{q_n} - x_0 \right| + \frac{x_0}{q_n} \underset{n \to +\infty}{\longrightarrow} 0
\end{aligned}$$

car $(p_n/q_n)_{n>0} \underset{n \to +\infty}{\longrightarrow} x_0$ et $q_n \underset{n \to +\infty}{\longrightarrow} +\infty$ d'après le résultat ci-dessus.
En résumé, $f$ est continue en $0$ et en tous les points irrationnels, mais n'est continue en aucun point rationnel autre que $0$ (ce qui est difficile à imaginer !).

➡*Question subsidiaire :* On s'intéresse maintenant à la dérivabilité de $f$ . Montrer que $f$ est dérivable en $0$ mais n'est pas dérivable au point irrationnel $e$ .

➡*Réponse :* Pour étudier la dérivabilité en $0$ , on écrit :

$$\frac{f(x) - f(0)}{x - 0} = \begin{cases} \dfrac{1}{x+1} \underset{x \to 0}{\longrightarrow} 1 & \text{si } x \notin \mathbb{Q} \,; \\[2ex] \dfrac{1}{p/q + 1 + 1/q} \underset{p/q \to 0}{\longrightarrow} 1 & \text{si } x \in \mathbb{Q} \,, x = p/q \,, \end{cases}$$

donc $f$ est dérivable en $0$ et :

$$\boxed{f'(0) = 1} \ .$$

Pour montrer que $f$ n'est pas dérivable en $e$, on va exhiber une suite de rationnels

$(p_n/q_n)_{n>0}$ telle que $p_n/q_n \underset{n\to+\infty}{\longrightarrow} e$ et

$$\frac{f(p_n/q_n) - f(e)}{p_n/q_n - e}$$

ne converge pas, lorsque $n \to +\infty$, vers $1/(1+e)^2$ qui est la seule valeur possible de la dérivée en $e$.
Un simple calcul donne :

$$\frac{f(p_n/q_n) - f(e)}{p_n/q_n - e} = \frac{1 - e/(p_n - eq_n)}{(e+1)(p_n/q_n + 1 + 1/q_n)} .$$

Le dénominateur tend bien vers $(e+1)^2$ mais si l'on prend :

$$\frac{p_n}{q_n} = \sum_{k=0}^{n} \frac{1}{k!}$$

(qui est le début du développement en série de $e$), on a :

$$p_n - eq_n = -\sum_{k=n+1}^{+\infty} \frac{q_n}{k!}$$

et :

$$p_n - eq_n \underset{n\to+\infty}{\longrightarrow} 0$$

car $q_n \leq n!$ et donc :

$$\frac{e}{p_n - eq_n} \underset{n\to+\infty}{\longrightarrow} +\infty$$

ce qui prouve que le dénominateur diverge.

## EXERCICE 2 Zéros d'une fonction

Soit :

$$f_n(x) = \sum_{i=0}^{n} \lambda_i e^{a_i x} ,$$

avec $(\lambda_0, ..., \lambda_n) \in (\mathbb{R}^*)^{n+1}$ et $(a_0, ..., a_n) \in \mathbb{R}^{n+1}$.
Montrer que $f_n$ admet au plus $n$ zéros réels.

**solution**

Nous allons effectuer une démonstration par récurrence sur $n$ :
— si $n = 0$ alors le résultat est immédiat, car la fonction exponentielle ne s'annule pas sur $\mathbb{R}$ ;
— supposons la propriété vraie au rang $n-1$. Pour en déduire que la propriété est vraie au rang $n$, construisons à partir de $f_n$ une nouvelle fonction, avec un terme de moins (c'est-à-dire de type $f_{n-1}$) et dont les zéros sont reliés à ceux de $f_n$.
Tout d'abord, comme la fonction exponentielle ne s'annule pas, la fonction :

$$g_n(x) = e^{-a_n x} f_n(x) = \lambda_n + \sum_{i=0}^{n-1} \lambda_i e^{(a_i - a_n)x}$$

a les mêmes zéros que $f_n$.
Pour faire disparaître $\lambda_n$ et se ramener à une fonction de type $f_{n-1}$, dérivons $g_n(x)$ :

$$g_n'(x) = \sum_{i=0}^{n-1} (a_i - a_n) \lambda_i e^{(a_i - a_n)x} .$$

D'après l'hypothèse de récurrence, $g_n'$ a au plus $n-1$ zéros, et, d'après le théorème de Rolle, entre deux zéros de $g_n$ il y a au moins un zéro pour $g_n'$. Donc $g_n$ s'annule au plus $n$ fois.

## EXERCICE 3 Points d'inflexions de fonctions de classe $C^2$ sur $\mathbb{R}$

Soit $f : \mathbb{R} \to \mathbb{R}$ une fonction de classe $C^2$ bornée.
Montrer que :
**1.** $f''$ s'annule sur $\mathbb{R}$.
**2.** Si $\{x \in \mathbb{R} \ / \ f''(x) = 0\}$ est un ensemble borné alors $\lim_{x \to +\infty} f'(x) = 0$.

**solution**

**1.** Si $f''$ ne s'annule pas sur $\mathbb{R}$, $f''$ garde nécessairement un signe constant (ceci d'après le théorème des valeurs intermédiaires, car $f$ est continue). On suppose par exemple que :

$$\forall x \in \mathbb{R} , \ f''(x) > 0 .$$

Alors $f'$ est strictement croissante sur $\mathbb{R}$, en particulier elle est non identiquement nulle : il existe alors $x_0 \in \mathbb{R}$ tel que $f'(x_0) \neq 0$.

Alors :
— soit $f'(x_0) > 0$ d'où $f'(x) > f'(x_0) > 0$ , $\forall x > x_0$ ;
— soit $f'(x_0) < 0$ d'où $f'(x) < f'(x_0) < 0$ , $\forall x < x_0$ .
(On a tout simplement dit que dans un voisinage de $+\infty$ ou $-\infty$ , $f'$ restait suffisamment loin de $0$.)
Les deux cas ci-dessus se traitent de la même façon : considérons par exemple le second cas. On intègre :

$$\forall x < x_0 \, , \quad \int_x^{x_0} f'(t)\, dt < \left( \int_x^{x_0} dt \right) f'(x_0)$$

(attention à l'ordre des bornes d'intégration !).
D'où :

$$f(x_0) - f(x) < (x_0 - x) f'(x_0) \ ,$$

or :

$$\lim_{x \to -\infty} (x_0 - x) f'(x_0) = -\infty$$

donc $f$ n'est pas bornée, ce qui contredit l'énoncé. D'où le résultat.

➧*Remarque :* L'examinateur demandera certainement de commenter ce résultat : en effet, si une fonction de classe $C^2$ a une dérivée seconde qui garde un signe constant, alors cette fonction est soit strictement convexe (si $f'' > 0$), soit strictement concave (si $f'' < 0$). Le résultat dit simplement qu'une fonction strictement convexe ou strictement concave n'est pas bornée sur $\mathbb{R}$.
Ce résultat est il vrai sur un intervalle quelconque ?
Non, il suffit de considérer le contre-exemple suivant de la fonction :

$$\begin{array}{rccc} f: & [1, +\infty[ & \to & \mathbb{R} \\ & x & \mapsto & \dfrac{1}{x} \, . \end{array}$$

**2.** En invoquant à nouveau le théorème des valeurs intermédiaires, si

$$\{x \in \mathbb{R} \ / \ f''(x) = 0\}$$

est borné, alors $f''$ garde un signe constant au voisinage de $\pm\infty$ . On étudie par exemple le cas où $f''$ reste strictement négative au voisinage de $+\infty$ ; plus précisément :

$$\exists A > 0 \ / \ x \geq A \Rightarrow f''(x) < 0 \ .$$

Alors $f''$ est strictement décroissante sur $[A, +\infty[$ . Raisonnons par l'absurde : si $f'$ ne tend pas vers $0$ en $+\infty$ , alors on a deux cas :
1er cas. — $f'$ est bornée sur $[A, +\infty[$ . Alors $f'$ a une limite en $+\infty$ (en tant que fonction décroissante minorée) qu'on note $\ell$ ; $\ell \neq 0$ par hypothèse, donc $\varepsilon = |\ell| / 2$ est strictement

positif ; puis :

$$\exists B \geq A \,/\, \forall x \geq B \;,\; \ell - \varepsilon \leq f'(x) \leq \ell + \varepsilon \;.$$

En intégrant entre $B$ et $x$ :

$$(\ell - \varepsilon)(x - B) \leq f(x) - f(B) \leq (\ell + \varepsilon)(x - B)$$

donc $f$ n'est pas bornée, ce qui est à nouveau contradictoire.

➡*Remarque :* Il faut bien comprendre pourquoi on n'a pas forcément de contradiction si $\ell = 0$.

$2^{nd}$ cas. — $f'(x) \to -\infty$ quand $x \to +\infty$ ; par un raisonnement analogue au $1^{er}$ cas, on voit qu'alors $f(x) \to -\infty$ quand $x \to +\infty$ , ce qui est également contradictoire.
Finalement, on a nécessairement :

$$\lim_{x \to +\infty} f'(x) = 0 \;.$$

## EXERCICE 4 Fonctions semi-convexes

Soit $f : \mathbb{R} \to \mathbb{R}$. On dira que $f$ est semi-convexe si :

$$\forall (x,y) \in \mathbb{R}^2 \ , \ f\left(\frac{x+y}{2}\right) \leq \frac{f(x)+f(y)}{2} \ .$$

**1.** Soit $(P_n)$ la propriété :

$$\forall (x_1,...,x_n) \in \mathbb{R}^n \ , \ f\left(\frac{x_1+\cdots+x_n}{n}\right) \leq \frac{1}{n}\left[f(x_1)+\cdots+f(x_n)\right] \ .$$

Montrer que :

— si $(P_{n+1})$ est vraie alors $(P_n)$ l'est aussi ;

— si $(P_n)$ est vraie alors $(P_{2n})$ l'est aussi.

Conclure.

**2.** En déduire que si $(\alpha_1 \, , ..., \alpha_n) \in \mathbb{Q}_+^n$ avec $\sum_{i=1}^{n} \alpha_i = 1$ et si $(x_1 \, , ..., x_n) \in \mathbb{R}^n$ alors

$$f\left(\sum_{i=1}^{n} \alpha_i x_i\right) \leq \sum_{i=1}^{n} \alpha_i f(x_i) \ .$$

**3.** Que se passe-t-il si $f$ est continue ?

### solution

**1.** Pour montrer que $(P_{n+1}) \Rightarrow (P_n)$, il suffit de remarquer que :

$$\begin{aligned} f\left(\frac{x_1+\cdots+x_n}{n}\right) &= f\left(\frac{x_1+\cdots+x_n}{n+1} + (x_1+\cdots+x_n)\left(\frac{1}{n} - \frac{1}{n+1}\right)\right) \\ &= f\left(\frac{x_1+\cdots+x_n+(x_1+\cdots+x_n)/n}{n+1}\right) \\ &\leq \frac{1}{n+1}\left[f(x_1)+\cdots+f(x_n)+f\left(\frac{x_1+\cdots+x_n}{n}\right)\right] \ , \end{aligned}$$

cette dernière inégalité étant obtenue en invoquant la propriété $(P_{n+1})$.
En définitive :

$$f\left(\frac{x_1+\cdots+x_n}{n}\right) \leq \frac{1}{n}\left[f(x_1)+\cdots+f(x_n)\right] \ ,$$

d'où le résultat.

Montrons que $(P_n) \Rightarrow (P_{2n})$ :

$$\begin{aligned} f\left(\frac{1}{2n}\left(\sum_{i=1}^{2n} x_i\right)\right) &= f\left(\frac{(x_1+x_2)/2+\cdots+(x_{2n-1}+x_{2n})/2}{n}\right) \\ &\leq \frac{1}{n}\left[f\left(\frac{(x_1+x_2)}{2}\right)+\cdots+f\left(\frac{(x_{2n-1}+x_{2n})}{2}\right)\right] \end{aligned}$$

d'après $(P_n)$ , donc

$$f\left(\frac{1}{2n}\left(\sum_{i=1}^{2n} x_i\right)\right) \leq \frac{1}{2n}\left[f(x_1)+f(x_2)+\cdots+f(x_{2n})\right]$$

car $f$ est semi-convexe.

Il s'agit en fait d'une récurrence bien particulière. On peut cependant conclure par une récurrence classique :

— $(P_1)$ et $(P_2)$ sont vraies ;

— Supposons $(P_k)$ vraie pour $k \leq n$ et montrons que $(P_{n+1})$ est vraie pour $n \geq 2$ :

— 1$^{er}$ cas : $n+1$ est pair ; or $(n+1)/2 \leq n$, donc :

$$\left(P_{(n+1)/2}\right) \text{ vraie} \Rightarrow (P_{n+1}) \text{ vraie,}$$

— 2$^{e}$ cas : $n+2$ est pair ; or $(n+2)/2 \leq n$, donc :

$$\begin{aligned} \left(P_{(n+2)/2}\right) \text{ vraie} &\Rightarrow (P_{n+2}) \text{ vraie} \\ &\Rightarrow (P_{n+1}) \text{ vraie.} \end{aligned}$$

Ainsi, $\forall n \in \mathbb{N}$ $(P_n)$ est vérifiée.

**2.** Les $\alpha_i$ s'écrivent $\alpha_i = u_i/d$, $d$ étant un dénominateur commun des $\alpha_i$ .

On a donc :

$$\sum_{i=1}^{n} u_i = d\ ,$$

et :

$$\begin{aligned} f\left(\sum_{i=1}^{n} \frac{u_i}{d} x_i\right) &= f\left(\frac{1}{d}\left[\underbrace{(x_1+\cdots+x_1)}_{u_1\ fois}+\cdots+\underbrace{(x_n+\cdots+x_n)}_{u_n\ fois}\right]\right) \\ &\leq \frac{1}{d}\left[\underbrace{f(x_1)+\cdots+f(x_1)}_{u_1\ fois}+\cdots+\underbrace{f(x_n)+\cdots+f(x_n)}_{u_n\ fois}\right] \\ &\leq \sum_{i=1}^{n} \alpha_i f(x_i)\ . \end{aligned}$$

**3.** Si $f$ est continue, alors elle sera convexe.
En effet, soit $t \in [0,1]$. Comme $\mathbb{Q}$ est dense dans $\mathbb{R}$, il existe une suite $(q_n)_{n\geq 0}$ de nombres rationnels telle que $\lim\limits_{n\to+\infty} q_n \to t$, et d'autre part, $x$ et $y$ étant fixés :

$$\forall n \in \mathbb{N}\ ,\ f\left(q_n x + (1-q_n)\, y\right) \leq q_n f(x) + (1-q_n)\, f(y)\ .$$

Donc par passage à la limite, et par continuité de $f$ :

$$f\left(tx + (1-t)\, y\right) \leq t f(x) + (1-t)\, f(y)\ ,$$

ceci, pour tout couple de réels $(x, y)$ : $f$ est donc convexe.

➡*Remarques :*

$(i)$ On aurait pu se passer des deux premières questions en utilisant directement la densité des dyadiques (l'ensemble $\left\{p/2^k\ /\ k \geq 0 \text{ et } p \in \mathbb{Z}\right\}$).
$(ii)$ Il est très difficile de trouver une fonction semi-convexe qui ne soit pas convexe.

## EXERCICE 5 Lemme de Weierstrass et applications

**1.** Soit $F$ un fermé non vide et $f\ :\ F\ \to \mathbb{R}$ une fonction continue. Soient $E_\alpha = \{x \in F\ /\ f(x) \leq \alpha\}$ les ensembles de niveau de $F$. On suppose que $E_\alpha$ est borné pour tout $\alpha \in \mathbb{R}$. Montrer que $f$ a un minimum global sur $F$.
**2.** Soit $f\ :\ \mathbb{R} \to \mathbb{R}$ une fonction dérivable et bornée inférieurement. Soit $\varepsilon > 0$. Montrer qu'il existe $x_0 \in \mathbb{R}$ tel que $|f'(x_0)| < \varepsilon$ (on pourra chercher

$$\lim_{h\to 0} \frac{f\left(\bar{x} - f'(\bar{x})\, h\right) - f(\bar{x})}{h}$$

où $\bar{x}$ est le minimum de $g(x) = f(x) + \varepsilon\,|x|$ ; pourquoi ce minimum existe-t-il ?).

**solution**

La solution à cette question comporte deux étapes :
$1^{ère}$ étape. — Les $E_\alpha$ sont compacts. En effet, les compacts de $\mathbb{R}$ sont les fermés bornés, il suffit de vérifier que $E_\alpha$ est est fermé. Il y a deux façons de le voir :
— directement en montrant qu'une suite d'éléments de $E_\alpha$ qui converge, converge dans $E_\alpha$ (c'est la définition d'un fermé à connaître) : si $x_n \to x$ et $x_n \in E_\alpha$ alors $\forall n\ ,\ f(x_n) \leq \alpha$ et par continuité de $f$, à la limite, $f(x) \leq \alpha$ et donc $x \in E_\alpha$ ;
— ou en remarquant que :

$$E_\alpha = \{x \in F\ /\ f(x) \leq \alpha\} = f^{-1}\left(]-\infty, \alpha]\right)$$

est fermé en tant qu'image réciproque du fermé $]-\infty, \alpha]$ par une fonction continue (c'est

une caractérisation un peu plus subtile des ensembles fermés).
$2^{nde}$ étape. — Soit $v = \inf_{x\in F} f(x)$ et $x_0 \in F$.
$v \leq f(x_0)$ par définition de $v$ et donc si le minimum de $f$ est atteint, il l'est dans $E_{f(x_0)}$. Or $f$ est continue sur le compact $E_{f(x_0)}$ donc $y$ est borné et atteint ses bornes, d'où la preuve du Lemme de Weierstrass.

➡*Remarques :*
$(i)$ On a ramené la recherche d'un minimum d'une fonction sur $\mathbb{R}$ à un sous-ensemble compact. Cette démarche est très classique.
$(ii)$ Trouver des contre-exemples au résultat si $E_\alpha$ est non borné ou bien si $f$ est non continue.
$(iii)$ Il peut être instructif de démontrer la $2^{nde}$ étape en considérant une suite minimisante ($(x_n)_n$ telle que $f(x_n) \to v$) et en utilisant le théorème de Bolzano-Weierstrass.

**2.** Soit $\varepsilon > 0$ ; posons $g(x) = f(x) + \varepsilon|x|$ ; cette fonction est définie sur $\mathbb{R}$ qui est un fermé, elle est continue et les $E_\alpha$ associés à $g$ sont bornés (car $g(x) \geq A + \varepsilon|x| \to +\infty$ quand $|x| \to +\infty$, où $A \in \mathbb{R}$ est la borne inférieure de $f$). Donc il existe $\bar{x} \in \mathbb{R}$, minimum global de $g$ d'après la question précédente.
On va montrer que $|f'(\bar{x})| \leq \varepsilon$. Supposons par l'absurde que $|f'(\bar{x})| > \varepsilon$. Puisque $f$ est dérivable en $\bar{x}$, on a :

$$\frac{f(\bar{x} - hf'(\bar{x})) - f(\bar{x})}{h} \underset{h\to 0}{\to} -(f'(\bar{x}))^2 < -\varepsilon|f'(\bar{x})| .$$

Donc pour $h$ assez petit et strictement positif (disons $0 < h < \alpha$), on a :

$$\begin{aligned} -h\varepsilon|f'(\bar{x})| &> f(\bar{x} - hf'(\bar{x})) - f(\bar{x}) \\ &= g(\bar{x} - hf'(\bar{x})) - g(\bar{x}) + \varepsilon(|\bar{x}| - |\bar{x} - hf'(\bar{x})|) \\ &\geq \varepsilon(|\bar{x}| - |\bar{x} - hf'(\bar{x})|) \end{aligned}$$

car $\forall y \in \mathbb{R}$, $g(y) \geq g(\bar{x})$ (par définition de $\bar{x}$).
Or :

$$|\bar{x} - hf'(\bar{x})| \leq |\bar{x}| + |hf'(\bar{x})|$$

donc :

$$-h\varepsilon|f'(\bar{x})| > -\varepsilon h|f'(\bar{x})|$$

ce qui est absurde.

➡*Remarque :* Noter qu'on a montré ici un résultat général mais pas du tout trivial : si une fonction dérivable est minorée sur $\mathbb{R}$, alors il existe des points où la dérivée est aussi petite que l'on veut !

# 2

# Suites et séries de fonctions

Les suites et les séries de fonctions sont utilisées pour les mêmes raisons que les suites et les séries de nombres, typiquement pour approcher des fonctions que l'on connaît mal ou qui ne sont pas assez régulières. Elles ont aussi permis de définir de nouvelles fonctions comme une fonction continue partout mais nulle part dérivable (!). Alors que la notion de limite ne pose pas de problème dans le cas des nombres, elle en pose ici : comment définir la notion de limite de fonctions ? La réponse dépend fortement du type de propriétés que l'on veut conserver à la limite. Il est indispensable de connaître et de bien maîtriser les trois types de convergence abordés par le programme. L'élève doit être capable de faire la distinction entre convergence simple, convergence uniforme et convergence normale. La connaissance de ces concepts se révèlera décisive dans de nombreux problèmes d'analyse.

## QUESTIONS BRÈVES

**1.** Trouver une suite de fonctions $f_n : [0,1] \to \mathbb{R}$ continues telles que $(f_n)$ converge simplement vers une fonction $f$ bornée mais $\sup_{[0,1]} f_n \to +\infty$ quand $n \to +\infty$.

**2.** Trouver une suite de fonctions continues $(f_n)_{n\in\mathbb{N}}$ qui converge simplement vers une fonction discontinue $f$.

**3.** Étudier la suite de fonctions de terme général $f_n : [0,1] \to \mathbb{R}$,

$$f_n(x) = nx^n(1-x)\ .$$

**4.** Étudier la suite de fonctions de terme général $f_n : \mathbb{R}_+ \to \mathbb{R}$,

$$f_n(x) = \frac{ne^{-x} + x^2}{n+x}\ .$$

**5.** Étudier la série de fonctions $\sum f_n$ de terme général $f_n : \mathbb{R}_+ \to \mathbb{R}$,

$$f_n(x) = \frac{nx}{1+n^4x^2}\ .$$

**réponses**

**1.** Pour $n \geq 2$, on prend $f_n$ affine par morceaux sur $[0,1]$ (Cf. figure) telle que $f_n(0) = 0$, $f_n(1/n) = n$, $f_n(2/n) = 0$ et $f_n$ est nulle sur $[2/n, 1]$. Alors $(f_n)$ converge simplement vers 0 sur $[0,1]$ mais $\sup\limits_{[0,1]} f_n = n \to +\infty$ quand $n \to +\infty$.

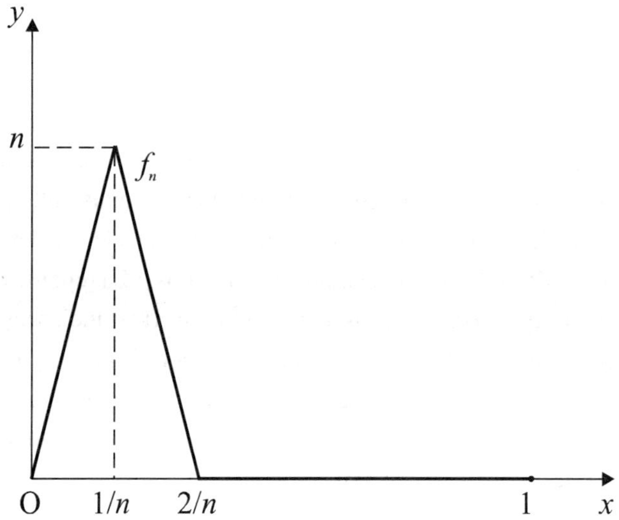


**2.** On prend par exemple $f_n(x) = x^n$ pour $x \in [0,1]$ : $f_n$ est continue sur $[0,1]$ et converge simplement vers une fonction $f$ telle que $f = 0$ sur $[0,1[$ et $f(1) = 1$ qui est discontinue. Cet exercice a pour seul but d'attirer encore une fois l'attention sur le fait que si l'on a pas de convergence uniforme, la limite d'une suite de fonctions continues n'est pas toujours continue.

**3.** La suite $(f_n)$ converge simplement vers 0 sur $[0,1]$. Y a-t-il convergence uniforme ? Une condition nécessaire et suffisante est que $\sup\limits_{x\in[0,1]} |f_n(x)| \to 0$ quand $n \to +\infty$. Calculons ce suprémum qui est atteint puisque $f_n$ est continue sur le compact $[0,1]$. De plus, $f_n(0) = f_n(1) = 0$ donc ce suprémum est atteint sur $]0,1[$. Comme $f_n$ est dérivable sur $]0,1[$, il est atteint en un point où $f'_n$ s'annule. Or

$$f'_n(x) = 0 \Leftrightarrow x = \frac{n}{n+1}.$$

D'où :

$$\begin{aligned} \sup_{x\in[0,1]} |f_n(x)| &= \left| f_n\left(\frac{n}{n+1}\right)\right| \\ &= n\left(\frac{n}{n+1}\right)^n \left(1 - \frac{n}{n+1}\right) \to 1/e \neq 0 \end{aligned}$$

donc il n'y a pas convergence uniforme sur $[0,1]$. On voit que le problème vient du point 1. On se restreint donc aux intervalles $[0, 1 - \epsilon]$ où $0 < \epsilon \leq 1$. Pour $n$ assez grand,

$$\sup_{x \in [0,1-\epsilon]} |f_n(x)| = n\epsilon^n(1 - \epsilon) \to 0$$

quand $n \to +\infty$ et donc on a convergence uniforme sur tout $[0, 1 - \epsilon]$.

**4.** La suite $(f_n)$ converge simplement vers $e^{-x}$ sur $\mathbb{R}_+$. Il n'y a pas convergence uniforme sur $\mathbb{R}_+$ car $f_n(n)$ par exemple tend vers $+\infty$ quand $n \to +\infty$. En revanche sur tout intervalle $[0, A]$ avec $A > 0$,

$$|f_n(x) - e^{-x}| = \left| \frac{x^2 - xe^{-x}}{n + x} \right| \leq \frac{A^2 + A}{n} \to 0 \text{ quand } n \to +\infty$$

donc $(f_n)$ converge uniformément vers $e^{-x}$ sur tous ces intervalles.

**5.** La série de fonctions converge simplement sur $\mathbb{R}_+$ car le terme général $f_n(x)$ pour $x$ fixé non nul dans $\mathbb{R}_+$ est le terme général d'une série numérique à termes positifs convergente (car équivalent à $1/(x^2n^3)$). Une étude facile montre que le maximum de $f_n$ sur $\mathbb{R}_+$ est atteint en $1/n^2$ et $f_n(1/n^2) = 1/(2n)$ et comme la série $\sum 1/(2n)$ est divergente, on n'a pas de convergence normale sur $\mathbb{R}_+$. A-t-on convergence uniforme sur $\mathbb{R}_+$?

$$R_N(x) = \sum_{n=N+1}^{+\infty} f_n(x) \geq \sum_{n=N+1}^{2N} f_n(x) \geq N.\frac{Nx}{1 + (2N)^4x^2}$$

d'où $R_N(1/N^2) \geq 1/17$ et donc la série ne converge pas uniformément sur $\mathbb{R}_+$. Le problème s'est à chaque fois posé en 0 donc on regarde ce qu'il en est sur des intervalles $[\epsilon, +\infty]$ avec $\epsilon > 0$. Sur un tel intervalle, $f_n(x) \leq 1/(n^3\epsilon)$ et la série $\sum 1/(n^3\epsilon)$ converge donc il y a convergence normale (et donc convergence uniforme). Ceci termine l'étude. On a regardé la convergence uniforme après la convergence normale car elle est en générale un peu plus difficile à traiter.

## EXERCICE 1 Étude d'une suite de fonctions

Étudier la convergence simple et uniforme de la suite de fonctions de $\mathbb{R}$ dans $\mathbb{R}$, définie par :

$$\forall n \in \mathbb{N} \text{ , } g_n(x) = \cos\left(\frac{x}{2}\right) \cos\left(\frac{x}{4}\right) \times \cdots \times \cos\left(\frac{x}{2^n}\right) \text{ .}$$

**solution**

Commençons par simplifier l'expression de $g_n(x)$ en remarquant que :

$$\forall x \in \mathbb{R}\setminus\{2\pi k/k \in \mathbb{Z}\}\ ,\ \cos\left(\frac{x}{2}\right) = \frac{1}{2}\frac{\sin x}{\sin(x/2)}\ ,$$

alors $\forall n \in \mathbb{N}$ et $\forall x \in \mathbb{R}\setminus\{2\pi k/k \in \mathbb{Z}\}$,

$$g_n(x) = \frac{\sin x}{2\sin(x/2)}\frac{\sin(x/2)}{2\sin(x/4)} \times \cdots \times \frac{\sin(x/2^{n-1})}{\sin(x/2^n)} = \frac{\sin x}{2^n \sin(x/2^n)}\ .$$

Par ailleurs, $\forall n \in \mathbb{N}\ ,\ \forall x \in \{2^n \pi k/k \in \mathbb{Z}\}$,

$$g_n(x) = (-1)^k\ .$$

La fonction

$$x \mapsto \frac{\sin x}{2^n \sin(x/2^n)}$$

est définie et continue sur $\mathbb{R}\setminus\{2^n\pi k/k \in \mathbb{Z}\}$ , par ailleurs elle coïncide avec $g_n$ sur $\mathbb{R}\setminus\{2\pi k/k \in \mathbb{Z}\}$ . Donc comme $g_n$ est continue sur $\mathbb{R}$ et on a :

$$\forall n \in \mathbb{N}\ ,\ \forall x \in \{2^n\pi k/k \in \mathbb{Z}\}\ ,\ g_n(x) = \frac{\sin x}{2^n \sin(x/2^n)}\ .$$

Donc si $x \neq 0$,

$$\exists N \in \mathbb{N} \,/\, \forall n \geq N\ ,\ x \notin \{2^n\pi k/k \in \mathbb{Z}\}\ .$$

D'où :

$$\forall n \geq N\ ,\ g_n(x) = \frac{\sin x}{x\left(\sin(x/2^n)\,/\,(x/2^n)\right)} \underset{n\to+\infty}{\longrightarrow} \frac{\sin x}{x}\ ,$$

car :

$$\lim_{y\to 0}\frac{\sin y}{y} = 1\ .$$

Si $x = 0$ alors :

$$g_n(0) = 1 \ \text{ donc } \lim_{n\to+\infty} g_n(0) = 1\ .$$

Par conséquent, la suite de fonctions $(g_n(x))_{n\in\mathbb{N}}$ converge simplement sur $\mathbb{R}$ vers :

$$g(x) = \begin{cases} \sin x/x & \text{si } x \neq 0 \\ 1 & \text{si } x = 0\ . \end{cases}$$

Étudions maintenant la convergence uniforme.
On remarque que si $x = 2^n\pi$ , où $n \in \mathbb{N}$, alors $g_n(x) = -1$ mais $g(x) = 0$ : il ne peut donc y avoir convergence uniforme sur $\mathbb{R}$.

Montrons, qu'en revanche, il y a convergence uniforme sur tout intervalle borné de $\mathbb{R}$.
Soit $a \in \mathbb{R}$. Soit alors $N$ tel que $2^N\pi > a$ .
On a $\forall n \geq N$ , $\forall x \in [-a, a]$ ,

$$\begin{aligned} |g_n(x) - g(x)| &= \left|\sin x \left(\frac{1}{2^n \sin(x/2^n)} - \frac{1}{x}\right)\right| \\ &= \left|\frac{\sin x}{2^n}\right| \left|\frac{1}{\sin(x/2^n)} - \frac{1}{x/2^n}\right| . \end{aligned}$$

Étudions la fonction :

$$\begin{array}{rccc} f: & ]-\pi,\pi[ & \to & \mathbb{R} \\ & t & \mapsto & \dfrac{1}{\sin t} - \dfrac{1}{t} . \end{array}$$

$f$ n'est pas définie en $0$ , mais on peut la prolonger par continuité. Pour cela, faisons un développement limité en $0$ :

$$\frac{\sin t}{t} = 1 - \frac{t^2}{6} + o\left(t^2\right) ,$$

donc :

$$\begin{aligned} f(t) &= \frac{1}{t}\left(\frac{1}{1 - t^2/6 + o(t^2)} - 1\right) \\ &= \frac{1}{t}\left(1 + t^2/6 + o\left(t^2\right) - 1\right) \\ &= \frac{t}{6} + o(t) , \end{aligned}$$

donc :

$$\lim_{t \to 0} f(t) = 0 ,$$

et on pose alors $f(0) = 0$ .
$f$ est continue sur $[-\pi/2, \pi/2]$ , donc $\exists A \in \mathbb{R}_+^*$ tel que :

$$\forall t \in \left[-\frac{\pi}{2}, \frac{\pi}{2}\right] , |f(t)| \leq A .$$

Or, pour $n$ assez grand,

$$\left|\frac{x}{2^n}\right| \leq \left|\frac{a}{2^n}\right| \leq \frac{\pi}{2}$$

donc :

$$\left|\frac{\sin x}{2^n}\right| \left|f\left(\frac{x}{2^n}\right)\right| \leq \frac{A}{2^n} ,$$

avec :

$$\frac{A}{2^n} \underset{n \to +\infty}{\to} 0 .$$

Ceci permet de conclure que la suite de fonctions converge uniformément sur tout intervalle $[-a, a]$ où $a$ est un réel positif quelconque. Le résultat s'étend sans difficulté sur tout intervalle borné de $\mathbb{R}$.

## EXERCICE 2 Étude d'une série de fonctions

Soit

$$f_n(x) = \frac{1}{(1+n^2x^2)}$$

définie sur $\mathbb{R}$.

**1.** Étudier la série de terme général $f_n(x)$ (ensemble de définition, continuité et dérivabilité).

**2.** Équivalents en $+\infty$ et en $0$.

### solution

**1.** Les fonctions $f_n$ sont $C^\infty$ sur $\mathbb{R}$ et strictement positives.

Étude de la convergence simple :

— si $x = 0$ alors $f_n(0) = 1$ donc $\sum f_n(x)$ diverge ;

— si $x \neq 0$ alors

$$f_n(x) \underset{n\to+\infty}{\sim} \frac{1}{n^2x^2}$$

et $\sum (1/n^2x^2)$ converge.

Finalement $f(x) = \sum f_n(x)$ est définie sur $\mathbb{R}^*$ et par parité on se restreint à $\mathbb{R}_+^*$.

Étude de la convergence normale et uniforme :

— on ne peut pas espérer de convergence normale ou uniforme sur $]0, +\infty[$ car par exemple $f_n(1/n) = 1/2$ et donc $\sum f_n(1/n)$ diverge ;

— en revanche, on a convergence normale et donc uniforme sur tout intervalle $[a, +\infty[$ où $a > 0$ est fixé. En effet :

$$\forall x \geq a\ ,\ \frac{1}{1+n^2x^2} \leq \frac{1}{n^2x^2} \leq \frac{1}{a^2n^2} \quad \text{et} \quad \sum \frac{1}{a^2n^2} \text{ converge.}$$

Étude de la classe de $f$ :

— les $f_n$ sont continues et $\sum f_n(x)$ converge uniformément sur tout $[a, +\infty[$, $a > 0$ donc $f$ est continue sur $[a, +\infty[$, $\forall a > 0$. Donc $f$ est continue sur $]0, +\infty[$ ;

— $f$ sera dérivable sur $\mathbb{R}_+^*$ car la série des dérivées, de terme général :

$$f_n'(x) = \frac{-2n^2x}{(1+n^2x^2)^2}$$

converge normalement sur tout $[a, +\infty[$ où $a > 0$. Par une récurrence immédiate, on voit que $f$ sera même de classe $C^\infty$.

**2.** Étude en $+\infty$ :

Comme on a convergence normale et que $\lim\limits_{x \to +\infty} f_n(x)$ existe et vaut $0$ pour tout $n$, on va pouvoir appliquer le théorème d'interversion des limites que l'on rappelle ci-dessous.

➡*Théorème :* Si $\sum u_n(x)$ est une série de fonctions convergeant uniformément sur $[a, b[$ et si $\lim\limits_{x \to b\,,\, x<b} u_n(x)$ existe pour tout $n$ alors on a :

$$\lim_{x \to b} \left( \sum u_n(x) \right) = \sum \lim_{x \to b} u_n(x) \ .$$

D'où

$$\lim_{x \to +\infty} f(x) = \sum_{n=1}^{+\infty} \lim_{n \to +\infty} f_n(x) = 0 \ .$$

Pour l'équivalent, on peut remarquer que :

$$\frac{x^2}{(1 + n^2x^2)} \underset{x \to +\infty}{\longrightarrow} \frac{1}{n^2}$$

et que :

$$\sum \frac{1}{n^2} = \frac{\pi^2}{6} \ ,$$

donc $x^2 f(x) \underset{x \to +\infty}{\longrightarrow} \pi^2/6$ (on applique le théorème d'interversion à la fonction $g(x) = \sum g_n(x)$, $g_n(x) = x^2/(1 + x^2n^2)$, qui converge normalement sur $[a, +\infty[$, $a > 0$ ; l'étude est semblable à celle du 1., on pourra même montrer que l'on a convergence normale sur $\mathbb{R}$ tout entier). Finalement :

$$f(x) \underset{x \to +\infty}{\sim} \frac{\pi^2}{6x^2} \ .$$

Étude en $0^+$ :

L'étude en $0$ est plus délicate. La méthode générale qui consiste à chercher un équivalent du terme de la série ne donne rien. L'idée est de comparer la série avec une intégrale (qu'on espère savoir calculer). On a :

$$\int_n^{n+1} \frac{dt}{1 + (tx)^2} \leq \frac{1}{1 + n^2x^2} \leq \int_{n-1}^{n} \frac{dt}{1 + (tx)^2} \quad \text{pour } n \geq 1 \ .$$

Cette comparaison série-intégrale qui est classique utilise le fait que la fonction $t \mapsto 1/\left(1+t^2x^2\right)$ est décroissante sur $\mathbb{R}$. En sommant :

$$\int_1^{N+1} \frac{dt}{1+(tx)^2} \leq \sum_{n=1}^{N} \frac{1}{1+n^2x^2} \leq \int_0^N \frac{dt}{1+(tx)^2} .$$

Ces deux intégrales sont aisément calculables et on obtient :

$$\frac{1}{x}\left(\arctan\left(x\left(N+1\right)\right) - \arctan\left(x\right)\right) \leq \sum_{n=1}^{N} \frac{1}{1+n^2x^2} \leq \frac{1}{x}\arctan\left(xN\right) .$$

On peut faire tendre $N \to +\infty$ et on multiplie par $x$ :

$$\frac{\pi}{2} - \arctan\left(x\right) \leq xf\left(x\right) \leq \frac{\pi}{2}$$

et donc :

$$f\left(x\right) \underset{x\to 0^+}{\sim} \frac{\pi}{2x} .$$

➡*Remarque :* On a ici une illustration du fait qu'il faut bien une convergence uniforme pour appliquer le théorème d'interversion des limites :

$$xf\left(x\right) = \sum_{n=1}^{+\infty} g_n\left(x\right) \ , \ g_n\left(x\right) = \frac{x}{1+n^2x^2} \ \text{ et } \ g_n\left(x\right) \underset{x\to 0^+}{\longrightarrow} 0$$

mais $xf\left(x\right)$ ne converge pas vers 0 quand $x \to 0^+$.

## EXERCICE 3 Transformation d'Abel et applications

On cherche un résultat général de convergence pour les séries de fonctions de la forme $\sum\limits_{n\geq 1} u_n(x)$ où $u_n(x) = a_n v_n(x)$ avec :

— $(a_n)_{n\in\mathbb{N}^*}$ suite strictement positive, décroissante et de limite nulle ;

— pour tout $n \in\mathbb{N}$, $v_n$ est une application de $I$ dans $\mathbb{R}$ (où $I$ est un intervalle de $\mathbb{R}$) et les sommes partielles $V_N(x) = \sum\limits_{n=1}^{N} v_n(x)$ , sont majorées :

$$\exists M > 0 \;/\; \forall N \in \mathbb{N}^* ,\ \forall x \in I ,\ |V_N(x)| < M .$$

**1.** Montrer que $\forall (p,q) \in\mathbb{N}^2$ tels que $2 \leq p \leq q$ ,

$$\sum_{n=p}^{q} u_n(x) = \sum_{n=p}^{q-1} (a_n - a_{n+1}) V_n(x) + a_q V_q(x) - a_p V_{p-1}(x) .$$

En déduire que $\sum u_n(x)$ converge uniformément sur $I$.

**2.** Application : on prend $a_n = 1/\sqrt{n}$ et $v_n(x) = \sin(nx)$ . Calculer $\sum\limits_{n=1}^{N} \sin(nx)$ et montrer que $\sum u_n(x)$ converge simplement sur $[0,\pi]$ et uniformément sur tout intervalle de la forme $[\varepsilon,\pi]$ avec $0 < \varepsilon \leq \pi$ .

### solution

**1.** La formule demandée est appelée transformation d'Abel : on transforme une « tranche » de Cauchy en une somme de termes que l'on va pouvoir facilement majorer à l'aide des hypothèses. La seule astuce consiste à noter que $v_n(x) = V_n(x) - V_{n-1}(x)$ pour tout $n \geq 2$ , donc pour $q \geq p \geq 2$ :

$$\sum_{n=p}^{q} u_n(x) = \sum_{n=p}^{q} a_n (V_n(x) - V_{n-1}(x))$$

et par un changement d'indice,

$$\sum_{n=p}^{q} a_n V_{n-1} = \sum_{n=p-1}^{q-1} a_{n+1} V_n(x) .$$

On obtient alors la formule souhaitée:

$$\sum_{n=p}^{q} u_n(x) = \sum_{n=p}^{q-1} (a_n - a_{n+1}) V_n(x) + a_q V_q(x) - a_p V_{p-1}(x) .$$

Puis :

$$\left|\sum_{n=p}^{q} u_n(x)\right| \leq \sum_{n=p}^{q-1} |a_n - a_{n+1}| \, |V_n(x)| + |a_q| \, |V_q(x)| + |a_p| \, |V_{p-1}(x)| \ .$$

On utilise alors les hypothèses :
— $\forall n \in \mathbb{N}^* \ , \ a_n > 0$ ;
— $(a_n)_{n \in \mathbb{N}}$ est décroissante donc $|a_n - a_{n+1}| = a_n - a_{n+1}$ ;
— $\forall N \in \mathbb{N}^* \ , \ \forall x \in I \ , \ |V_N(x)| \leq M$ ,
pour obtenir :

$$\forall x \in I \ , \ \left|\sum_{n=p}^{q} a_n v_n(x)\right| \leq M \left(\sum_{n=p}^{q-1} (a_n - a_{n-1}) + a_q + a_p\right) \ .$$

La somme restante ayant l'heureuse propriété d'être télescopique, on obtient :

$$\forall x \in I \ , \ \left|\sum_{n=p}^{q} a_n v_n(x)\right| \leq 2 a_p M \ .$$

L'hypothèse $a_n \to 0$ lorsque $n \to +\infty$ nous permet d'appliquer le critère de Cauchy uniforme :

$$\forall \varepsilon > 0 \ , \ \exists N > 0 \ / \ \forall p, q \geq N \ , \ \forall x \in I \ , \ \left|\sum_{n=p}^{q} u_n(x)\right| \leq \varepsilon \ ,$$

(il suffit de prendre $N$ tel que $2 a_N M \leq \varepsilon$) qui prouve que $\sum u_n(x)$ converge uniformément sur $I$.

**2.** $a_n = 1/\sqrt{n}$ est strictement positive, décroissante et de limite nulle.
En général, le plus difficile, pour appliquer le résultat d'Abel, est de majorer les sommes partielles $V_N$ . Ici, cette majoration passe par le calcul effectif de $\sum_{n=1}^{N} \sin(nx)$ . Ce calcul est à connaître parfaitement ! Les rapports de concours déplorent que trop peu d'élèves le fassent correctement. Le plus simple est de commencer par calculer $\sum_{n=1}^{N} e^{inx}$ (c'est une somme de termes d'une suite géométrique), puis de prendre la partie imaginaire.
Tout d'abord, le premier piège consiste à oublier de distinguer le calcul pour $x \in 2\pi\mathbb{Z}$ qui donne $N$ et le calcul pour $x \notin 2\pi\mathbb{Z}$ qu'on développe ci-dessous :

$$\sum_{n=1}^{N} e^{inx} = e^{ix} \frac{e^{iNx} - 1}{e^{ix} - 1} \ .$$

Le second piège est de développer au lieu de mettre en facteur les « demi-arguments » :

$$\sum_{n=1}^{N} e^{inx} = e^{ix}\frac{e^{iNx/2}\left(e^{iNx/2}-e^{-iNx/2}\right)}{e^{ix/2}\left(e^{ix/2}-e^{-ix/2}\right)} = e^{i(N+1)x/2}\frac{\sin(Nx/2)}{\sin(x/2)}\ .$$

D'où :

$$\sum_{n=1}^{N}\sin(nx) = \begin{cases} N & \text{si } x\in 2\pi\mathbb{Z}\ ;\\[2mm] \dfrac{\sin((N+1)x/2)\sin(Nx/2)}{\sin(x/2)} & \text{si } x\notin 2\pi\mathbb{Z}\ . \end{cases}$$

On constate alors qu'on ne peut obtenir de majoration uniforme de $V_N(x)$ que sur $[\varepsilon,\pi]$ :

$$\forall x\in[\varepsilon,\pi]\ ,\ \forall n\in\mathbb{N}\ ,\ |V_N(x)| = \left|\frac{\sin((N+1)x/2)\sin(Nx/2)}{\sin(x/2)}\right| \leq \frac{1}{\sin(\varepsilon/2)}\ .$$

D'après la question précédente, on a donc convergence uniforme de $\sum u_n(x)$ sur tout intervalle de la forme $[\varepsilon,\pi]$ où $0<\varepsilon\leq\pi$. Ceci entraîne la convergence simple sur $]0,\pi]$ et comme pour $x=0$, la série $\sum u_n(0)$ converge, on a convergence simple sur $[0,\pi]$.

➡ *Remarque :* Les lecteurs courageux peuvent prolonger l'exercice par :

— pour $m$ fixé, montrer que $\sum_n \sin(mx)\,u_n(x)$ converge uniformément sur $[0,\pi]$ (en ajoutant le facteur $\sin(mx)$, on peut obtenir une majoration uniforme des sommes partielles de la série de terme général $\tilde{v}_n(x)=\sin(mx)\,v_n(x)$) ;

— en déduire que $\int_0^\pi \sin(mx)\,u(x)\,dx = \pi/\left(2\sqrt{m}\right)$ où $u(x)=\sum u_n(x)$ (on justifiera et inversera les signes intégral et somme).

# IV INTÉGRATION

## 1

## Généralités

L'intégration est une théorie importante des mathématiques. Dans le cas d'une fonction positive continue par morceaux, la valeur de l'intégrale correspond à l'aire de la surface comprise entre le graphe et l'axe des abscisses. La théorie de Riemann permet, par le biais des fonctions en escalier, d'étendre ce concept à de nombreuses autres fonctions. En outre, ce siècle a vu naître l'intégrale de Lebesgue qui, en traitant une grande classe de fonctions, nous permet de travailler dans de très bons espaces fonctionnels. Cette théorie est aujourd'hui abordée dans le programme au travers des théorèmes de convergence monotone et de convergence dominée qui fournissent de puissants outils d'étude. L'élève de taupe doit pour sa part être capable de mener à bien des calculs de primitives, des intégrations par parties, etc. Il doit aussi être capable d'appliquer à bon escient les théorèmes mis à sa disposition.

### QUESTIONS BRÈVES

**1.** Trouver une primitive des fonctions suivantes :

$$f(x) = x^2 \ln x \ ; \ g(x) = \frac{x^4+2}{x^3-x^2-x+1} \ ; \ h(x) = \frac{\sin(2t)+\cos(t)}{\sqrt{1+\cos^2 t}} \ .$$

**2.** Soit

$$U_n = \frac{1}{\sqrt{n}} + \frac{1}{\sqrt{2n}} + \cdots + \frac{1}{\sqrt{n.n}} \ .$$

Montrer que $U_n$ converge et calculer sa limite.

**3.** Soit $I$ un intervalle de $\mathbb{R}$ et $f$ une fonction continue et positive sur $I$ telle que $\int_I f = 0$. Montrer que $f$ est nulle.

**4.** Soit $f$ une fonction continue à valeurs réelles sur $[0,1]$ telle que

$$\int_0^1 f(t)t^n dt = 0$$

pour tout $n \in \mathbb{N}$. Montrer que $f$ est nulle.

## *réponses*

**1.** Par une intégration par parties dans laquelle on dérive $\ln$ et on intègre $x^2$, on obtient comme primitive de $f$ la fonction :

$$F(x) = \frac{x^3}{3}\left(\ln x - \frac{1}{3}\right) .$$

En ce qui concerne $g$, il faut décomposer la fraction rationnelle en éléments simples (sans oublier d'effectuer la division euclidienne du numérateur par le dénominateur). On obtient :

$$g(x) = x + 1 + \frac{3}{4(x+1)} + \frac{5x+1}{4(x-1)^2} .$$

Donc une primitive de $g$ est :

$$G(x) = \frac{x^2}{2} + x + \frac{3}{4}\ln|x+1| + \frac{5}{4}\ln|x-1| - \frac{3}{2(x-1)} .$$

Quant à $h$, elle se simplifie par les formules trigonométriques ; on obtient :

$$h(x) = \frac{2\cos t \sin t}{\sqrt{1+\cos^2 t}} + \frac{\cos t}{\sqrt{2-\sin^2 t}} .$$

Sachant que $\arcsin(u)$ est une primitive de $1/\sqrt{1-u^2}$, les changements de variables $u = \cos t$ et $v = \sin t/\sqrt{2}$ nous donnent :

$$H(x) = -2\sqrt{1+\cos^2 t} + \arcsin\left(\frac{\sin t}{\sqrt{2}}\right) .$$

**2.** Remarquons que

$$U_n = \frac{1}{n}\sum_{k=1}^{n} \frac{1}{\sqrt{k/n}} .$$

Comme la fonction $f(t) = 1/\sqrt{t}$ n'est pas continue sur $[0,1]$, on ne peut pas appliquer le théorème sur les sommes de Riemann. Cependant, la monotonie de $f$ assure que pour tout $1 \leq k \leq n$, on a :

$$\int_{k/n}^{(k+1)/n} f(t)dt \leq \frac{1}{n} \cdot \frac{1}{\sqrt{kn}} \leq \int_{(k+1)/n}^{k/n} f(t)dt .$$

En sommant ces inégalités puis en passant à la limite on obtient que $U_n$ tend vers $\int_0^1 f(t)dt = 2$.

**3.** Si ce n'était pas le cas, on aurait $f(x) > 0$ pour un certain $x$ et donc par continuité de $f$, dans un certain $[x-\mu, x+\mu]$, on aurait alors $f(y) > f(x)/2$ et l'intégrale serait supérieure à $f(x)\cdot\mu$ car $f$ est positive. On aboutit donc à une contradiction.

**4.** L'hypothèse entraîne que pour tout polynôme $P$, on a $\int_0^1 f(t)P(t)dt = 0$. Par le théorème de Stone-Weierstrass, il existe une suite de polynômes $(P_n)_{n\in\mathbb{N}}$ qui converge uniformément vers $f$ et en écrivant l'égalité ci-dessus avec $P_n$ puis en passant à la limite on obtient que $\int_0^1 f(t)^2dt = 0$. On conclut alors avec la question précédente.

## EXERCICE 1 Calcul de l'intégrale de Gauss avec les intégrales de Wallis

On pose :

$$I = \int_0^{+\infty} e^{-x^2} dx \ , \ W_n = \int_0^{\pi/2} \sin^n x \, dx \ ,$$

$$I_n = \int_0^1 \left(1-x^2\right)^n dx \ \text{ et } \ J_n = \int_0^{+\infty} \frac{1}{\left(1+x^2\right)^n} dx \, .$$

**1.** Exprimer $I_n$ (si $n \geq 0$) et $J_n$ (si $n \geq 1$) en fonction de $W_n$.

**2.** Montrer que :

$$\forall x \in [0,1] \ , \ 1-x^2 \leq e^{-x^2} \ ,$$

puis que :

$$\forall x \in [0,+\infty[ \ , \ e^{-x^2} \leq \frac{1}{1+x^2} \ .$$

En déduire un encadrement de $I$.

**3.** Déterminer la valeur de $I$.

### solution

**1.** À l'aide du changement de variable $x = \cos u$, on a :

$$\begin{aligned} I_n &= \int_0^1 \left(1-x^2\right)^n dx = \int_0^{\pi/2} \left(1-\cos^2 u\right)^n \sin u \, du \\ &= \int_0^{\pi/2} \sin^{2n+1} x \, dx \ , \end{aligned}$$

donc :

$$\boxed{I_n = W_{2n+1}}\ .$$

Avec un deuxième changement de variable $x = \tan u$ on obtient :

$$\begin{aligned} J_n &= \int_0^{+\infty} \frac{dx}{(1+x^2)^n} = \int_0^{\pi/2} \frac{du}{(1+\tan^2 u)^{n-1}} \\ &= \int_0^{\pi/2} \left(\cos^2 u\right)^{n-1} du \end{aligned}$$

soit :

$$\boxed{J_n = W_{2n-2}}\ .$$

**2.** Soit $f(x) = e^{-x^2} - 1 + x^2$ sur $[0,1]$ .
Alors

$$\forall x \in [0,1]\ ,\ f'(x) = -2xe^{-x^2} + 2x = 2x\left(1 - e^{-x^2}\right) \geq 0\,.$$

Ainsi $f$ est croissante sur $[0,1]$ et $f(0) = 0$, donc :

$$\forall x \in [0,1]\ ,\ f(x) \geq 0$$

c'est-à-dire :

$$\forall x \in [0,1]\ ,\ 1 - x^2 \leq e^{-x^2}\ .$$

La deuxième inégalité est beaucoup plus simple, en effet :

$$\forall x \in [0,+\infty[\ ,\ e^{x^2} \geq 1 + x^2$$

donc :

$$\forall x \in [0,+\infty[\ ,\ e^{-x^2} \leq \frac{1}{1+x^2}\ .$$

Pour encadrer $I$ , on peut d'une part écrire :

$$\forall n \geq 1\ ,\ \forall x \in [0,1]\ ,\ \left(1 - x^2\right)^n \leq e^{-nx^2}$$

car la fonction $x \mapsto x^n$ est croissante sur $\mathbb{R}_+$ ,
donc :

$$\int_0^1 \left(1 - x^2\right)^n dx \leq \int_0^1 e^{-nx^2} dx \leq \int_0^{+\infty} e^{-nx^2} dx\ .$$

D'autre part :

$$\forall n \geq 1\ ,\ \forall x \in [0,+\infty[\ ,\ e^{-nx^2} \leq \frac{1}{(1+x^2)^n}$$

donc :

$$\int_0^{+\infty} e^{-nx^2} dx \leq \int_0^{+\infty} \frac{1}{(1+x^2)^n} dx \,.$$

Enfin, à l'aide du changement de variable $u = \sqrt{n}\, x$, on obtient :

$$\int_0^{+\infty} e^{-nx^2} dx = \int_0^{+\infty} e^{-u^2} \frac{du}{\sqrt{n}} = \frac{I}{\sqrt{n}} \,.$$

Avec la question précédente, on en déduit que :

$$\boxed{\forall n \geq 1 \,,\; \sqrt{n}\, W_{2n+1} \leq I \leq \sqrt{n}\, W_{2n-2}} \,.$$

**3.** On est donc ramené au calcul de $\lim\limits_{n \to +\infty} W_n$. On reconnaît l'exercice classique sur l'intégrale de Wallis :

— à l'aide de l'encadrement :

$$\forall x \in [0, \pi/2] \,,\; 0 \leq \sin x \leq 1$$

$$\Rightarrow \forall x \in [0, \pi/2] \,,\; 0 \leq \sin^{n+1} x \leq \sin^n x \,,$$

on obtient que la suite $(W_n)_n$ est positive et décroissante, donc elle converge et sa limite est nulle puisque :

$$W_{2n+1} \leq \frac{I}{\sqrt{n}} \underset{n \to +\infty}{\longrightarrow} 0 \,;$$

— on cherche alors une relation de récurrence sur $W_n$ :

$$W_{n+1} = \int_0^{\pi/2} \sin^{n+1} x \, dx = \int_0^{\pi/2} \sin^n x \sin x \, dx \,.$$

L'intégration par parties avec

$$\begin{cases} u(x) = \sin^n x \,,\; v(x) = -\cos x \\ u'(x) = n \sin^{n-1} x \cos x \text{ et } v'(x) = \sin x \,, \end{cases}$$

donne :

$$\begin{aligned} W_{n+1} &= \left[ -\sin^n x \cos x \right]_0^{\pi/2} + \int_0^{\pi/2} n \sin^{n-1} x \cos^2 x \, dx \\ &= n \int_0^{\pi/2} \sin^{n-1} x \left(1 - \sin^2 x\right) dx \\ &= nW_{n-1} - nW_{n+1} \,. \end{aligned}$$

On en déduit alors :

$$(n+1)\,W_{n+1} = nW_{n-1}\ ,$$

et

$$(n+1)\,W_{n+1}W_n = nW_nW_{n-1}\ .$$

La suite $((n+1)\,W_nW_{n-1})_n$ est donc une suite constante égale à $W_1W_0 = \pi/2$ . D'où :

$$\forall n \geq 1\ ,\ W_{n+1}W_n = \frac{\pi}{2\,(n+1)}\ .$$

Comme on l'a vu plus haut,

$$\frac{W_{n+1}}{W_{n-1}} = \frac{n}{n+1}\ ;$$

donc :

$$W_{n+1} \underset{+\infty}{\sim} W_{n-1}\ .$$

D'autre part $(W_n)_n$ est une suite décroissante, donc :

$$W_{n+1} \leq W_n \leq W_{n-1}$$

$$\Rightarrow\ \frac{W_n}{W_{n+1}} \underset{n\to+\infty}{\longrightarrow} 1.$$

Ainsi :

$$W_{n+1} \underset{+\infty}{\sim} W_n\ ,$$

et par conséquent :

$$W_n \underset{+\infty}{\sim} \sqrt{\frac{\pi}{2n}}\ .$$

En définitive, chacun des termes de l'encadrement tend vers $\sqrt{\pi/2}$, donc d'après le théorème des gendarmes :

$$\boxed{\int_0^{+\infty} e^{-x^2}dx = \sqrt{\frac{\pi}{2}}}\ .$$

## EXERCICE 2 Problème d'infimum

Soit $E$ l'espace vectoriel des fonctions de classe $C^1$ de $[0,1]$ dans $\mathbb{R}$.
Pour tout élément $f$ de $E$, posons :

$$I(f) = \int_0^1 (f'(t) + f(t))^2 \, dt \text{ et } J(f) = \int_0^1 \left(f'(t) e^{-t}\right)^2 dt .$$

Le but de l'exercice est de calculer :

$$m = \inf \{I(f) \ / \ f \in E, \ f(0) = 0 \text{ et } f(1) = 1\} .$$

**1.** Montrer que les ensembles :

$$F = \{I(f) \ / \ f \in E, \ f(0) = 0 \text{ et } f(1) = 1\}$$

et :

$$G = \{J(g) \ / \ g \in E, \ g(0) = 0 \text{ et } g(1) = e\}$$

sont identiques.
**2.** Montrer que $m \geq 2/(1 - e^{-2})$ .
**3.** Calculer $m$.

### solution

**1.** Montrons que $F \subset G$.
Soit $f \in E$ telle que $f(0) = 0$ et $f(1) = 1$. Alors $I(f) \in F$.
On pose $g(t) = e^t f(t)$ , alors :

$$g'(t) = e^t (f'(t) + f(t)) ,$$

donc :

$$I(f) = J(g) .$$

De plus, $g(0) = 1$ et $g(1) = e$, d'où $I(f) \in G$.
Pour montrer que réciproquement $G \subset F$ , la démonstration est identique à la précédente, en partant de $g$ et en posant $f(t) = e^{-t} g(t)$ .

➡ *Remarque :* Pour étudier $f' + f$, nous avons considéré une fonction auxiliaire $g$ telle que $f(t) = e^{-t} g(t)$ . L'idée est de comparer $f$ à $e^{-t}$, qui est la solution de l'equation différentielle $y' + y = 0$ . Cette méthode permet de résoudre entre autres des inéquations différentielles (Cf. exercice intitulé *Comportement asymptotique de* $f + f'$).

**2.** La question précédente suggère d'utiliser des intégrales de type $J$ : on souhaite alors trouver une minoration de $J(g)$ connaissant $g(0)$ et $g(1)$ .
En appliquant l'inégalité de Cauchy-Schwarz, pour deux fonctions $u$ et $v$ de $E$, on obtient :

$$\left|\int_0^1 u(t)\,v(t)\,dt\right| \leq \int_0^1 |u(t)\,v(t)|\,dt \leq \sqrt{\int_0^1 (u(t))^2\,dt}\sqrt{\int_0^1 (v(t))^2\,dt}\,.$$

Dans le cas où $u(t) = e^{-t}g'(t)$ et $v(t) = e^t$ , (ce choix précis pour $u$ et $v$ est guidé par la nécessité de faire apparaître $J(g)$), on a :

$$\left|\int_0^1 g'(t)\,dt\right| \leq \sqrt{J(g)}\sqrt{\int_0^1 (e^t)^2\,dt}\,. \tag{1}$$

En particulier, si $g \in G$ alors :

$$J(g) \geq e^2\frac{2}{e^2-1} = \frac{2}{1-e^{-2}}\,.$$

Comme $m$ est aussi l'infinimum de $G$ , ceci montre que :

$$\boxed{m \geq \frac{2}{1-e^{-2}}}\,.$$

**3.** Pour prouver que $m = 2/\left(1-e^{-2}\right)$ , il suffit de trouver une fonction $g \in F$ telle que $g(0) = 0$ et $g(1) = e$ , qui réalise l'égalité dans la formule $(1)$ . Or l'inégalité de Cauchy-Schwarz est une égalité si et seulement si les deux fonctions sont proportionnelles. On prend donc :

$$g'(t) = \lambda e^{2t}\,.$$

Donc, en intégrant :

$$g(t) = \frac{\lambda}{2}e^{2t} + \mu\,. \tag{2}$$

On prend :

$$\lambda = \frac{e}{e^2-2} \text{ et } \mu = \frac{-2e}{e^2-2}\,,$$

pour que $g$ appartienne à $G$.
On a donc pu trouver une fonction de $G$ qui réalise l'égalité, en conclusion :

$$\boxed{m = \frac{2}{1-e^{-2}}}\,.$$

## EXERCICE 3 Un calcul d'intégrale utilisant le théorème de Fubini

Calculer :

$$I = \int_0^{\pi} \ln\left(\frac{b - \cos t}{a - \cos t}\right) dt$$

avec $1 < a < b$.

**solution**

On ne voit pas du tout comment calculer cette intégrale par changement de variable, intégration par parties ou développement en série...

L'astuce (et le titre devait y faire penser) consiste à remarquer que :

$$\ln\left(\frac{b - \cos t}{a - \cos t}\right) = [\ln(u - \cos t)]_a^b = \int_a^b \frac{du}{u - \cos t} ;$$

et donc :

$$I = \int_0^{\pi} \left(\int_a^b \frac{1}{u - \cos t} du\right) dt .$$

Rappelons le théorème de Fubini.

➡ *Théorème :* Soit $f : [a, b] \times [\alpha, \beta] \to \mathbb{C}$ une fonction continue. Alors :

$$\int_a^b \left(\int_\alpha^\beta f(x, y)\, dy\right) dx = \int_\alpha^\beta \left(\int_a^b f(x, y)\, dx\right) dy .$$

Ici, le théorème s'applique car la fonction :

$$(t, u) \in [0, \pi] \times [a, b] \mapsto \frac{1}{u - \cos t}$$

est continue si $1 < a < b$. On a donc :

$$I = \int_a^b \left(\int_0^{\pi} \frac{dt}{u - \cos t}\right) du .$$

On voit maintenant que le changement de variable classique $v = \tan(t/2)$ va fonctionner (Cf. exercice intitulé *Fonction définie par une intégrale*, pour le rappel de cette méthode) :

$$\begin{aligned}\int_0^{\pi} \frac{dt}{u-\cos t} &= \int_0^{+\infty} \frac{1}{u-(1-v^2)\,/\,(1+v^2)} \frac{2}{1+v^2} dv \\ &= \frac{2}{\sqrt{u^2-1}} \int_0^{+\infty} \frac{dw}{w^2+1} \,,\end{aligned}$$

en faisant le changement de variable

$$w = \sqrt{\frac{u+1}{u-1}} v \,.$$

On obtient finalement :

$$\int_0^{\pi} \frac{dt}{u-\cos t} = \frac{\pi}{\sqrt{u^2-1}} \,.$$

D'où :

$$I = \pi \int_a^b \frac{du}{\sqrt{u^2-1}}$$

et $1/\sqrt{u^2-1}$ est la dérivée de Argch sur $]1,+\infty[$, donc :

$$I = \pi \left(\text{Argch}\,(b) - \text{Argch}\,(a)\right)$$

et si l'on se rappelle que $\text{Argch}\,(x) = \ln\left(x+\sqrt{x^2-1}\right)$ sur $[1,+\infty[$, alors :

$$\boxed{I = \pi \ln\left(\frac{b+\sqrt{b^2-1}}{a+\sqrt{a^2-1}}\right)} \,.$$

# 2

# Intégrales dépendant d'un paramètre

Cette partie est consacrée à l'étude des fonctions définies par une intégrale. Lorsque la variable se situe dans les bornes de l'intégrale, l'outil essentiel est le théorème fondamental de l'analyse :

$$f(b) - f(a) = \int_a^b f'(t)dt$$

dans le cas où $f$ est de classe $C^1$. Dans les cas où la variable est dans l'intégrande, les théorèmes de continuité et de dérivation sous le signe intégral se revèlent très utiles. Signalons que l'application de ces théorèmes tient une grande place aux concours.

## QUESTIONS BRÈVES

**1.** Soit $f$ la fonction définie par $f(x) = \int_0^{x^2} \sin(t)e^{-t}dt$. Montrer que $f$ est de classe $C^1$ et calculer sa dérivée.

**2.** Exhiber une fonction continue $f$ de $\mathbb{R}$ dans $\mathbb{R}^*$ telle que la suite $f(n)$ tende vers $+\infty$ et $\int_0^{+\infty} f(t)dt$ converge.

### *réponses*

**1.** La fonction $g : u \mapsto \int_0^u \sin(t)e^{-t}dt$ est la primitive d'une fonction continue, elle est donc de classe $C^1$ et sa dérivée vaut $\sin(u)e^{-u}$. La fonction $f$ est la composée de $x \mapsto x^2$ et de $g$, elle est donc de classe $C^1$ et sa dérivée vaut : $f'(x) = 2x\sin(x^2)e^{-x^2}$.

**2.** On définit une fonction $f$ par les conditions suivantes : La fonction $f$ est affine sur chaque intervalle du type $[n - 1/n^3, n]$ et $[n, n + 1/n^3]$ avec $n \geq 2$. Elle est nulle en dehors de ces intervalles. Pour tout $n \geq 2$, $f(n) = n$, $f(n - 1/n^3) = 0$ et $f(n + 1/n^3) = 0$. Cette fonction est continue, positive et $f(n) = n$ tend vers $+\infty$. De plus, s'il on interprète l'intégrale comme une aire, il est facile de voir que $\int_0^{+\infty} f(t)dt$ converge et vaut $\sum 1/n^2$.

## EXERCICE 1 Application de la formule de Taylor avec reste intégral

Soit $f : \mathbb{R} \to \mathbb{R}$ une fonction de classe $C^1$.

**1.** Montrer qu'il existe une unique fonction $g$ de classe $C^{n+1}$ telle que :

$$g^{(n+1)} = f \text{ et } g(0) = g'(0) = \cdots = g^{(n)}(0) = 0 .$$

**2.** Montrer que $g(x)/x^{n+1}$ est de classe $C^1$ sur $\mathbb{R}$.

### solution

**1.** Soit $g$ une primitive $(n+1)$ −ième de $f$ (il en existe parce que $f$ est de classe $C^1$ donc continue) telle que :

$$g(0) = g'(0) = \cdots = g^{(n)}(0) = 0 .$$

Ces conditions définissent bien une fonction $g$ convenable. Montrons qu'elle est unique. Si $\varphi$ est une autre fonction répondant au problème, posons $\psi = g - \varphi$.
Alors $\psi^{(n+1)} = g^{(n+1)} - \varphi^{(n+1)} = f - f = 0$. Donc $\psi^{(n)}$ est constante et $\psi^{(n)}(0) = g^{(n)}(0) - \varphi^{(n)}(0) = 0$ donc $\psi^{(n)}$ est identiquement nulle. On conclut alors par une récurrence immédiate : $\psi$ est nulle et $\varphi = g$.
**2.** On écrit la formule de Taylor avec reste intégral pour $g$ à l'ordre $n$ :

$$g(x) = \sum_{k=0}^{n} \frac{g^{(k)}(0)}{k!} x^k + \int_0^x \frac{(x-t)^n}{n!} g^{(n+1)}(t)\, dt = \int_0^x \frac{(x-t)^n}{n!} f(t)\, dt ,$$

car $g^{(k)}(0) = 0$ pour $k \in \{0, ..., n\}$.
Après le changement de variable $t = xu$, on obtient

$$g(x) = x^{n+1} \int_0^1 \frac{(1-u)^n}{n!} f(xu)\, du ;$$

Dans un premier temps, on étudie la fonction :

$$\phi(x) = \int_0^1 \frac{(1-u)^n}{n!} f(xu)\, du$$

définie sur $\mathbb{R}$ et de classe $C^1$. En effet, rappelons le théorème de dérivation sous le signe intégral.

➡ *Théorème :* Soit $I$ un intervalle de $\mathbb{R}$ et $f : I \times [a,b] \to \mathbb{R}$ une fonction continue par rapport aux variables $(x,t)$ et dérivable par rapport à $x$. On suppose de plus que la fonction $(x,t) \in I \times [a,b] \mapsto (\partial f / \partial x)(x,t)$ est continue par rapport à $(x,t)$ sur $I \times [a,b]$.

Alors $\varphi(x) = \int_a^b f(x,t)\,dt$ est de classe $C^1$ sur $I$ et

$$\forall x \in I\ ,\ \varphi'(x) = \int_a^b \frac{\partial f}{\partial x}(x,t)\,dt\,.$$

On vérifie facilement que le théorème s'applique à la fonction $\phi$ et que :

$$\phi'(x) = \int_0^1 u\frac{(1-u)^n}{n!} f'(xu)\,du\,.$$

Dans un second temps, on définit la fonction $h$ sur $\mathbb{R}$ par :

$$h(x) = \begin{cases} 0 & \text{si } x = 0\,, \\ \phi(x) & \text{si } x \neq 0\,. \end{cases}$$

$h = \phi$ sur $\mathbb{R}^*$ donc $h$ est de classe $C^1$ sur $\mathbb{R}^*$. De plus $\phi(x) \to 0 = h(0)$ quand $x \to 0$ donc $h$ est continue en $0$. Pour conclure que $h$ est de classe $C^1$ sur $\mathbb{R}$, on utilise le lemme que l'on rappelle ci-dessous.

➡*Lemme :* Si $f$ est continue sur $[a,b]$, de classe $C^1$ sur $[a,b[$ et que $f'(x) \to \ell$ quand $x \to b$ avec $x < b$, alors $f$ est de classe $C^1$ sur $[a,b]$ et la dérivée à gauche de $f$ en $b$, $f'_g(b)$, vaut $\ell$.

En invoquant le théorème de continuité sous le signe intégral, on obtient que $h'(x)$ a une limite quand $x \to 0$. Or $h'(x) = \phi'(x)$ pour $x \in \mathbb{R}^*$ et $\phi'(x)$ est continue en $0$. Donc $h'(x) \to \phi'(0)$ quand $x \to 0$ et finalement $h$ est de classe $C^1$ sur $\mathbb{R}$, ce qui est exactement le résultat demandé.

## EXERCICE 2 Morphismes de $\mathbb{R}_+$ dans $\mathbb{R}^*$

Soit $f$ un morphisme de groupe continu de $(\mathbb{R},+)$ vers $(\mathbb{R}^*,\cdot)$.

**1.** Montrer que $f$ est de classe $C^1$ (on pourra intégrer l'équation fonctionnelle vérifiée par $f$).

**2.** Montrer qu'il existe $a \in \mathbb{R}$ tel que $f(x) = e^{ax}$.

**solution**

**1.** L'hypothèse de l'énoncé signifie que :

$$\forall (x,y) \in \mathbb{R}\ ,\ f(x+y) = f(x) \cdot f(y)\ . \tag{1}$$

Afin de faire apparaître des fonctions de classe $C^1$ , on intègre par rapport à $y$, $x$ étant fixé :
$\forall x \in\mathbb{R}$ , $\forall t \in\mathbb{R}$,

$$\int_0^t f(x+y)\,dy = \int_0^t f(x)\cdot f(y)\,dy = f(x)\cdot \int_0^t f(y)\,dy\ . \tag{2}$$

On obtient alors par changement de variable :

$$\int_x^{x+t} f(y)\,dy = f(x)\cdot \int_0^t f(y)\,dy\ . \tag{3}$$

Posons alors $F(u) = \int_0^u f(y)\,dy$ : cette fonction est la primitive d'une fonction continue, elle est donc de classe $C^1$ ; de plus $F(0) = 0$ et $F'(0) = f(0) = 1$ , donc :

$$\frac{F(u)}{u} \underset{u\to 0}{\to} 1\ .$$

En particulier, il existe $t \in\mathbb{R}^*$ suffisamment petit tel que $F(t) \neq 0$. Alors, l'égalité (3) donne :

$$f(x) = (F(t))^{-1}\left[F(x+t) - F(x)\right]\ ,$$

donc $f$ est de classe $C^1$ .

➡ *Remarque :* On peut alors montrer par récurrence que $f$ est $C^\infty$ .

**2.** On utilise l'équation (1) que l'on dérive par rapport à $y$, $x$ étant fixé :

$$\forall (x,y) \in \mathbb{R}\ ,\ f'(x+y) = f(x)\cdot f'(y)\ .$$

En particulier, pour $y = 0$ :

$$f'(x) = f'(0)\,f(x)\ ,$$

donc $f(x) = \lambda e^{f'(0)x}$ avec $\lambda \in\mathbb{R}$.
On peut conclure grâce à $f(0) = 1$.

➡ *Remarque :* Le résultat s'étend au cas où le groupe d'arrivée est $M_n(\mathbb{R})$ ; l'exponentielle est alors l'exponentielle *matricielle* et $a \in M_n(\mathbb{R})$. La démonstration est en fait la même avec quelques petites difficultés supplémentaires :
— la notion d'intégrale vectorielle ;
— l'égalité (2) revient à faire commuter une intégrale et une application linéaire (la multiplication par une matrice) ;
— l'existence d'un $t$ (fin de la question 1.) est obtenue car $M_n(\mathbb{R})$ est ouvert.

## EXERCICE 3 Fonction définie par une intégrale

Sur $\mathbb{R}$, on définit :

$$F(x) = \int_0^{\pi} f(x,t)\, dt \text{ avec } f(x,t) = \frac{\sin t}{1+\cos^2(xt)}.$$

**1.** Calculer $F(1)$ , $F(1/2)$ , puis entamer la calcul de $F(n)$ pour $n \in \mathbb{N}^*$.
**2.** $F$ est elle continue sur $\mathbb{R}$ ? uniformément continue ?
**3.** Montrer que $F$ admet un développement limité à l'ordre 2 en 0 :

$$F(x) = a_0 + a_1 x + a_2 x^2 + o\left(x^2\right) \;;$$

calculer les coefficients $a_0$ , $a_1$ et $a_2$.
**4.** Montrer que $F(x) \to \sqrt{2}$ quand $x \to +\infty$.

### solution

**1.** Dans les trois cas, après quelques transformations, on fait le changement de variable $u = \cos t$. La méthode systématique pour calculer des intégrales dont l'intégrande est une fraction rationnelle en $\sin$ , $\cos$ et $\tan$ est rappelée dans la question 4.

$$F(1) = \int_0^{\pi} \frac{\sin t}{1+\cos^2 t} dt = \int_{-1}^{1} \frac{du}{1+u^2} = [\arctan u]_{-1}^{1} = \frac{\pi}{2}.$$

$$F(1/2) = \int_0^{\pi} \frac{\sin t}{1+\cos^2(t/2)} dt = \int_0^{\pi} \frac{\sin t}{1+(1+\cos t)/2} dt = \int_{-1}^{1} \frac{2du}{3+u} = 2\ln 2.$$

$$F(n) = \int_0^{\pi} \frac{\sin t}{1+\cos^2(nt)} \;;$$

que signifie entamer le calcul ?

On va supposer que l'on demande de donner la méthode car les calculs semblent infaisables. On sait que $\cos(nt) = P_n(\cos t)$ où $P_n$ est le $n-$ième polynôme de Tchebichev (on peut oublier les polynômes de Tchebichev, ce qui importe ici est de savoir que $\cos(nt)$ s'exprime comme un polynôme en les $\cos t$ — et seulement les $\cos(t)$ — ce résultat se montrant directement par récurrence).

D'où :

$$F(n) = \int_0^{\pi} \frac{\sin t}{Q_n(\cos t)} dt = \int_{-1}^{1} \frac{du}{Q_n(u)}$$

où $Q_n$ est un polynôme qui n'admet pas de zéros sur $[-1,1]$ (car $1+\cos^2(nt)$ ne s'annule pas sur $[0,\pi]$). On finirait le calcul en décomposant la fraction rationnelle $1/Q_n$ en éléments simples.

**2.** La définition de $F$ sur $\mathbb{R}$ ne pose aucun problème. Pour montrer la continuité de $F$, on peut utiliser le théorème de continuité sous le signe intégral (s'entraîner à l'appliquer) mais on va montrer directement l'uniforme continuité.

On revient à la définition : $F$ est uniformément continue si et seulement si :

$$\forall \varepsilon > 0\ ,\ \exists \eta > 0\ /\ (|x - x'| < \eta \Rightarrow |F(x) - F(x')| \leq \varepsilon)\ .$$

On va estimer $|F(x) - F(x')|$, et on va même obtenir que $F$ est lipschitzienne (ce qui est un résultat plus fort) :

$\forall (x, x') \in \mathbb{R}^2$,

$$\begin{aligned} |F(x) - F(x')| &\leq \int_0^\pi \left| \frac{\sin t}{1 + \cos^2(xt)} - \frac{\sin t}{1 + \cos^2(x't)} \right| dt \\ &\leq \int_0^\pi \frac{|\sin t|\,|\cos^2(x't) - \cos^2(xt)|}{|1 + \cos^2(xt)|\,|1 + \cos^2(x't)|} dt\ . \end{aligned}$$

On peut majorer $|\sin t| / (|1 + \cos^2(xt)|\,|1 + \cos^2(x't)|)$ par 1 et :

$$\begin{aligned} \left|\cos^2(x't) - \cos^2(xt)\right| &= |\cos(x't) + \cos(xt)|\,|\cos(x't) - \cos(xt)| \\ &\leq 2|t|\,|x' - x| \leq 2\pi\,|x' - x| \end{aligned}$$

en majorant $|\cos(x't) + \cos(xt)|$ par 2 et en utilisant l'inégalité des accroissements finis. Finalement $|F(x) - F(x')| \leq 2\pi^2 |x' - x|$ ce qui veut dire que $F$ est $2\pi^2-$lipschitzienne et prouve qu'elle est uniformément continue sur $\mathbb{R}$.

**3.** On commence par faire un développement limité de $f(x,t)$ :

$$\cos(xt) = 1 - \frac{(xt)^2}{2} + (xt)^2\,\varepsilon_1(xt)\ ,$$

$\varepsilon_1$ étant une fonction continue valant 0 en 0. D'où :

$$\cos^2(xt) = 1 - (xt)^2 + (xt)^2\,\varepsilon_2(xt)\ ,$$

$\varepsilon_2$ vérifiant les mêmes hypothèses que $\varepsilon_1$.

Enfin :

$$\begin{aligned} f(x,t) &= \frac{\sin t}{2 - (xt)^2 + (xt)^2\,\varepsilon_2(xt)} \\ &= \frac{\sin t}{2} + \frac{(xt)^2}{4}\sin t + (xt)^2 \sin t\ \varepsilon_3(xt) \end{aligned}$$

où $\varepsilon_3(xt)$ est encore une fonction continue valant 0 en 0. On veut maintenant intégrer par rapport à $t$ le développement limité pour obtenir un développement limité de $F$. Le seul problème qui se pose concerne le reste : a-t-on toujours

$$\int_0^{\pi} (xt)^2 \sin t \, \varepsilon_3 (xt) \, dt = o\left(x^2\right) \ ?$$

Or :

$$\int_0^{\pi} (xt)^2 \sin t \, \varepsilon_3 (xt) \, dt = x^2 \int_0^{\pi} t^2 \sin t \, \varepsilon_3 (xt) \, dt$$

donc il suffit de voir que

$$\int_0^{\pi} t^2 \sin t \, \varepsilon_3 (xt) \, dt \underset{x \to 0}{\longrightarrow} 0 \, ,$$

ce qui est vrai par le théorème de continuité sous le signe intégral, car l'application $(x, t) \in \mathbb{R} \times [0, \pi] \mapsto \varepsilon_3 (xt)$ est continue (en tant que composée de l'application $(x, t) \mapsto xt$ continue sur $\mathbb{R} \times [0, \pi]$ et de $\varepsilon_3$ continue sur $\mathbb{R}$ et valant 0 en 0). Donc on peut intégrer le développement limité :

$$\begin{aligned} F(x) &= \int_0^{\pi} \frac{\sin t}{2} dt + \frac{x^2}{4} \int_0^{\pi} t^2 \sin t \, dt + o\left(x^2\right) \\ &= 1 + \frac{\left(\pi^2 - 4\right)}{4} x^2 + o\left(x^2\right) \end{aligned}$$

d'où :

$$\boxed{a_0 = 1 \, , \ a_1 = 0 \text{ et } a_2 = \left(\pi^2 - 4\right)/4} \, .$$

Il existe un développement limité de $F$ à l'ordre $n$, car il existe un développement limité de $f$ à tout ordre en $x$ au voisinage de 0 (le reste se traite de la même façon).

**4.** Cette question est très difficile, pourtant elle a été posée aux Mines... On peut espérer que le candidat a été guidé par l'examinateur.

On commence par faire le changement de variable $u = xt$, car on ne peut pas voir ce qui se passe si $x$ « reste dans l'argument du cosinus » :

$$F(x) = \int_0^{\pi} \frac{\sin t}{1 + \cos^2 (xt)} dt = \frac{1}{x} \int_0^{\pi x} \frac{\sin (u/x)}{1 + \cos^2 (u)} du \, .$$

Maintenant, c'est la borne de l'intégrale qui est gênante. On découpe alors l'intervalle $[0, \pi x]$, car on espère pouvoir faire jouer la périodicité des fonctions trigonométriques... Pour simplifier, on prend dans un premier temps $x = n \in \mathbb{N}$ :

$$\frac{1}{n} \int_0^{n\pi} \frac{\sin (u/n)}{1 + \cos^2 (u)} du = \frac{1}{n} \sum_{k=0}^{n-1} \int_{k\pi}^{(k+1)\pi} \frac{\sin (u/n)}{1 + \cos^2 (u)} du \, .$$

On effectue le changement de variable $t = u - k\pi$ :

$$\int_{k\pi}^{(k+1)\pi} \frac{\sin(u/n)}{1+\cos^2(u)} du = \int_0^{\pi} \frac{\sin((t+k\pi)/n)}{1+\cos^2(t)} dt ,$$

d'où :

$$F(n) = \int_0^{\pi} \frac{1}{1+\cos^2(t)} f_n(t)\, dt$$

avec :

$$f_n(t) = \frac{1}{n}\sum_{k=0}^{n-1} \sin\left(\frac{t+k\pi}{n}\right) .$$

Cette suite de fonctions ressemble à la somme de Riemann :

$$\frac{1}{n}\sum_{k=0}^{n-1} \sin\left(\frac{k\pi}{n}\right)$$

qui converge vers $\int_0^1 \sin(\pi t)\, dt$ ; elle a en fait la même limite car :

$$\left| f_n(t) - \frac{1}{n}\sum_{k=0}^{n-1} \sin\left(\frac{k\pi}{n}\right)\right| \leq \frac{1}{n}\sum_{k=0}^{n-1} \left|\sin\left(\frac{t+k\pi}{n}\right) - \sin\left(\frac{k\pi}{n}\right)\right|$$

et par l'inégalité des accroissements finis :

$$\left|\sin\left(\frac{t+k\pi}{n}\right) - \sin\left(\frac{k\pi}{n}\right)\right| \leq \left|\frac{t}{n}\right| \leq \frac{\pi}{n}$$

car $t \in [0, \pi]$ .
On obtient alors :

$$\left| f_n(t) - \frac{1}{n}\sum_{k=0}^{n-1} \sin\left(\frac{k\pi}{n}\right)\right| \leq \frac{1}{n}\sum_{k=0}^{n-1} \frac{\pi}{n} = \frac{\pi}{n} \underset{n\to+\infty}{\longrightarrow} 0 ,$$

d'où :

$$\lim_{n\to+\infty} f_n(t) = \lim_{n\to+\infty} \frac{1}{n}\sum_{k=0}^{n-1} \sin\left(\frac{k\pi}{n}\right) = \int_0^1 \sin(\pi u)\, du = \frac{2}{\pi} .$$

On va maintenant appliquer le théorème de convergence dominée de Lebesgue (ce théorème important est rappelé dans l'exercice intitulé *Applications directes du théorème de convergence dominée*) :
— d'une part,

$$\frac{1}{1+\cos^2 t} f_n(t)$$

converge simplement vers

$$\frac{2}{\pi}\frac{1}{1+\cos^2 t}\ ;$$

— d'autre part,

$$\left|\frac{1}{1+\cos^2 t}f_n(t)\right| \leq 1.\frac{1}{n}\sum_{k=0}^{n-1}1 = 1$$

et la fonction constante 1 est intégrable sur $[0,\pi]$ donc l'hypothèse de domination est satisfaite,

donc :

$$F(n) = \int_0^{\pi}\frac{f_n(t)}{1+\cos^2(t)}dt \underset{n\to+\infty}{\to} \frac{2}{\pi}\int_0^{\pi}\frac{dt}{1+\cos^2(t)}\ .$$

Il reste donc à calculer cette dernière intégrale ; on utilise le changement de variable classique pour les fractions rationnelles en $\cos$, $\sin$ et $\tan$ :

➡*Rappel :* Si $F(\cos t,\sin t,\tan t)$ est une fraction rationnelle intégrable sur $[a,b]$ , alors le changement de variable $u=\tan(t/2)$ donne :

$$\int_a^b F(\cos t,\sin t,\tan t)\,dt = \int_\alpha^\beta F\left(\frac{1-u^2}{1+u^2},\frac{2u}{1+u^2},\frac{2u}{1-u^2}\right)\frac{2}{1+u^2}du$$

où :

$$\alpha = \lim_{t\to a}\left(\tan\left(\frac{t}{2}\right)\right) \text{ et } \beta = \lim_{t\to b}\left(\tan\left(\frac{t}{2}\right)\right)\ .$$

On obtient ainsi une intégrale d'une fraction rationnelle qu'on sait calculer en décomposant en éléments simples.

Dans notre cas :

$$\int_0^{\pi}\frac{dt}{1+\cos^2 t} = \int_0^{+\infty}\frac{1+u^2}{1+u^4}du\ .$$

À ce niveau, on factorise :

$$1+u^4 = \left(u^2-\sqrt{2}u+1\right)\left(u^2+\sqrt{2}u+1\right)$$

(on voit enfin apparaître $\sqrt{2}$),

d'où :

$$\begin{aligned}\int_0^{+\infty}\frac{1+u^2}{1+u^4}du &= \int_0^{+\infty}\frac{u^2-\sqrt{2}u+1+\sqrt{2}u}{1+u^4}du \\ &= \int_0^{+\infty}\frac{1}{u^2+\sqrt{2}u+1}du + \int_0^{+\infty}\frac{\sqrt{2}u}{1+u^4}du\ .\end{aligned}$$

On calcule ces deux dernières intégrales :
— la première à l'aide du changement de variable $t = \sqrt{2}u + 1$

$$\begin{aligned}\int_0^{+\infty} \frac{du}{u^2 + \sqrt{2}u + 1} &= 2\int_0^{+\infty} \frac{du}{\left(\sqrt{2}u + 1\right)^2 + 1} \\ &= \sqrt{2}\int_1^{+\infty} \frac{dt}{t^2 + 1} = \frac{\pi}{4}\sqrt{2}\,;\end{aligned}$$

— la seconde à l'aide du changement de variable $u^2 = t$

$$\sqrt{2}\int_0^{+\infty} \frac{u}{1 + u^4}du = \frac{\sqrt{2}}{2}\int_0^{+\infty} \frac{1}{1 + t^2}dt = \frac{\pi}{4}\sqrt{2}\,.$$

Finalement :

$$\int_0^{+\infty} \frac{dt}{1 + \cos^2 t} = \frac{\pi}{4}\sqrt{2} + \frac{\pi}{4}\sqrt{2} = \frac{\pi}{2}\sqrt{2}$$

donc :

$$\boxed{\lim_{n\to+\infty} F(n) = \sqrt{2}}\,.$$

Maintenant, si $x$ est quelconque, on pose $[x]$ la partie entière de $x$. On a :

$$F(x) = \frac{1}{x}\int_0^{\pi[x]} \frac{\sin(u/x)}{1 + \cos^2(u)}du + \frac{1}{x}\int_{\pi[x]}^{\pi x} \frac{\sin(u/x)}{1 + \cos^2(u)}du\,;$$

Étudions séparément la limite de chaque terme :
— d'une part,

$$\left|\frac{1}{x}\int_{\pi[x]}^{\pi x} \frac{\sin(u/x)}{1 + \cos^2(u)}du\right| \leq \frac{1}{x}\pi(x - [x]) \leq \frac{\pi}{x} \underset{x\to+\infty}{\longrightarrow} 0\,;$$

— d'autre part,

$$\frac{1}{x}\int_0^{\pi[x]} \frac{\sin(u/x)}{1 + \cos^2(u)}du = \frac{[x]}{x}\frac{1}{[x]}\int_0^{\pi[x]} \frac{\sin(u/x)}{1 + \cos^2(u)}du$$

et comme $[x] \leq x < x + 1$, on a $\lim\limits_{x\to+\infty}([x]/x) = 1$ et par ailleurs :

$$\begin{aligned}&\left|\frac{1}{[x]}\int_0^{\pi[x]} \frac{\sin(u/x)}{1 + \cos^2(u)}du - \frac{1}{[x]}\int_0^{\pi[x]} \frac{\sin(u/[x])}{1 + \cos^2(u)}du\right| \\ \leq\ & \frac{1}{[x]}\int_0^{\pi[x]} \left|\sin\left(\frac{u}{x}\right) - \sin\left(\frac{u}{[x]}\right)\right| du \\ \leq\ & \frac{1}{[x]}\int_0^{\pi[x]} \left|\frac{u}{x} - \frac{u}{[x]}\right| du\end{aligned}$$

$$\begin{aligned} &= \frac{1}{[x]^2 x} \left| [x] - x \right| \frac{(\pi [x])^2}{2} \\ &\leq \frac{\pi^2}{2x} \underset{x \to +\infty}{\longrightarrow} 0 , \end{aligned}$$

d'où

$$\frac{1}{x} \int_0^{\pi[x]} \frac{\sin(u/x)}{1+\cos^2(u)} du \underset{x \to +\infty}{\sim} F([x]) \underset{x \to +\infty}{\sim} \sqrt{2} ,$$

et enfin, en combinant les deux résultats :

$$\boxed{\lim_{x \to +\infty} F(x) = \sqrt{2}} .$$

➧*Remarque :* Comment se lancer sur la bonne piste ? C'est un ‹‹ probabiliste ›› qui m'a donné l'idée : la présence du $x$ qui ‹‹ bouge ›› dans le cosinus et pas dans le sinus (ou l'inverse) rend les deux termes ‹‹ indépendants ››, et en gros l'intégrale du produit va se comporter comme le produit des intégrales. On calcule $\int_0^{\pi} (1/(1+\cos^2 t))\, dt$ qui laisse apparaître un $\sqrt{2}$ ! On met alors les choses en forme...

# 3

# Intégrales et comportements asymptotiques

Cette section étudie les suites d'intégrales, l'intégration des suites et des séries de fonctions. Ces études ont été facilitées dans le nouveau programme par l'apparition d'un outil très puissant : le théorème de convergence dominée. Son application, sous de multiples formes, doit amener le lecteur à bien se familiariser avec celui-ci. Cependant, bien que ce théorème soit très efficace, il ne s'applique pas dans tous les cas ; c'est la raison pour laquelle nous proposons plusieurs exercices dont les solutions font appel à d'autres techniques classiques.

## QUESTIONS BRÈVES

**1.** Montrer que $\int_0^{+\infty} \cos(t^2)dt$ converge et que $\cos(t^2)$ ne tend pas vers 0 en $+\infty$.

**2.** Soit $f$ une fonction de classe $C^1$ telle que $f'$ tende en $+\infty$ vers une limite non nulle $\ell$. Que dire de $f$ en $+\infty$ ?

**3.** Soit $f$ une fonction de $\mathbb{R}$ dans $\mathbb{R}$ uniformément continue telle que $\int_0^{+\infty} f(t)dt$ converge. Montrer que $f$ tend vers 0 en $+\infty$.

### *réponses*

**1.** La fonction $t \mapsto \cos(t^2)$ est continue sur $\mathbb{R}$ : le seul problème se situe en $+\infty$. En écrivant $\cos(t^2) = 2t\cos(t^2)/(2t)$, on effectue une intégration par parties :

$$\forall X \in [1, +\infty[\,, \quad \int_1^X \cos(t^2)dt = \left[\frac{\sin(t^2)}{2t}\right]_1^X + \int_1^X \frac{\sin(t^2)}{2t^2}dt\ .$$

Or, la nouvelle intégrale est absolument convergente ($|\sin(t^2)| \leq 1$) et le « crochet » tend vers $-(\sin 1)/2$ quand $X$ tend vers $+\infty$, donc $\int \cos(t^2)dt$ converge en $+\infty$. Comme $\cos(\sqrt{2n\pi}^2) = 1$, $\cos(t^2)$ ne tend pas vers 0 en $+\infty$.

**2.** Comme $f$ est de classe $C^1$, on a : $f(x) = f(0) + \int_0^x f'(t)dt$. Le fait que $\ell$ soit non nul permet d'écrire que $f'$ est équivalente à la fonction constante égale à $\ell$ (on notera $g$ cette fonction) en $+\infty$. Comme $g$ est de signe constant et $\int_0^{+\infty} g(t)dt$ diverge, le théorème d'intégration des relations de comparaison affirme que les intégrales partielles de $f'$ et de $g$, $\int_0^x f(t)\,dt$ et $\int_0^x \ell\,dt$, sont équivalentes. En d'autres termes : $f(x) \sim_{+\infty} \ell x$.

**3.** Raisonnons par l'absurde. Si $f$ ne tend pas vers $0$, il existe un $\epsilon > 0$ et une suite $(x_n)_{n\in\mathbb{N}}$ qui tend vers $+\infty$ tels que $|f(x_n)| \geq \epsilon$ pour tout $n$. Comme $f$ est uniformément continue :

$$\exists \delta > 0 \text{ tel que } |x-y| \leq \delta \Rightarrow |f(x) - f(y)| \leq \frac{\epsilon}{2}\,.$$

Mais alors, pour tout $x_n - \delta \leq t \leq x_n + \delta$, on a $|f(t)| \geq \epsilon/2$. En particulier, on a $\int_{x_n-\delta}^{x_n+\delta} f(t)dt \geq \delta\epsilon$. Ainsi, une tranche de Cauchy de $\int_0^\infty f(t)dt$ ne tend pas vers $0$ ; ce qui est une contradiction.

## EXERCICE 1 Applications directes du théorème de convergence dominée

Calculer les limites, lorsque $n \to +\infty$ des suites suivantes :

$$(i)\quad A_n = \int_0^{+\infty} |\sin t|^n\, e^{-t} dt \qquad (ii)\quad B_n = \int_0^1 \frac{t^n}{\sqrt{t^3(1-t)}} dt$$
$$(iii)\quad C_n = \int_0^n \left(1 + \frac{t}{n}\right)^n e^{-2t} dt \quad (iv)\quad D_n = \int_0^1 \frac{\sin(nt)}{\sqrt{t}} dt\,.$$

### solution

Le premier réflexe, devant ce genre d'exercice, est d'utiliser le théorème de convergence dominée, que nous rappelons ci-dessous.

➡ *Théorème :* Soit $(f_n(t))_{n\in\mathbb{N}}$ une suite de fonctions à valeurs réelles ou complexes continues par morceaux et intégrables sur $I$, et $\varphi$ une fonction continue par morceaux, positive et intégrable sur $I$.

Si $(f_n(t))$ converge simplement vers la fonction $f(t)$, continue par morceaux sur $I$, et si, pour tout entier $n$, $|f_n| \leq \varphi$ (hypothèse de domination), alors $f$ est intégrable sur $I$ et :

$$\int_I f = \lim_{+\infty} \int_I f_n\,.$$

Considérons maintenant les différents exemples proposés dans l'énoncé :

$(i)$ Regardons d'abord la convergence simple de l'intégrande :

$$\forall t \in [0, +\infty[ - \left\{\frac{\pi}{2} + \mathbb{N}\pi\right\}\,,\ |\sin t|^n e^{-t} \underset{n\to+\infty}{\longrightarrow} 0\,,$$

et :

$$\forall t \in \left\{\frac{\pi}{2} + \mathbb{N}\pi\right\} , \ |\sin t|^n e^{-t} \underset{n \to +\infty}{\to} e^{-t} .$$

Notons $\chi$ la fonction caractéristique de l'ensemble $\{\pi/2 + \mathbb{N}\pi\}$ . L'intégrande $|\sin t|^n e^{-t}$ tend simplement vers la fonction intégrable $\chi(t) e^{-t}$ .
Vérifions l'hypothèse de domination de l'intégrande :

$$\forall t \in \mathbb{R} , \ 0 \leq |\sin t|^n e^{-t} \leq e^{-t} .$$

Comme la fonction $t \mapsto e^{-t}$ est intégrable sur $[0, +\infty[$ , le théorème de convergence dominée montre que :

$$\boxed{\lim_{n \to +\infty} A_n = 0} .$$

$(ii)$ Ici, l'intégrande converge simplement vers la fonction nulle sur $]0, 1[$ .
De plus :

$$\forall n \in \mathbb{N}^* , \ \forall t \in ]0, 1[ , \ 0 \leq \frac{t^n}{\sqrt{t^3 (1-t)}} \leq \frac{t^{n-1}}{\sqrt{t(1-t)}} \leq \frac{1}{\sqrt{t(1-t)}} .$$

Comme

$$\frac{1}{\sqrt{t(1-t)}} \underset{t \to 0}{\sim} \frac{1}{\sqrt{t}} \quad \text{et} \quad \frac{1}{\sqrt{t(1-t)}} \underset{t \to 1}{\sim} \frac{1}{\sqrt{t-1}} ,$$

la fonction $t \mapsto 1/\sqrt{t(1-t)}$ est intégrable sur $[0, 1]$ donc le théorème de convergence dominée montre que :

$$\boxed{\lim_{n \to +\infty} B_n = 0} .$$

$(iii)$ Pour appliquer le théorème, il faut fixer les bornes de l'intégrale.
Notons, pour tout entier $n$ , $\chi_n$ la fonction caractéristique de l'intervalle $[0, n]$ . La suite $(C_n)$ s'écrit alors :

$$C_n = \int_0^{+\infty} \chi_n(t) \left(1 + \frac{t}{n}\right)^n e^{-2t} dt .$$

Fixons $t \in [0, +\infty[$ . Pour $n$ assez grand, l'égalité :

$$\chi_n(t) \left(1 + \frac{t}{n}\right)^n e^{-2t} = \exp\left(n \ln\left(1 + \frac{t}{n}\right) - 2t\right)$$

est vérifiée et donne :

$$\lim_{n \to +\infty} \left(\chi_n(t) \left(1 + \frac{t}{n}\right)^n e^{-2t}\right) = e^{-t} .$$

De plus, par concavité de la fonction logarithme népérien et convexité de la fonction exponentielle, on a :

$$\forall u \in \left]-1,+\infty\right[ \ , \ \ln(1+u) \leq u \ ,$$

donc :

$$\forall u \in \mathbb{R} \ , \ 1+u \leq e^u \ .$$

On en déduit que :

$$\left(1+\frac{t}{n}\right)^n \leq e^t \ ,$$

puis :

$$\chi_n(t)\left(1+\frac{t}{n}\right)^n e^{-2t} \leq e^{-t}$$

donc :

$$\boxed{\lim_{n\to+\infty} C_n = \int_0^{+\infty} e^{-t} = 1} \ .$$

$(iv)$ Ici, à cause de $\sin(nt)$, l'intégrande ne converge pas. En effectuant le changement de variable $u = nt$, on obtient :

$$D_n = \frac{1}{\sqrt{n}} \int_0^{\sqrt{n}} \frac{\sin u}{\sqrt{u}} du \ .$$

Donc :

$$D_n = \frac{1}{\sqrt{n}} \int_0^{1} \frac{\sin u}{\sqrt{u}} du + \frac{1}{\sqrt{n}} \int_1^{\sqrt{n}} \frac{\sin u}{\sqrt{u}} du \ ,$$

où la première intégrale tend à l'évidence vers 0 lorsque $n \to +\infty$.
Pour étudier la seconde intégrale, on effectue une intégration par parties, et obtient alors :

$$\frac{1}{\sqrt{n}} \int_1^{\sqrt{n}} \frac{\sin u}{\sqrt{u}} du = \frac{1}{\sqrt{n}} \left[\frac{-\cos u}{\sqrt{u}}\right]_1^{\sqrt{n}} - \frac{1}{2\sqrt{n}} \int_1^{\sqrt{n}} \frac{\cos u}{u\sqrt{u}} du \ ,$$

donc :

$$\left|\frac{1}{\sqrt{n}} \int_1^{\sqrt{n}} \frac{\sin u}{\sqrt{u}} du\right| \leq \frac{2}{\sqrt{n}} + \frac{1}{2\sqrt{n}} \int_1^{+\infty} \frac{1}{u\sqrt{u}} du \underset{n\to+\infty}{\to} 0 \ .$$

En définitive :

$$\boxed{\lim_{n\to+\infty} D_n = 0} \ .$$

## EXERCICE 2 Limites et équivalents de suites d'intégrales

**1.** On demande de déterminer la limite éventuelle de la suite :

$$U_n = \int_0^1 e^{t^2} \sin(nt)\, dt \, .$$

**2.** Calculer un équivalent simple de :

$$V_n = \int_2^n \frac{dt}{\ln t} \, .$$

**3.** Même question avec :

$$W_n = \int_2^n \frac{e^{\sqrt{\ln t}}}{t \ln t} dt \, .$$

### solution

**1.** Ici, le théorème de convergence dominée ne s'applique ni directement, ni après un changement de variable. En revanche, l'intégration par parties suivante permet d'obtenir un facteur $1/n$ dans le terme intégral :

$$\begin{cases} u'(t) = \sin(nt) \\ v(t) = e^{t^2} \end{cases} \qquad \begin{cases} u(t) = (-1/n)\cos(nt) \\ v'(t) = 2t\, e^{t^2} \end{cases}$$

ce qui donne :

$$U_n = \left[ \frac{-1}{n} \cos(nt)\, e^{t^2} \right]_0^1 + \frac{2}{n} \int_0^1 te^{t^2} \cos(nt)\, dt \, ,$$

en particulier :

$$\begin{aligned} |U_n| &\leq \frac{1}{n} + \frac{|e \cos n|}{n} + \frac{2}{n} \left| \int_0^1 te^{t^2} \cos(nt)\, dt \right| \\ &\leq \frac{1+e}{n} + \frac{2}{n} \int_0^1 te^{t^2} dt \, , \end{aligned}$$

donc :

$$\boxed{\lim_{n \to +\infty} U_n = 0} \, .$$

**2.** Une intégration par parties permet d'écrire $V_n$ comme la somme d'un terme explicite et d'un autre, négligeable devant $V_n$ :

$$V_n = \left[\frac{t}{\ln t}\right]_2^n + \int_2^n \frac{dt}{(\ln t)^2} . \tag{1}$$

La fonction $t \mapsto 1/\ln t$ est positive sur l'intervalle $[2, +\infty[$ et $1/(\ln t)^2$ est négligeable devant $1/\ln t$ en $+\infty$. De plus, $\int_0^{+\infty} (1/\ln t)\, dt$ diverge. Donc d'après le théorème d'intégration des relations de comparaison :

$$\int_2^n \frac{dt}{(\ln t)^2} = o\left(\int_2^n \frac{dt}{\ln t}\right) .$$

Alors, l'égalité (1) permet d'écrire :

$$V_n \underset{n\to+\infty}{\sim} \frac{n}{\ln n} - \frac{2}{\ln 2}$$

donc

$$\boxed{V_n \underset{n\to+\infty}{\sim} \frac{n}{\ln n}} .$$

**3.** Il y a trop de logarithmes ! Le changement de variable :

$$\begin{cases} x = \ln t \\ t = e^x \end{cases}$$

donne :

$$W_n = \int_{\ln 2}^{\ln n} \frac{e^{\sqrt{x}}}{x} dx .$$

L'intégration par parties suivante augmente le degré du dénominateur dans l'intégrale :

$$\begin{cases} u'(t) = e^{\sqrt{x}}/(2\sqrt{x}) \\ v(t) = 2/\sqrt{x} \end{cases} \quad \begin{cases} u(t) = e^{\sqrt{x}} \\ v'(t) = -1/(x\sqrt{x}) \end{cases} .$$

donc :

$$W_n = \left[\frac{2e^{\sqrt{x}}}{\sqrt{x}}\right]_{\ln 2}^{\ln n} + \int_{\ln 2}^{\ln n} \frac{e^{\sqrt{x}}}{x\sqrt{x}} dx .$$

De la même manière qu'au 2. , le théorème d'intégration des relations de comparaison donne :

$$\int_{\ln 2}^{\ln n} \frac{e^{\sqrt{x}}}{x\sqrt{x}} dx = o(W_n)$$

donc :

$$\boxed{W_n \underset{n\to+\infty}{\sim} \frac{2e^{\sqrt{\ln n}}}{\sqrt{\ln n}}} .$$

## EXERCICE 3 Équivalent d'une fonction définie par une intégrale

**1.** Donner un équivalent quand $x$ tend vers 0 de :

$$J(x) = \int_0^1 \frac{dt}{\sqrt{x+t^2}} .$$

**2.** On pose :

$$\forall x \in \mathbb{R}_+^* , \; I(x) = \int_0^{+\infty} \frac{dt}{\sqrt{(1+t^2)(x+t^2)}} .$$

Montrer que :

$$I(x) \sim -\frac{\ln x}{2} ,$$

lorsque $x \to 0^+$.

### solution

**1.** Le changement de variable $t = u\sqrt{x}$ donne :

$$J(x) = \int_0^{1/\sqrt{x}} \frac{du}{\sqrt{1+u^2}} = \operatorname{Argsh}\left(1/\sqrt{x}\right) .$$

Comme :

$$\operatorname{Argsh}(y) = \ln\left(y + \sqrt{y^2+1}\right) , \tag{1}$$

on en déduit que :

$$J(x) \underset{x \to 0^+}{\sim} -\frac{\ln x}{2} .$$

➡ *Remarque :* La formule (1) peut se retrouver en écrivant $t = \operatorname{Argsh}(y)$ et $y = \left(e^t - e^{-t}\right)/2$ puis en résolvant une équation du second degré en $e^t$ .

**2.** Il s'agit de montrer que $I(x) \sim J(x)$ , c'est-à-dire que si l'on pose $\Delta(x) = I(x) - J(x)$ alors $\Delta(x) = o(J(x))$ .
En écrivant $I(x)$ comme la somme de deux intégrales, l'une sur $[0,1]$ , l'autre sur $[1,+\infty[$, on obtient :

$$\Delta(x) = \int_0^1 \frac{1}{\sqrt{x+t^2}} \left(\frac{1}{\sqrt{1+t^2}} - 1\right) dt + \int_1^{+\infty} \frac{dt}{\sqrt{(1+t^2)(x+t^2)}}$$

puis,

$$|\Delta(x)| \leq \left|\int_0^1 \frac{1}{\sqrt{x+t^2}}\left(\frac{1-\sqrt{1+t^2}}{\sqrt{1+t^2}}\right)dt\right| + \left|\int_1^{+\infty} \frac{dt}{\sqrt{(1+t^2)(x+t^2)}}\right| .$$

Pour majorer $1-\sqrt{1+t^2}$, on multiplie par l'expression conjuguée :

$$|\Delta(x)| \leq \int_0^1 \frac{1}{\sqrt{x+t^2}}\left(\frac{|-t^2|}{1+t^2+\sqrt{1+t^2}}\right)dt + \int_1^{+\infty} \frac{dt}{\sqrt{(1+t^2)(x+t^2)}}$$

où l'on aura supprimé les valeurs absolues inutiles.
Or :

$$\forall (t,x) \in [0,+\infty[^2 , \ \sqrt{x+t^2} \geq t$$

donc :

$$|\Delta(x)| \leq \int_0^1 \frac{t}{1+t^2+\sqrt{1+t^2}}dt + \int_1^{+\infty} \frac{dt}{\sqrt{(1+t^2)\,t}} .$$

Ainsi, $\Delta(x)$ est bornée. Comme $J(x)$ tend vers $+\infty$ en $0$, on a $\Delta(x) = o(J(x))$ , ce qui termine l'exercice.

➡*Remarque :* Pour vérifier que l'on a bien compris l'exercice ci-dessus, résoudre celui qui suit.
On pose, pour tout $x \in \mathbb{R}_+^*$ :

$$I(x) = \int_0^1 \frac{dt}{\sqrt{t(1-t)(x+t)}} \quad \text{et} \quad J(x) = \int_0^1 \frac{dt}{\sqrt{t(x+t)}} .$$

**1.** Montrer que :

$$J(x) \underset{x\to 0^+}{\sim} \frac{2}{x}\ln\frac{1}{x} .$$

**2.** En déduire que :

$$I(x) \underset{x\to 0^+}{\sim} \frac{2}{x}\ln\frac{1}{x} .$$

## EXERCICE 4 Contre-exemple au théorème de convergence dominée

Soit $f : [0,1] \to \mathbb{R}$ une fonction continue et $\varphi_n : [0,1] \to \mathbb{R}$ la suite de fonctions :

$$\varphi_n(t) = n^2 \left(t^n - t^{n+1}\right) .$$

**1.** Montrer que $\varphi_n f$ converge simplement vers la fonction nulle sur $[0,1]$ .
**2.** Posons $J_n = \int_0^1 \varphi_n(t)\, dt$ . Montrer que $J_n$ tend vers 1 en $+\infty$ .
**3.** Posons ensuite $I_n = \int_0^1 \varphi_n(t) f(t)\, dt$ . Montrer que $I_n$ tend vers $f(1)$ en $+\infty$ .
**4.** Montrer par un contre-exemple que l'hypothèse de domination est nécessaire dans le théorème de convergence dominée.

### *solution*

**1.** Soit $f$ une fonction quelconque, vérifiant les hypothèses de l'énoncé, alors :
— $\forall n \in \mathbb{N}$ , $\varphi_n(1) = 0$ donc $\varphi_n(1) f(1) = 0$ ;
— $\forall t \in [0,1[$ , $\lim\limits_{n \to +\infty} \varphi_n(t) = 0$ donc :

$$\forall t \in [0,1[ \, , \ \lim_{n \to +\infty} \varphi_n(t) f(t) = 0 .$$

D'où le résultat.
**2.** Un calcul de primitives donne :

$$\int_0^1 \varphi_n(t)\, dt = n^2 \left[\int_0^1 t^n dt - \int_0^1 t^{n+1} dt\right] = \frac{n^2}{(n+1)(n+2)} ,$$

d'où :

$$\boxed{\lim_{n \to +\infty} J_n(t) = 1} .$$

**3.** D'après la deuxième question, il s'agit de montrer que $I_n$ a la même limite que la suite $J_n f(1)$ .
Posons $\Delta_n = I_n - J_n f(1)$ . Montrons que $\Delta_n$ tend vers 0. Comme la suite de fonctions $(\varphi_n(t))$ converge uniformément sur tout intervalle $[0,\delta]$ où $0 \leq \delta < 1$ , effectuons un partage de « type Cesáro ».
Soit $\varepsilon > 0$ . Comme $f$ est continue en 1 :

$$\exists \delta \in [0,1[ \ / \ \forall t > \delta \, , \ |f(t) - f(1)| < \frac{\varepsilon}{4} .$$

Fixons un tel $\delta$ . Regardons alors :

$$\begin{aligned}\left|\int_\delta^1 \varphi_n(t)(f(t)-f(1))\,dt\right| &\leq \int_\delta^1 \varphi_n(t)\,|(f(t)-f(1))|\,dt \\ &\leq \frac{n^2\varepsilon}{4}\int_\delta^1 \left(t^n - t^{n+1}\right)dt \\ &\leq \frac{\varepsilon}{4}\left(1+\delta^{n+2}(n+1)\right) .\end{aligned}$$

Comme $\delta < 1$ est fixé, le membre de droite tend vers $\varepsilon/4$ et donc :

$$\exists N \in \mathbb{N} \,/\, \forall n \geq N \ , \ \left|\int_\delta^1 \varphi_n(t)(f(t)-f(1))\,dt\right| \leq \frac{\varepsilon}{2} .$$

D'un autre côté, comme $f$ est continue sur le compact $[0,1]$ , elle est bornée par une constante $M$ . Donc :

$$\begin{aligned}\left|\int_\delta^1 \varphi_n(t)(f(t)-f(1))\,dt\right| &\leq \int_\delta^1 \varphi_n(t)\,|(f(t)-f(1))|\,dt \\ &\leq 2Mn^2\left(\frac{\delta^{n+1}}{n+1}-\frac{\delta^{n+2}}{n+2}\right) .\end{aligned}$$

Le membre de droite de cette inégalité tend vers 0 quand $n$ tend vers $+\infty$ donc,

$$\exists N' \in \mathbb{N} \,/\, \forall n \geq N' \ , \ \left|\int_\delta^1 \varphi_n(t)(f(t)-f(1))\,dt\right| \leq \frac{\varepsilon}{2} .$$

Ainsi, on peut écrire :

$$\forall n \geq \max(N,N') \ , \ |\Delta_n| \leq \varepsilon ,$$

ce qui permet de conclure.

**4.** On prend $f$ telle que $f(1) \neq 0$. Alors $\varphi_n f$ converge simplement vers 0 sur $[0,1]$ et $\lim\limits_{n\to+\infty} I_n = f(1) \neq 0$ donc le résultat du théorème de convergence dominée est mis en défaut.

➡*Remarque :* Cet exercice montre que l'hypothèse de domination du théorème de convergence dominée de Lebesgue est vraiment nécessaire. Lorsque cette hypothèse n'est pas vérifiée, il faut procéder autrement :

— ici, nous avons manipulé des $\varepsilon$ ;

— dans l'exercice intitulé *Limites et équivalents de suites d'intégrales*, où le théorème ne pouvait également pas s'appliquer, nous avions effectué une intégration par parties.

# V SÉRIES ENTIÈRES ET SÉRIES DE FOURIER

## 1 Séries entières

Les polynômes sont des fonctions très simples : on ne fait que des additions et des multiplications. Les séries entières, qui généralisent la notion de polynôme, sont en quelque sorte des ‹‹ polynômes infinis ››. Les séries entières et les fonctions développables en séries entières sont des fonctions égales à leur développement de Taylor au voisinage du point considéré. Cette définition *a priori* valable dans $\mathbb{R}$ (on ne connaît pas de formule de Taylor lorsque la variable est complexe) s'adapte simplement sur $\mathbb{C}$ en assimilant la fonction à son développement en série. Ce point de vue permet alors de travailler de manière plus algébrique (identification des termes par unicité du développement). Il en découle des propriétés analogues à celles vérifiées par les polynômes ; la dérivation et l'intégration deviennent par exemple très aisées. Les exercices sur les séries entières peuvent être classés en deux catégories : d'une part, ceux proposant l'étude d'une série entière dont on connaît les coefficients (calculer son rayon de convergence, étudier la convergence au bord du disque de convergence, etc.) ; d'autre part, ceux demandant de déterminer si une fonction donnée est développable en série entière.

### QUESTIONS BRÈVES

**1.** Déterminer le rayon de convergence des séries entières suivantes :

$$(a)\ \sum \frac{2n^2+1}{3n} z^n \qquad (b)\ \sum \left(2+\frac{1}{n}\right)^n z^n$$

$$(c)\ \sum_{p_n \text{ premier}} \frac{z^{p_n}}{p_n} \qquad (d)\ \sum \cos n\, z^n\,.$$

**2.** Soit $a_n$ la suite définie par :

$$\begin{cases} a_0 = a_1 = 1\ ; \\ \\ a_{n+2} = a_n \dfrac{n^2+3n+1}{2(n-1)(n+2)} \quad \text{si } n \geq 2\ . \end{cases}$$

Déterminer le rayon de convergence de la série entière $\sum a_n z^n$.

**3.** Existe-t-il une série entière $\sum a_n z^n$ de rayon de convergence 1 qui converge pour tout $z$ de module 1 ?

**4.** Calculer le rayon de convergence $R$ de la série entière suivante :

$$\sum n!\ z^{n^2}\ .$$

**5.** Montrer que les fonctions suivantes sont développables en séries entières. Calculer leur développement et le rayon de convergence de ce dernier.

$$f(x) = \frac{x^2}{x^2+3x+2}\ ;\ g(x) = \frac{1}{x^2+2x+2}\ .$$

**6.** Même question avec les fonctions :

$$f(x) = \ln\left(\frac{1+x}{1-x}\right)\ ;\ g(x) = \arctan(2x)\ .$$

## *réponses*

**1.** Notons respectivement $a_n,\ b_n\ , c_n$ et $d_n$ les coefficients des séries entières $(a)$, $(b)$, $(c)$ et $(d)$. La suite $a_{n+1}/a_n$ tend vers $\ell = 1$ ; la règle d'Alembert implique que le rayon de convergence de la série $(a)$ est $1/\ell = 1$. La suite $|b_n|^{1/n}$ tend vers 2. La règle de Cauchy nous affirme qu'alors le rayon de convergence de la série $(b)$ est $1/2$ .
Par définition, $c_n = 1/n$ si $n$ est premier et $c_n = 0$ sinon. En particulier, $|c_n z^n| \leq z^n$ et la série converge absolument si $|z| < 1$. De plus, si $|z| > 1$, la suite $c_n z^n$ ne tend pas vers 0. Ainsi, le rayon de convergence de la série $(c)$ est égal à 1.
Autre méthode : une série entière et sa série dérivée ont même rayon de convergence. La série dérivée de $(c)$ est $\sum_{p_n} z^{p_n - 1}$ qui a clairement 1 pour rayon de convergence. Quelle que soit la méthode choisie pour conclure, il ne faut surtout pas s'enferrer dans des raisonnements compliqués avec les nombres premiers. Il est vrai par exemple que $\sum_n 1/p_n$ diverge mais c'est largement hors programme !
Montrons que la suite $(\cos n)$ ne tend pas vers 0. Si, par l'absurde $\cos n$ tend vers 0 alors l'égalité $\sin(2n) = 2\sin(n)\cos(n)$ implique que $\sin(2n)$ tend vers 0. Mais alors, $\sin^2(2n) + \cos^2(2n)$ tend vers 0 ce qui est absurde. Ainsi, le terme général de la série $(d)$ avec $z = 1$ ne tend pas vers 0. De plus, comme $|\cos n| \leq 1$, la série converge si $|z| < 1$. Le rayon de convergence de la série $(d)$ est donc égal à 1.

**2.** Remarquons tout d'abord que $a_n$ ne s'annule pas. Appliquons le critère d'Alembert aux deux séries : $\sum a_{2n}\left(z^2\right)^n$ et $\sum a_{2n+1}\left(z^2\right)^n z$. Comme $\left|a_{n+2}z^{n+2}\right| / \left|a_n z^n\right|$ tend vers $|z|^2/2$, les deux séries précédentes convergent absolument si $|z|^2 < 2$ et divergent grossièrement si $|z|^2 > 2$. Ainsi, $\sum a_n z^n$ converge si $|z| < \sqrt{2}$ et $a_n z^n$ ne tend pas vers 0 si $|z| > \sqrt{2}$. Le rayon de convergence est donc égal à $\sqrt{2}$.

**3.** Considérons la série entière

$$\sum \frac{z^n}{n^2}.$$

Le critère d'Alembert montre que son rayon de convergence est 1. De plus, quel que soit $z$ de module 1 la série converge absolument. La réponse à la question posée est donc oui.

**4.** Comme $n! \leq n^n$ et $\ln n/n$ tend vers 0, si $|z| < 1$ on a, pour $n$ assez grand :

$$\begin{aligned}\left|n!z^{n^2}\right| &\leq \exp\left(n^2\left(\frac{\ln n}{n} + \ln|z|\right)\right)\\ &\leq \exp\left(\frac{n^2\ln|z|}{2}\right).\end{aligned}$$

On en déduit que $\sum n!z^{n^2}$ converge absolument si $|z| < 1$ et donc que $R \geq 1$. D'autre part, l'inégalité

$$n! \geq \left(\frac{n}{2}\right)^{(n/2-1)},$$

et un petit calcul montrent que la suite $\left|n!z^{n^2}\right|$ tend vers $+\infty$ si $\ln|z| > 0$ c'est-à-dire si $|z| > 1$. Dans ce cas, $\sum n!z^{n^2}$ ne peut converger donc $R \leq 1$. Ainsi, $R = 1$.

➧*Remarque :* Le critère de Cauchy avec la limite supérieure permet de résoudre l'exercice plus rapidement (mais il est hors-programme).

**5.** Une fraction rationnelle dont 0 n'est pas un pôle est développable en série entière en 0. De plus, le rayon de convergence est le minimum des modules de ses pôles. Ainsi, $f$ (resp. $g$) est développable en série entière sur l'intervalle $]-1,1[$ (resp. $]-\sqrt{2},\sqrt{2}[$). Pour calculer les coefficients, on décompose les fractions rationnelles en éléments simples, puis on développe chacun des éléments obtenus en série entière. Ainsi :

$$\begin{aligned}f(x) &= 1 + \frac{1}{1+x} - \frac{4}{2+x}\\ &= 1 + \sum_{n=0}^{\infty}(-1)^n x^n - 2\sum_{n=0}^{\infty}\left(\frac{-1}{2}\right)^n x^n\\ &= \sum_{n=2}^{\infty}(-1)^n\left(1 - 1/2^{n-1}\right)x^n.\end{aligned}$$

De même :

$$\begin{aligned} g(x) &= \frac{i}{2}\left(\frac{1}{x+1+i} - \frac{1}{x+1-i}\right) \\ &= \frac{i}{2(1+i)}\sum_{n=0}^{\infty}\left(\frac{-1}{1+i}\right)^n x^n - \frac{i}{2(1-i)}\sum_{n=0}^{\infty}\left(\frac{-1}{1-i}\right)^n x^n . \end{aligned}$$

En écrivant les 4 nombres complexes qui apparaissent ci-dessus sous forme trigonométrique, on obtient :

$$g(x) = \frac{1}{2\sqrt{2}}\sum_{n=0}^{\infty}\frac{1}{(\sqrt{2})^n}[e^{i(3\pi n/4+\pi/4)} + e^{-i(3\pi n/4+\pi/4)}]$$

et finalement

$$g(x) = \sum_{n=0}^{\infty}\frac{1}{2^{(n+1)/2}}\cos(3\pi n/4+\pi/4)x^n .$$

**6.** Remarquons que $f(x) = \ln(1+x) - \ln(1-x)$. Ainsi,

$$f(x) = \sum_{n=0}^{\infty}\frac{2}{2n+1}x^{2n+1} .$$

Il est alors clair que le rayon de convergence est 1.
La dérivée de $g(x)$ est $2/\left(1+4x^2\right)$. Comme $1/\left(1-u\right) = \sum_{n\geq 0} u^n$, on a :

$$g'(x) = 2\sum_{n=0}^{\infty}(-4)^n x^{2n} .$$

D'après le critère d'Alembert, le rayon de convergence de cette série est $1/2$. Le théorème d'intégration des séries entières permet alors de conclure que $g$ est développable en série entière de rayon $1/2$ et

$$g(x) = 2\sum_{n=0}^{\infty}\frac{(-4)^n}{2n+1}x^{2n+1}$$

(la constante d'intégration est nulle car $g(0) = \arctan(0) = 0$).

## EXERCICE 1 Calcul de la somme d'une série entière

Rayon de convergence et calcul de

$$\sum_{n=0}^{+\infty} \frac{n^{(-1)^n}}{n+1} x^n .$$

**solution**

On pose :

$$a_n = \frac{n^{(-1)^n}}{n+1} .$$

On a l'encadrement :

$$\frac{1}{n(n+1)} \leq a_n \leq \frac{n}{n+1}$$

valable pour tout $n \in \mathbb{N}$. On en déduit :
— si $0 < r < 1$ alors :

$$0 \leq a_n r^n \leq \frac{n}{n+1} r^n \leq r^n$$

donc $\sum a_n r^n$ converge ;
— si $r > 1$ alors :

$$a_n r^n \geq \frac{r^n}{n(n+1)} \underset{n \to +\infty}{\rightarrow} +\infty$$

donc $\sum a_n r^n$ diverge.
Ceci prouve que le rayon de convergence est 1.
Posons $f(x) = \sum_{n=0}^{+\infty} a_n x^n$ pour $x \in ]-1, 1[$.

➡*Remarque :* Rappelons que les fonctions développables en série entière (on les appelle ‹‹ analytiques ››) jouissent de très bonnes propriétés : elles sont de classe $C^\infty$, holomorphes ($\mathbb{C}$–dérivables dans le plan complexe)... D'où l'intérêt d'avoir un développement en série entière d'une fonction en général. Ici pourtant, on demande de trouver une expression d'une série entière à l'aide de fonctions usuelles (Attention ! Ce n'est pas toujours possible. Les séries entières permettent de ‹‹ fabriquer ›› de nouvelles fonctions non exprimables à l'aide des fonctions usuelles, c'est-à-dire les fonctions trigonométriques, exponentielles, polynômiales, etc...).

On veut faire apparaître des séries entières connues. Commençons par nous ‹‹ débarrasser » du facteur $1/(n+1)$ : on pose

$$g(x) = xf(x) = \sum_{n=0}^{+\infty} \frac{n^{(-1)^n}}{n+1} x^{n+1} .$$

La série entière donnant $g$ a également un rayon de convergence égal à $1$ , $g$ est dérivable sur $]-1,1[$ .
Donc $\forall x \in ]-1,1[$ :

$$g'(x) = \sum_{n=0}^{+\infty} n^{(-1)^n} x^n = \sum_{p=0}^{+\infty} 2p x^{2p} + \sum_{p=0}^{+\infty} \frac{1}{2p+1} x^{2p+1} ,$$

en séparant les termes d'indices pairs et impairs.
On étudie successivement chacun des termes :
— d'une part,

$$\sum_{p=0}^{+\infty} 2p x^{2p} = x \sum_{p=1}^{+\infty} 2p x^{2p-1} ,$$

où la série $\sum_{p=1}^{+\infty} 2p x^{2p-1}$ , de rayon de convergence toujours égal à $1$, est la dérivée de la série $\sum_{p=1}^{+\infty} x^{2p}$ .
Or :

$$\forall x \in ]-1,1[ , \sum_{p=1}^{+\infty} x^{2p} = \frac{1}{1-x^2} - 1 ,$$

donc :

$$\sum_{p=0}^{+\infty} 2p x^{2p} = \frac{2x^2}{(1-x^2)^2} ;$$

— d'autre part, sur $]-1,1[$ ,

$$\frac{d}{dx}\left(\sum_{p=0}^{+\infty} \frac{x^{2p+1}}{2p+1}\right) = \sum_{p=0}^{+\infty} x^{2p} = \frac{1}{1-x^2} ,$$

donc $\sum_{p=0}^{+\infty} x^{2p+1}/(2p+1)$ est la primitive de $1/(1-x^2)$ sur $]-1,1[$ qui s'annule en $0$ ,
donc :

$$\sum_{p=0}^{+\infty} \frac{x^{2p+1}}{2p+1} = \frac{1}{2} \ln\left(\frac{1+x}{1-x}\right) .$$

D'où :

$$\forall x \in ]-1,1[\ ,\ g'(x) = \frac{2x^2}{(1-x^2)^2} + \frac{1}{2}\ln\left(\frac{1+x}{1-x}\right) .$$

$g$ est la primitive de $g'$ sur $]-1,1[$ qui s'annule en $0$ (car $g(0)=0$). Par une intégration par parties, on obtient :

$$\int_0^x \frac{2t^2}{(1-t^2)^2}dt = \frac{x}{1-x^2} - \frac{1}{2}\ln\left(\frac{1+x}{1-x}\right)$$

et en se rappelant que $x \mapsto x\ln x - x$ est une primitive de $x \mapsto \ln x$ , on voit que :

$$\int_0^x \frac{1}{2}\ln\left(\frac{1+t}{1-t}\right)dt = \frac{1}{2}\left[(1+x)\ln(1+x) + (1-x)\ln(1-x)\right] .$$

Donc $\forall x \in ]-1,1[$ ,

$$g(x) = \frac{x}{1-x^2} - \frac{1}{2}\ln\left(\frac{1+x}{1-x}\right) + \frac{1}{2}\left[(1+x)\ln(1+x) + (1-x)\ln(1-x)\right]$$

et

$$\begin{aligned} f(x) &= \frac{1}{1-x^2} - \frac{1}{2x}\ln\left(\frac{1+x}{1-x}\right) \\ &\quad + \frac{1}{2x}\left[(1+x)\ln(1+x) + (1-x)\ln(1-x)\right] . \end{aligned}$$

➡ *Remarque :* $f$ semble non définie en $0$ ; pour vérifier les calculs, il s'impose de faire un développement limité de $f$ en $0$, on trouve $f(x) = x/2 + o(x)$ , on est rassuré !

## EXERCICE 2 Calcul d'un rayon de convergence

On pose :

$$a_n = \int_0^1 \left(\frac{1+t^2}{2}\right)^n dt$$

pour $n \in \mathbb{N}$.

**1.** Montrer que $a_n \to 0$ quand $n \to +\infty$ .

**2.** Calculer $\sum_{n=0}^{+\infty} (-1)^n a_n$ .

**3.** Calculer le rayon de convergence $R$ de $\sum a_n z^n$ .

**solution**

L'outil principal de cet exercice va être le théorème de convergence dominée de Lebesgue, rappelé dans l'exercice intitulé *Applications directes du théorème de convergence dominée*.

**1.** On applique le théorème de convergence dominée à la suite $(a_n)_{n\in\mathbb{N}}$ :

— d'une part $\left(\left(1+t^2\right)/2\right)^n$ converge simplement sur $[0,1]$ vers la fonction $\varphi$ valant 0 sur $[0,1[$ et 1 en 1.

— d'autre part :

$$\forall n\in\mathbb{N}\ ,\ \forall t\in[0,1]\ ,\ \left(\frac{1+t^2}{2}\right)^n\leq 1$$

et la fonction $t\mapsto 1$ est intégrable sur $[0,1]$ donc l'hypothèse de domination est satisfaite. On en déduit :

$$\lim_{n\to+\infty} a_n=\int_0^1\varphi(t)\,dt=0$$

ce qui est le résultat demandé.

**2.** Tout d'abord, la série $\sum\limits_{n=0}^{+\infty}(-1)^n a_n$ converge d'après le théorème des séries alternées, car $(a_n)_{n\geq 0}$ est positive, décroissante et de limite nulle.

➡*Remarque :* Le théorème des séries alternées était demandé en question de cours au début de l'oral.

Pour calculer la somme de la série, on souhaiterait permuter les signes intégral et somme, mais la suite de fonctions $\left(\left(\left(1+t^2\right)/2\right)^n\right)_{n\geq 0}$ ne converge pas uniformément sur $[0,1]$ ... On raisonne alors avec des sommes partielles tronquées au rang $N$ (la permutation ne pose pas de problème) et on fera ensuite tendre $N$ vers $+\infty$ :

$$\sum_{n=0}^{N}(-1)^n a_n=\int_0^1\left(\sum_{n=0}^{N}(-1)^n\left(\frac{1+t^2}{2}\right)^n\right)dt\ .$$

Or :

$$\begin{aligned}
f_N(t) &= \sum_{n=0}^{N}(-1)^n\left(\frac{1+t^2}{2}\right)^n\\
&= \begin{cases}\dfrac{1-(-1)^{N+1}\left(\left(1+t^2\right)/2\right)^{N+1}}{1+\left(1+t^2\right)/2} & \text{si } 0\leq t<1\ ;\\[2ex] 0 \text{ ou } 1 & \text{si } t=1\ .\end{cases}
\end{aligned}$$

On veut appliquer le théorème de convergence dominée de Lebesgue ; pour $t\in[0,1[$,

$(f_N(t))_N$ converge simplement vers $2/(3+t^2)$ mais $f_N(1)$ n'a pas de limite ($f_N(1) = 0$ si $N$ est impair et 1 si $N$ est pair).
Ceci n'est pas gênant, on peut changer la valeur de $f_N$ en un point sans changer la valeur de l'intégrale. Plus précisément, posons :

$$\tilde{f}_N(t) = \begin{cases} f_N(t) & \text{si } t \in [0,1[\,; \\ 0 & \text{si } t = 1\,. \end{cases}$$

Alors :

$$\int_0^1 \tilde{f}_N(t)\,dt = \int_0^1 f_N(t)\,dt$$

pour tout $N$, et :
— d'une part $(f_N(t))_N$ converge simplement sur $[0,1]$ vers $f$ valant $2/(3+t^2)$ pour $t \in [0,1[$ et 0 en 1 ;
— d'autre part :

$$\forall t \in [0,1]\ ,\ \forall N \in \mathbb{N}\ ,\ \tilde{f}_N(t) \leq 4/3$$

et la fonction constante $t \mapsto 4/3$ est intégrable sur $[0,1]$ .
Comme la fonction $f$ est continue par morceaux sur $[0,1]$, le théorème entraîne que :

$$\int_0^1 f_N(t)\,dt = \int_0^1 \tilde{f}_N(t)\,dt \underset{N\to+\infty}{\to} \int_0^1 \frac{2}{3+t^2}dt = \frac{2}{\sqrt{3}} \arctan\sqrt{3}\,.$$

Comme par ailleurs,

$$\int_0^1 f_N(t)\,dt = \sum_{n=0}^{N} (-1)^n a_n$$

converge vers $\sum_{n=0}^{+\infty} (-1)^n a_n$ , on obtient :

$$\boxed{\sum_{n=0}^{+\infty} (-1)^n a_n = \frac{2}{\sqrt{3}} \arctan\left(\frac{1}{\sqrt{3}}\right)}\,.$$

**3.** La méthode la plus classique pour calculer un rayon de convergence est d'étudier le quotient $a_{n+1}/a_n$ . Ici, on ne voit pas comment exploiter cette idée, on revient alors à la définition du rayon de convergence $R$ :

$$R = \sup\left\{r > 0\ /\ (|a_n r^n|)_{n\geq 0} \text{ est une suite majorée}\right\}\,.$$

On a :
— si $r < 1$ alors

$$|a_n r^n| \underset{n\to+\infty}{\to} 0 \text{ car } a_n \underset{n\to+\infty}{\to} 0 \text{ et } r^n \underset{n\to+\infty}{\to} 0\,;$$

— si $r > 1$ alors on va montrer que :

$$|a_n r^n| \underset{n\to+\infty}{\longrightarrow} +\infty .$$

Pour cela, on minore $a_n$ :

$$\begin{aligned} a_n &= \int_0^1 \left(\frac{1+t^2}{2}\right)^n dt = \int_0^\alpha \left(\frac{1+t^2}{2}\right)^n dt + \int_\alpha^1 \left(\frac{1+t^2}{2}\right)^n dt \\ &\geq \int_\alpha^1 \left(\frac{1+t^2}{2}\right)^n dt \geq (1-\alpha)\left(\frac{1+\alpha^2}{2}\right)^n , \end{aligned}$$

où $\alpha$ est un réel quelconque dans $[0,1]$ .
Il suffit maintenant de choisir $\alpha$ assez proche de 1 pour que :

$$\left(\frac{1+\alpha^2}{2}\right)^n r^n \underset{n\to+\infty}{\longrightarrow} +\infty .$$

Ceci est possible car :

$$\lim_{\alpha\to 1}\left(\frac{1+\alpha^2}{2}\right) r = r > 1 ,$$

donc il existe $\alpha$ suffisamment proche de 1 tel que :

$$\left(\frac{1+\alpha^2}{2}\right) r > 1 .$$

Alors :

$$\left(\left(\frac{1+\alpha^2}{2}\right) r\right)^n \underset{n\to+\infty}{\longrightarrow} +\infty ,$$

ce qui entraîne :

$$|a_n r^n| \underset{n\to+\infty}{\longrightarrow} +\infty .$$

On peut donc en conclure que :

$$\boxed{R = 1} .$$

## EXERCICE 3 Un théorème de Tauber

Soit $(a_n)_{n\in\mathbb{N}}$ une suite de réels positifs. Supposons que $f(x) = \sum\limits_{n=0}^{+\infty} a_n x^n$ ait un rayon de convergence au moins égal à 1 et qu'il existe $A > 0$ tel que :

$$\forall x \in [0,1[\ ,\ f(x) \leq A\ .$$

Montrer que $\sum a_n$ converge et que $f$ est prolongeable par continuité en 1.

**solution**

Montrons que $\sum a_n$ converge. C'est une série numérique à termes positifs, il suffit donc de montrer que les sommes partielles sont majorées.
Soit $N \in \mathbb{N}$ et $x \in [0,1[$.

$$\sum_{n=0}^{N} a_n x^n \leq \sum_{n=0}^{+\infty} a_n x^n$$

(car les termes de la série sont tous positifs), d'où :

$$\sum_{n=0}^{N} a_n x^n \leq A$$

puis :

$$\sum_{n=0}^{N} a_n \leq A$$

en faisant tendre $x$ vers 1 dans la somme finie. Comme $N$ a été pris quelconque, ceci prouve que la série converge.
Montrons que $f(x) \underset{x\to 1\,,\,x<1}{\longrightarrow} \sum\limits_{n=0}^{+\infty} a_n$ .
Soit $\varepsilon > 0$. Pour tout entier $M$ on peut écrire :

$$\left| f(x) - \sum_{n=0}^{+\infty} a_n \right| \leq \left| \sum_{n=0}^{M} a_n x^n - \sum_{n=0}^{M} a_n \right| + \left| \sum_{n=M+1}^{+\infty} a_n x^n - \sum_{n=M+1}^{+\infty} a_n \right| .$$

Méthode classique quand on travaille avec des séries entières, on « coupe » les séries en sommes partielles et restes. Commençons par bien choisir $M$ pour majorer les termes de restes indépendamment de $x$ :

$$\forall n \in \mathbb{N}\ ,\ \forall x \in [0,1[\ ,\ |1 - x^n| \leq 1$$

donc :

$$\sum_{n=M+1}^{+\infty} a_n \left|x^n - 1\right| \leq \sum_{n=M+1}^{+\infty} a_n$$

et la série $\sum a_n$ étant convergente, on peut trouver $M$ tel que :

$$\sum_{n=M+1}^{+\infty} a_n \leq \frac{\varepsilon}{2}\,.$$

Pour ce $M$,

$$\forall x \in [0,1[\,,\ \left|\sum_{n=M+1}^{+\infty} a_n x^n - \sum_{n=M+1}^{+\infty} a_n\right| \leq \frac{\varepsilon}{2}\,.$$

$M$ étant fixé indépendamment de $x \in [0,1[$, on peut faire tendre $x$ vers $1$ ; on a :

$$\exists \alpha > 0 \;/\; \forall x \in [1-\alpha, 1[\,,\ \left|\sum_{n=0}^{M} a_n x^n - \sum_{n=0}^{M} a_n\right| \leq \frac{\varepsilon}{2}\,.$$

Finalement,

$$\forall x \in [1-\alpha, 1[\,,\ \left|f(x) - \sum_{n=0}^{+\infty} a_n\right| \leq \frac{\varepsilon}{2} + \frac{\varepsilon}{2} = \varepsilon$$

ce qui prouve que $f$ est prolongeable par continuité en 1 en posant $f(1) = \sum_{n=0}^{+\infty} a_n$ .

➡*Remarques :*

$(i)$ Ce résultat est faux si les $a_n$ ne sont pas positifs :

$$\forall x \in [0,1[\,,\ \sum_{n=0}^{+\infty} (-1)^n x^n = \frac{1}{1+x} \leq 1\,,$$

mais $\sum_{n=0}^{+\infty} (-1)^n$ diverge.

$(ii)$ Montrer le résultat suivant, semblable à celui de l'exercice : si $f(x) = \sum_{n=0}^{+\infty} a_n x^n$ a un rayon de convergence au moins égal à $1$, avec :

$$\lim_{x\to 1\,,\,x<1} f(x) = \ell \text{ et } \lim_{n\to+\infty} n a_n = 0\,,$$

alors $\sum a_n$ converge et vaut $\ell$.

Éléments de réponse : voir qu'il suffit de montrer que

$$\sum_{n=0}^{+\infty} a_n x^n - \sum_{n=0}^{N(x)} a_n \underset{x\to 1}{\to} 0$$

où $N(x) = [1/(1-x)]$ ($[y]$ désigne la partie entière de $y$). Ceci revient à montrer que les deux termes :

$$\sum_{n=N(x)+1}^{+\infty} a_n x^n \text{ et } \sum_{n=0}^{N(x)} a_n (1-x^n)$$

tendent vers 0 quand $x$ tend vers 1.

Soit $\varepsilon > 0$ ; on choisit $x$ assez proche de 1 pour que $|na_n| < \varepsilon$ si $n \geq N(x)$. Alors :

— d'une part,

$$\left|\sum_{n=N(x)+1}^{+\infty} a_n x^n\right| = \left|\sum_{n=N(x)+1}^{+\infty} na_n \frac{x^n}{n}\right| \leq \frac{\varepsilon}{N(x)+1} \sum_{n=N(x)+1}^{+\infty} x^n$$
$$\leq \frac{\varepsilon}{(N(x)+1)(1-x)} \leq \varepsilon \,;$$

— d'autre part,

$$\left|\sum_{n=0}^{N(x)} a_n (1-x^n)\right| \leq (1-x) \sum_{n=0}^{N(x)} n|a_n| \leq \frac{1}{N(x)} \sum_{n=0}^{N(x)} n|a_n|$$

car :

$$1 - x^n = (1-x)\left(1 + x + \cdots + x^{n-1}\right) \leq n(1-x)$$

et par ailleurs,

$$N(x) \leq \frac{1}{1-x} \text{ donc } 1 - x \leq \frac{1}{N(x)}.$$

On applique alors le lemme de Cesáro au majorant pour conclure.

## EXERCICE 4 Équivalent d'une fonction définie par une série entière

On considère la série entière :

$$\sum\left(1+\frac{1}{n}\right)^{n^2}\frac{x^n}{n!}.$$

**1.** Quel est son rayon de convergence ?

**2.** On pose :

$$f(x)=\sum_{n=0}^{+\infty}\left(1+\frac{1}{n}\right)^{n^2}\frac{x^n}{n!}.$$

Montrer que :

$$f(x)\sim\frac{1}{\sqrt{e}}\exp(ex),$$

lorsque $x\to+\infty$.

### solution

Le premier outil mathématique qu'il faut tenter d'utiliser est la règle d'Alembert, qui dans le cas des séries entières se formule de la manière suivante :

➡ *Proposition :* Pour une série entière $\sum a_n z^n$ , si $|a_{n+1}/a_n|\to\ell$ alors $R=1/\ell$ ($\ell$ pouvant être 0 ou $+\infty$ , $R$ prenant respectivement les valeurs $+\infty$ ou 0).

Quand $a_n$ est compliqué comme c'est le cas ici, on cherche d'abord un équivalent de $|a_n|$ et on applique la proposition à cet équivalent :

$$\begin{aligned}|a_n| &= \frac{1}{n!}\left(1+\frac{1}{n}\right)^{n^2}=\frac{1}{n!}e^{n^2\ln(1+1/n)}\\ &= \frac{1}{n!}e^{n^2\left(1/n-1/2n^2+o\left(1/n^2\right)\right)}=\frac{1}{n!}e^{(n-1/2+o(1))}.\end{aligned}$$

Donc :

$$\left|\frac{a_n}{a_{n+1}}\right|=\frac{1}{n+1}e^{(1+o(1))}\underset{n\to+\infty}{\longrightarrow}0 \text{ donc } R=+\infty.$$

**2.** Posons $g(x)=(1/\sqrt{e})\exp(ex)$ ; l'astuce consiste à « trafiquer » $g$ plutôt que $f$ : on développe $g$ en série entière :

$$g(x)=\frac{1}{\sqrt{e}}\exp(ex)=\sum_{n=0}^{+\infty}e^{(n-1/2)}\frac{x^n}{n!} \text{ avec } R_g=+\infty.$$

Posons $b_n = (1/n!)\, e^{(n-1/2)}$ le terme général de $g$. On remarque que $a_n \sim b_n$. On aimerait bien « sommer les équivalents ». Pour cela, il faut revenir à la définition des équivalents.
Soit $\varepsilon > 0$ ; $\exists N > 0 \,/\, \forall n \geq N$ , $(1-\varepsilon)\, b_n \leq a_n \leq (1+\varepsilon)\, b_n$ .
On peut sommer membre à membre ces inégalités à partir de $N$ :

$$(1-\varepsilon)\sum_{n=N}^{+\infty} b_n x^n \leq \sum_{n=N}^{+\infty} a_n x^n \leq (1+\varepsilon)\sum_{n=N}^{+\infty} b_n x^n .$$

Introduisons $f(x)$ et $g(x)$ :

$$(1-\varepsilon)\left(g(x) - \sum_{n=0}^{N} b_n x^n\right) \leq f(x) - \sum_{n=0}^{N} a_n x^n \leq (1+\varepsilon)\left(g(x) - \sum_{n=0}^{N} b_n x^n\right) .$$

Les $N$ termes rajoutés dans chaque membre ne vont pas être gênants car ils seront négligeables devant $g$ quand $x$ deviendra grand. On divise par $g(x)$ qui est strictement positif :

$$m(x) \leq \frac{f(x)}{g(x)} \leq M(x) ,$$

où l'on a posé :

$$m(x) = (1-\varepsilon)\left(1 - \frac{1}{g(x)}\left(\sum_{n=0}^{N-1} b_n x^n\right)\right) + \frac{1}{g(x)}\left(\sum_{n=0}^{N-1} a_n x^n\right)$$

et :

$$M(x) = (1+\varepsilon)\left(1 - \frac{1}{g(x)}\left(\sum_{n=0}^{N-1} b_n x^n\right)\right) + \frac{1}{g(x)}\left(\sum_{n=0}^{N-1} a_n x^n\right) .$$

À ce niveau, il ne faut pas conclure à la va-vite ! On note que :

$$x^n \underset{x\to+\infty}{\ll} g(x) = \frac{1}{\sqrt{e}}\exp(ex) ,$$

donc :

$$m(x) \underset{x\to+\infty}{\longrightarrow} 1-\varepsilon \text{ et } M(x) \underset{x\to+\infty}{\longrightarrow} 1+\varepsilon .$$

Il existe alors $A > 0$ tel que :

$$\forall x \geq A ,\ 1-2\varepsilon \leq m(x) \text{ et } M(x) \leq 1+2\varepsilon ,$$

et finalement :

$$\forall x \geq A \text{ , } 1 - 2\varepsilon \leq \frac{f(x)}{g(x)} \leq 1 + 2\varepsilon$$

ce qui prouve que $f(x) \sim g(x)$ quand $x \longrightarrow +\infty$ car $\varepsilon$ a été pris quelconque au départ.

## EXERCICE 5 Inverse d'une série entière

Soit $f(z) = \sum a_n z^n$ une série entière de rayon de convergence $1$. Pour tout $r \in ]0,1[$, on pose :

$$\begin{array}{rccc} F_r : & \mathbb{R} & \longrightarrow & \mathbb{C} \\ & \theta & \longmapsto & f\left(re^{i\theta}\right) \end{array} .$$

**1.a.** Montrer que la fonction $2\pi-$périodique $F_r$ converge uniformément vers son développement en série de Fourier.

**1.b.** Calculer ce développement.

On suppose dans la suite, que pour tout $z$ de module strictement inférieur à $1$, $f(z) \neq 0$.

**2.a.** Montrer que $1/F_r$ converge uniformément vers son développement en série de Fourier.

Notons $c_n(r)$ les coefficients de Fourier de $1/F_r$.

**2.b.** Montrer que :

$$\forall r \in ]0,1[ \text{ , } \forall n \in \mathbb{Z} \text{ , } \exists b_n \in \mathbb{C} \ / \ c_n(r) = b_n r^n .$$

On pourra considérer la fonction $r \longmapsto r^{-n} c_n(r)$.

**2.c.** Montrer que si $n < 0$ alors $b_n$ est nul.

**2.d.** En déduire que la fonction $z \longmapsto 1/f(z)$ est développable en série entière en $0$ avec un rayon de convergence supérieur à $1$.

### solution

**1.a.** Comme $F_r$ est continue et de classe $C^1$ par morceaux (elle est même de classe $C^\infty$ !), le théorème de convergence normale des séries de Fourier permet de conclure immédiatement.

**1.b.** Si $\gamma_n$ est le $n-$ième coefficient de Fourier de $F_r$ , alors :

$$\gamma_n = \frac{1}{2\pi}\int_0^{2\pi} F_r(\theta)\, e^{-in\theta} d\theta = \frac{1}{2\pi}\int_0^{2\pi}\left(\sum_{p\in\mathbb{N}} a_p r^p e^{i(p-n)\theta}\right) d\theta\ .$$

On peut alors conclure en intervertissant intégration et sommation car la série est uniformément convergente. Ce qui donne :

$$\begin{cases} \gamma_n = 0 & \text{si } n < 0 \\ \gamma_n = a_n r^n & \text{si } n \geq 0\ . \end{cases}$$

**2.a.** Comme $F_r$ ne s'annule pas, $1/F_r$ est encore de classe $C^\infty$ et l'on peut faire la même démonstration que pour la question 1.a.

**2.b.** Soit $n \in\mathbb{Z}$ fixé. Considérons la fonction :

$$\begin{array}{rccc} h: & ]0,1[ & \to & \mathbb{R} \\ & r & \mapsto & r^{-n} c_n(r)\ . \end{array}$$

Il s'agit de montrer que $h$ est constante ou que $h'$ est nulle. La définition de $c_n(r)$ donne :

$$2\pi h(r) = r^{-n}\int_0^{2\pi} \frac{e^{-in\theta}}{f(re^{i\theta})} d\theta\ .$$

Comme la fonction $(r,\theta)\mapsto e^{-in\theta}/f\left(re^{i\theta}\right)$ ainsi que sa dérivée partielle par rapport à $r$ sont continues par rapport au couple $(r,\theta)$ sur $]0,1[\times[0,2\pi]$ , le théorème de dérivation sous le signe intégral s'applique ; $h$ est dérivable et :

$$2\pi h'(r) = -nr^{-n-1}\int_0^{2\pi}\frac{e^{-in\theta}}{f(re^{i\theta})}d\theta + r^{-n}\int_0^{2\pi}\frac{e^{i\theta} f'\left(re^{i\theta}\right) e^{-in\theta}}{\left[f(re^{i\theta})\right]^2} d\theta\ .$$

Pour obtenir $h'(r) = 0$ , on souhaite montrer que la seconde intégrale est l'opposée de la première, grâce à l'intégration par parties suivante :

$$\begin{cases} u'(\theta) = \dfrac{f'\left(re^{i\theta}\right)}{\left[f(re^{i\theta})\right]^2} ire^{i\theta} \\ v(\theta) = \dfrac{e^{-in\theta}}{ir} \end{cases} \quad \text{donc} \quad \begin{cases} u(\theta) = \dfrac{1}{f(re^{i\theta})} \\ v'(\theta) = -n\dfrac{e^{-in\theta}}{r}\ . \end{cases}$$

On obtient :

$$\int_0^{2\pi}\frac{e^{i\theta} f'\left(re^{i\theta}\right) e^{-in\theta}}{\left[f(re^{i\theta})\right]^2} d\theta = \left[\frac{e^{-in\theta}}{irf(re^{i\theta})}\right]_0^{2\pi} - \frac{n}{r}\int_0^{2\pi}\frac{e^{-in\theta}}{f(re^{i\theta})}d\theta\ .$$

Or, la fonction entre crochets est $2\pi-$périodique par rapport à $\theta$ , donc ce terme est nul et $r\leq 1/2$ ; on obtient alors $h'(r) = 0$.

Ainsi, $h$ est dérivable et de dérivée nulle sur l'intervalle $]0,1[$, elle est donc constante et on conclut en appelant $b_n$ cette constante.

**2.c.** Soit $n<0$. Nous avons :

$$\begin{aligned} |c_n(r)| &= \frac{1}{2\pi}\left|\int_0^{2\pi}\frac{e^{-in\theta}}{f(re^{i\theta})}d\theta\right| \\ &\leq \frac{1}{2\pi}\int_0^{2\pi}\frac{1}{|f(re^{i\theta})|}d\theta \leq M \end{aligned}$$

où $M$ est le sup de la fonction continue $|1/f|$ sur le disque compact de rayon $1/2$ et de centre $0$.

Donc $c_n(r)$ est bornée au voisinage de $0$. Or $c_n(r)=b_nr^n$, donc nécessairement $b_n=0$ si $n<0$.

**2.d.** Les trois questions précédentes montrent que :

$$\forall r\in]0,1[\,,\ \forall\theta\in\mathbb{R}\,,\ \frac{1}{f(re^{i\theta})}=\sum_{n\in\mathbb{N}}b_n\left(re^{i\theta}\right)^n\,,$$

avec la propriété de convergence normale pour la série, par rapport à $\theta$. En particulier, pour tout $z$ de module strictement inférieur à $1$, nous avons :

$$\frac{1}{f(z)}=\sum_{n\geq 0}b_nz^n\,,$$

ce qui permet de conclure.

# 2
# Séries de Fourier

On applique l'idée des séries de fonctions et des séries entières à des fonctions particulièrement importantes pour leur utilisation en physique : les fonctions périodiques. Ces fonctions apparaissent notamment en théorie des ondes. C'est Fourier qui, le premier, annonça à l'Académie des Sciences au début du XIX$^e$ siècle que toute fonction $2\pi$-périodique était somme d'une série trigonométrique. Le théorème qui en a découlé est à la base de la théorie qui aujourd'hui porte son nom. Les physiciens diraient plutôt : un signal périodique est la superposition de signaux sinusoïdaux.

## QUESTIONS BRÈVES

**1.** Soit $f$ et $g$ deux fonctions continues $2\pi$-périodiques de $\mathbb{R}$ dans $\mathbb{C}$ qui ont les mêmes coefficients de Fourier. Montrer que $f = g$.

**2.** Soit $\sum_{n\in\mathbb{Z}} c_n e^{int}$ une série qui converge simplement vers une fonction continue par morceaux $f(t)$. On suppose de plus que $\sum_{n\in\mathbb{Z}} |c_n|$ converge. Montrer que $f$ est $2\pi$-périodique et que son $n-$ième coefficient de Fourier vaut $c_n$.

**3.** Soit $f$ une fonction $2\pi$-périodique continue de $\mathbb{R}$ dans $\mathbb{C}$, de classe $C^1$ par morceaux. Exprimer $d_n$, le $n-$ième coefficient de Fourier de $f'$ en fonction de celui de $f$ noté $c_n$.

**4.** Soit $f$ une fonction $2\pi$-périodique continue de $\mathbb{R}$ dans $\mathbb{C}$, de classe $C^1$ par morceaux. Montrer que la série de Fourier de $f$ converge normalement vers $f$.

### *réponses*

**1.** Remarquons tout d'abord que le théorème de Dirichlet ne s'applique pas car $f$ et $g$ ne sont pas $C^1$ par morceaux. Soit $P(t) = \sum_{k=-n}^{k=n} a_k e^{ikt}$ un polynôme trigonométrique. On a:

$$\int_{-\pi}^{\pi} (f(t) - g(t))P(t)\, dt = \sum_{k=-n}^{n} a_k \left( \int_{-\pi}^{\pi} f(t)e^{ikt}dt - \int_{-\pi}^{\pi} g(t)e^{ikt}dt \right) = 0\,.$$

Or, d'après la « version trigonométrique » du théorème de Stone-Weierstrass, il existe une suite $(P_n)$ de polynômes trigonométriques qui tend uniformement vers la fonction continue $2\pi$-périodique $\overline{f-g}$. Donc :

$$\int_{-\pi}^{\pi} |f(t) - g(t)|^2 dt = 0 \, .$$

On conclut alors en utilisant la question brève 3. page 172.

**2.** Comme chaque $e^{int}$ est $2\pi$-périodique, $f$ l'est aussi. Par définition, le $n-$ième coefficient de Fourier de $f$ noté $d_n$ vaut

$$\frac{1}{2\pi} \int_{-\pi}^{\pi} \left( \sum_{k \in \mathbb{Z}} c_k e^{i(k-n)t} \right) dt \, .$$

Comme $f(t)e^{-int}$ est continue par morceaux et

$$\sum_{k \in \mathbb{Z}} \int_{-\pi}^{\pi} |c_k e^{i(k-n)t}| = \sum_{k \in \mathbb{Z}} 2\pi |c_k|$$

converge, le théorème d'intégration terme-à-terme d'une série de fonctions s'applique et donne :

$$d_n = \frac{1}{2\pi} \sum_{k \in \mathbb{Z}} c_k \int_{-\pi}^{\pi} e^{i(k-n)t} dt \, ,$$

puis $d_n = c_n$.

**3.** Soit $-\pi = a_0 < \cdots < a_k = \pi$ une subdivision telle que $f$ est de classe $C^1$ sur chaque $]a_j, a_{j+1}[$. Remarquons que la fonction $f'$ n'est pas définie aux points $a_j$. Cependant, nous pouvons prolonger $f'$ en une fonction continue par morceaux en lui donnant des valeurs arbitraires aux points $a_j$. Comme les intégrales $\int_{-\pi}^{\pi} f'(t)e^{-int}dt$ ne dépendent pas du prolongement choisi pour $f'$, nous pouvons définir sans ambiguité les coefficients $d_n$ par la formule :

$$d_n = \frac{1}{2\pi} \int_{-\pi}^{\pi} f'(t) e^{-int} dt \, .$$

On fixe $0 \leq j \leq k$. Soit $a$ et $b$ tels que $a_j < a < b < a_{j+1}$. Comme $f$ est de classe $C^1$ sur $[a, b]$, on peut faire une intégration par parties sur cet intervalle :

$$\int_a^b f'(t) e^{-int} dt = [f(t)e^{-int}]_a^b + in \int_a^b f(t) e^{-int} dt \, .$$

On fait ensuite tendre $a$ vers $a_j$ et $b$ vers $a_{j+1}$. Comme $f$ est continue, si on fait ceci pour chaque $j$ et que l'on somme le tout, on obtient :

$$2\pi d_n = f(\pi) - f(-\pi) + in \int_{-\pi}^{\pi} f(t)e^{-int}dt \ .$$

Comme $f$ est $2\pi$-périodique, ceci donne $d_n = inc_n$.

**4.** On reprend les notations de la question précédente. Comme $f'$ est continue par morceaux, le théorème de Parseval-Bessel montre que $\sum |d_n|^2$ converge. Or l'inégalité de Cauchy-Schwarz montre que :

$$\sum_{n=-p}^{p} |c_n| = \sum_{n=-p}^{p} \frac{|d_n|}{n} \leq \sqrt{\sum_{n=-p}^{p} \frac{1}{n^2} \sum_{n=-p}^{p} |d_n|^2} \ .$$

Comme $|c_n| = \sup_{t\in\mathbb{R}} |c_n e^{int}|$, ceci montre que la série de Fourier de $f$ converge normalement. D'après la première question, la limite ne peut être que $f$.

## EXERCICE 1 Un calcul d'intégrale trigonométrique avec les séries de Fourier

**1.** Développer en série de Fourier la fonction $\varphi$ , $2\pi-$périodique, impaire sur $\mathbb{R}$ telle que $\varphi(t) = (\pi - t)/2$ pour $t \in ]0, \pi]$ et $\varphi(0) = 0$.

**2.** En déduire $\sum\limits_{n=1}^{+\infty} 1/n^2$.

Soit $S_n(\varphi)(x)$ la somme des $n$ premiers termes de la série de Fourier de $\varphi$.

**3.** Montrer que

$$S_n(\varphi)(x) = -\frac{x}{2} + \int_0^x \frac{\sin[(n+1/2)t]}{2\sin(t/2)} dt$$

pour $x \in \mathbb{R}$.

**4.** Montrer que la fonction $g$ définie sur $[-\pi, \pi]$ de la manière suivante :

— si $u \in [-\pi, \pi] \setminus \{0\}$ alors :

$$g(u) = \frac{1}{2\sin(u/2)} - \frac{1}{u} ;$$

— si $u = 0$ alors $g(u) = 0$ ,

est de classe $C^1$ .

**5.** En déduire que :

$$\forall x \in [-\pi, \pi] \ , \ \varphi(x) = -\frac{x}{2} + \int_0^{+\infty} \frac{\sin u}{u} du ,$$

puis que :

$$\int_0^{+\infty} \frac{\sin u}{u} du = \frac{\pi}{2} .$$

### solution

**1.** Lorsque l'on a une fonction, présentée sous cette forme, à développer en série de Fourier, il est recommandé de commencer par faire une représentation graphique (Cf. figure).

Avant de poursuivre, on rappelle le théorème de Dirichlet.

➡ *Théorème :* Si $f : \mathbb{R} \to \mathbb{R}$ , de classe $C^1$ par morceaux est $2\pi-$périodique, alors $f$ est développable en série de Fourier et la série de Fourier de $f$ ,

$$\frac{a_0}{2} + \sum_{n=1}^{+\infty} [a_n \cos(nt) + b_n \sin(nt)]$$

converge simplement vers $f(t)$ aux points de continuité de $f$ et vers $(f(t^-)+f(t^+))/2$ aux points de discontinuité ($f(t^+)$ et $f(t^-)$ sont respectivement les limites à droite et à gauche de $f$ en $t$). Si de plus $f$ est continue, alors la convergence de la série de Fourier est normale sur $\mathbb{R}$.

$\varphi$ est bien $2\pi-$périodique et $C^1$ par morceaux, donc est développable en série de Fourier. $\varphi$ est impaire donc $a_n = 0$ pour tout $n \in \mathbb{N}$ et :

$$b_n = \frac{1}{\pi}\int_0^{2\pi} \frac{\pi - t}{2}\sin(nt)\,dt\ .$$

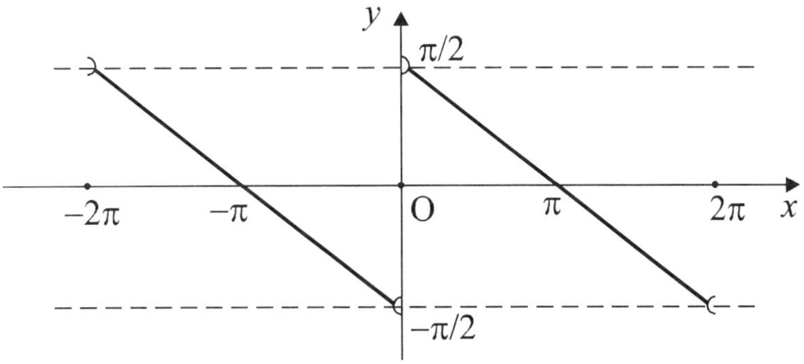


On calcule en intégrant par parties pour trouver $b_n = 1/n$, donc :

$$\varphi(t) = \sum_{n=1}^{+\infty} \frac{\sin(nt)}{n}$$

en tout $t \in \mathbb{R}$ (car aux points de discontinuité on a $\varphi(t) = (\varphi(t^-)+\varphi(t^+))/2$).

**2.** Cette question est à considérer comme une petite question de circonstance car elle ne sert pas pour la suite. On applique simplement la formule de Parseval :

$$\sum_{n=1}^{+\infty} \frac{1}{n^2} = \frac{1}{\pi}\int_0^{2\pi}\left(\frac{\pi - t}{2}\right)^2 dt = \frac{\pi^2}{6}\ .$$

**3.** Rapidement, on se convainc qu'on n'arrivera pas à calculer $S_N(\varphi)$ , pas plus que l'intégrale « rébarbative ». En remarquant la présence de $x$ dans la borne supérieure de l'intégrale, on pense à regarder la dérivée de la relation proposée dans l'énoncé, car justement $S_N(\varphi)'(x)$ peut être calculée (pour ce calcul, voir l'exercice intitulé *Trans-*

*formation d'Abel et applications*) :

$$S_N(\varphi)'(x) = \begin{cases} \sum_{n=1}^{N} \cos(nx) = \dfrac{\cos((N+1)x/2)\sin(Nx/2)}{\sin(x/2)} & \text{si } x \notin 2\pi\mathbb{Z}\,; \\ N & \text{si } x \in 2\pi\mathbb{Z}\,. \end{cases}$$

Il est facile de voir que $S_N(\varphi)'$ est continue sur $\mathbb{R}$. Puis, $\forall x \in \mathbb{R}$ :

$$\begin{aligned} S_N(\varphi)'(x) + \frac{1}{2} &= \frac{2\cos((N+1)x/2)\sin(Nx/2) + \sin(x/2)}{2\sin(x/2)} \\ &= \frac{\sin((2N+1)x/2)}{2\sin(x/2)}\,, \end{aligned}$$

en utilisant la formule trigonométrique $\cos a \cos b = (\cos(a+b) + \cos(a-b))/2$.

➧*Remarque :* On s'est permis un abus d'écriture : pour $x \in 2\pi\mathbb{Z}$, il faudrait écrire :

$$S_N(\varphi)'(x) + \frac{1}{2} = N + \frac{1}{2} = \lim_{y \to x} \frac{\sin((2N+1)y/2)}{2\sin(y/2)}\,.$$

On intègre l'expression obtenue précédemment entre $0$ et $x$ :

$$S_N(\varphi)(x) - S_N(\varphi)(0) + \frac{1}{2}(x-0) = \int_0^x \frac{\sin((2N+1)t/2)}{2\sin(t/2)}dt\,.$$

Comme $S_N(\varphi)(0) = 0$, on a bien la formule recherchée.

**4.** Ce type de question doit être traité rapidement et clairement en annonçant ce qu'il y a à faire et en le faisant.

$1^{ère}$ étape. — Montrons que la fonction $g$ ainsi définie est continue sur $[-\pi, \pi]$.

Le problème ne se pose qu'en $u = 0$, où l'on effectue un développement limité :

$$\begin{aligned} \frac{1}{2\sin(u/2)} &= \frac{1}{2(u/2 + o(u^2))} = \frac{1}{u}\frac{1}{1+o(u)} \\ &= \frac{1}{u}(1+o(u)) = \frac{1}{u} + o(1)\,, \end{aligned}$$

d'où :

$$\frac{1}{2\sin(u/2)} - \frac{1}{u} = o(1)$$

donc $g$ est bien continue en $0$.

$2^{nde}$ étape. — Montrons que $g$ est $C^1$ sur $[-\pi, \pi]$. Ici aussi, le problème ne se pose qu'en $0$. On utilise le lemme suivant :

➧*Lemme :* Si $f$ est continue sur $[a, b]$, de classe $C^1$ sur $[a, b[$ et que $f'(x) \to \ell$ quand $x \to b$, $x < b$ alors $f$ est de classe $C^1$ sur $[a, b]$ et $f'_g(b) = \ell$.

➡*Remarque :* Ce lemme est utile ici. En effet, signalons à toutes fins utiles que si une fonction admet un développement limité à l'ordre $1$ en un point, elle est dérivable en ce point, mais ce n'est pas parce qu'elle admet un développement limité à l'ordre $2$ que nécessairement elle est deux fois dérivable en ce point ! Donc traiter cette question en annonçant « $g$ admet un développement limité à l'ordre $2$ en $0$, donc $g$ est deux fois dérivable donc de classe $C^1$ » est complètement faux ! Pour s'en convaincre, il suffit de considérer le cas de la fonction $f$ :

$$f(t) = \begin{cases} t^3 \sin(1/t^2) & \text{si } t \neq 0 \\ 0 \ \text{si } t = 0\,. \end{cases}$$

$f$ admet un développement limité à l'ordre $2$ en $0$, mais la fonction dérivée $f'$ :

$$f'(0) = 0\ ,\ f'(t) = 3t^2 \sin\left(\frac{1}{t^2}\right) - 2\cos\left(\frac{1}{t^2}\right)$$

n'étant même pas continue en $0$, on n'a aucune chance que $f$ soit deux fois dérivable en $0$.

On traite simultanément les cas à gauche et à droite de $0$ : on dérive l'expression de $g$ sur $J = [-\pi, \pi] \setminus \{0\}$ et on regarde la limite en $0$ :

$$\forall x \in J\ ,\ g'(x) = -\frac{\cos(x/2)}{4\sin^2(x/2)} + \frac{1}{x^2}\,.$$

On fait un développement limité (on remarquera qu'il faut aller à l'ordre $3$ au dénominateur) :

$$\begin{aligned} \left(\sin\left(\frac{x}{2}\right)\right)^2 &= \left(\frac{x}{2} - \frac{x^3}{48} + o(x^3)\right)^2 = \frac{x^2}{4}\left(1 - \frac{x^2}{24} + o(x^2)\right)^2 \\ &= \frac{x^2}{4}\left(1 - \frac{x^2}{12} + o(x^2)\right)\,. \end{aligned}$$

D'où :

$$\begin{aligned} g'(x) &= -\frac{1}{x^2}\frac{1 - x^2/8 + o(x^2)}{1 - x^2/12 + o(x^2)} + \frac{1}{x^2} \\ &= -\frac{1}{x^2}\left(1 - \frac{x^2}{8} + o(x^2)\right)\left(1 + \frac{x^2}{12} + o(x^2)\right) + \frac{1}{x^2} \\ &= \frac{1}{24} + o(1)\,. \end{aligned}$$

Donc :

$$g'(x) \underset{x\to 0\,,\,x\neq 0}{\longrightarrow} \frac{1}{24}$$

et $g$ est de classe $C^1$ si l'on pose $g'(0) = 1/24$.

**5.** On pressent qu'il faut faire tendre $n$ vers $+\infty$ (rien que pour récupérer $\varphi$). Introduisons d'abord $g$ dans la formule obtenue à la question 3., $x$ étant fixé dans $[-\pi, \pi] \setminus \{0\}$ :

$$\begin{aligned} S_n(\varphi)(x) &= -\frac{x}{2} + \int_0^x \sin\left[\left(n+\frac{1}{2}\right)t\right]\left(g(t)+\frac{1}{t}\right)dt \\ &= -\frac{x}{2} + \int_0^x \sin\left[\left(n+\frac{1}{2}\right)t\right] g(t)\,dt + \int_0^x \frac{\sin[(n+1/2)\,t]}{t}dt\,. \end{aligned}$$

On traite séparément chaque terme :

— la série de Fourier $(S_n(\varphi)(x))$ converge simplement vers $\varphi(x)$ ;

— le changement de variable $u = (n+1/2)\,t$ donne :

$$\int_0^x \frac{\sin[(n+1/2)\,t]}{t}dt = \int_0^{(n+1/2)x} \frac{\sin u}{u}du\,,$$

et :

$$\int_0^{(n+1/2)x} \frac{\sin u}{u}du \underset{n\to+\infty}{\rightarrow} \int_0^{+\infty} \frac{\sin u}{u}du\,.$$

➡*Remarque :* Attention ! Cette intégrale n'a pas de sens pour les définitions du cours. $\int_0^{+\infty} (\sin u/u)\,du$ est un abus de notation pour $\lim\limits_{A\to+\infty} \int_0^A (\sin u/u)\,du$ qui existe (pour le voir, on intègre par parties :

$$\int_0^A \frac{\sin u}{u}du = \int_0^1 \frac{\sin u}{u}du + \left[-\frac{\cos u}{u}\right]_1^A - \int_1^A \frac{\cos u}{u^2}du\,,$$

les termes obtenus ayant tous une limite quand $A \to +\infty$, la fonction $u \mapsto \cos u/u^2$ étant intégrable sur $[1, +\infty[$).

— enfin,

$$\int_0^x \sin[(n+1/2)\,t]\,g(t)\,dt \underset{n\to+\infty}{\rightarrow} 0\,,$$

car par une intégration par parties :

$$\begin{aligned}\int_0^x \sin\left[\left(n+\frac{1}{2}\right)t\right] g(t)\,dt &= \left[\frac{g(t)}{n+1/2}\cos\left[(n+1/2)\,t\right]\right]_0^x \\ &\quad + \frac{1}{n+1/2}\int_0^x \cos\left[(n+1/2)\,t\right] g'(t)\,dt\ ,\end{aligned}$$

et :

$$\begin{cases} \dfrac{g(x)\cos\left[\left(n+\frac{1}{2}\right)x\right]}{n+1/2} \underset{n\to+\infty}{\longrightarrow} 0 \\[2ex] \dfrac{1}{n+1/2}\left|\int_0^x \cos\left[(n+1/2)\,t\right] g'(t)\,dt\right| \leq \dfrac{1}{n+1/2}\int_0^x \left|g'(t)\right| dt \underset{n\to+\infty}{\longrightarrow} 0\ . \end{cases}$$

➡ *Remarque :* Cette manière de procéder est classique pour montrer que :

$$\int_a^b f(t)\sin(nt)\,dt \underset{n\to+\infty}{\longrightarrow} 0$$

si $f$ est de classe $C^1$ sur $[a,b]$.

On passe donc à la limite sur $n$ pour obtenir :

$$\varphi(x) = -\frac{x}{2} + \int_0^{+\infty}\frac{\sin t}{t}dt\ .$$

Cette formule est valable pour tout $x \in [0,\pi]$ , en particulier pour $x=\pi$ :

$$\varphi(\pi) = 0 = -\frac{\pi}{2} + \int_0^{+\infty}\frac{\sin t}{t}dt\ ,$$

ce qui donne :

$$\boxed{\int_0^{+\infty}\frac{\sin t}{t}dt = \frac{\pi}{2}}\ .$$

## EXERCICE 2 Calcul de séries numériques à l'aide de séries de fonctions et de séries de Fourier

**1.** Développer en série de Fourier la fonction $\delta$, $2\pi$−périodique et impaire, définie de la manière suivante :

$$\delta(t) = \frac{\pi - t}{2}$$

sur $]0, \pi]$ et $\delta(0) = 0$.
En déduire $\sum\limits_{n=1}^{+\infty} 1/n^2$.

**2.** Montrer que :

$$\sum_{n=1}^{+\infty} \frac{\sin n}{n} = \sum_{n=1}^{+\infty} \frac{\sin^2 n}{n^2}.$$

**3.** Calculer :

$$\sum_{n=1}^{+\infty} \frac{\sin^2 n}{n^4}.$$

### solution

**1.** Cf. exercice intitulé *Un calcul d'intégrale trigonométrique avec les séries de Fourier.* On rappelle les résultats obtenus :

$$\forall x \in \mathbb{R}\ ,\ \delta(x) = \sum_{n=1}^{+\infty} \frac{\sin(nx)}{n} \quad \text{et} \quad \sum_{n=1}^{+\infty} \frac{1}{n^2} = \frac{\pi^2}{6}.$$

➡ *Remarque :* Cette question était posée sous la forme suivante (et plus compliquée) : calculer $\delta(x) = \sum\limits_{n=1}^{+\infty} (\sin(nx))/n$. On attendait sans doute de l'élève qu'il pense aux séries de Fourier et qu'il précise que $\delta$ devait être impaire et discontinue (en donner la raison, en considérant le théorème de Dirichlet).

**2.** L'astuce consiste à travailler avec des séries de fonctions.
Posons :

$$\mu(x) = \sum_{n=1}^{+\infty} \frac{\sin^2(nx)}{n^2}.$$

On a :

$$\begin{aligned}\mu(x) &= \sum_{n=1}^{+\infty} \frac{1-\cos(2nx)}{2n^2} = \frac{1}{2}\sum_{n=1}^{+\infty}\frac{1}{n^2} - \frac{1}{2}\sum_{n=1}^{+\infty}\frac{\cos(2nx)}{n^2} \\ &= \frac{\pi^2}{12} - \frac{1}{2}\gamma(2x) \ ,\end{aligned}$$

où l'on a posé :

$$\gamma(x) = \sum_{n=1}^{+\infty} \frac{\cos(nx)}{n^2} \ .$$

On a envie de dériver pour retrouver $\delta$ ; rappelons le théorème de dérivation des séries de fonctions :

➡*Théorème :* Soit $I$ un intervalle de $\mathbb{R}$ et $(u_n(x))$ une suite de fonctions de classe $C^1$ de $I$ dans $\mathbb{R}$. Si $\sum u_n(x)$ converge simplement sur $I$ et $\sum u_n'(x)$ converge uniformément sur tout compact de $I$, alors $\sum u_n(x)$ est de classe $C^1$ sur $I$ et $\forall x \in I$ ,

$$\left(\sum u_n(x)\right)' = \sum u_n'(x) \ .$$

Dans notre cas, on prend $I = ]0, 2\pi[$. Par la transformation d'Abel (Cf. exercice intitulé *Transformation d'Abel et applications*), on montre que $\sum(-\sin(nx)/n)$ converge uniformément sur tout intervalle $[\varepsilon, 2\pi - \varepsilon]$ donc sur tout compact de $I$ donc le théorème s'applique :

$$\forall x \in ]0, 2\pi[ \ , \ \gamma'(x) = -\sum_{n=1}^{+\infty}\frac{\sin(nx)}{n} = -\delta(x) = \frac{x-\pi}{2} \ ,$$

donc :

$$\gamma(x) = \frac{x^2}{4} - \frac{\pi x}{2} + C \ .$$

Mais $\gamma$ est continue (car la série de Fourier de $\gamma$ converge normalement sur $\mathbb{R}$) donc la formule ci-dessus est valable sur $[0, 2\pi]$ et :

$$\gamma(0) = C = \sum_{n=1}^{+\infty}\frac{1}{n^2} = \frac{\pi^2}{6} \ .$$

Puis :

$$\mu(1) = \frac{\pi^2}{12} - \frac{1}{2}\gamma(2) = \delta(1) \ ,$$

ce qui signifie exactement :

$$\sum_{n=1}^{+\infty} \frac{\sin n}{n} = \sum_{n=1}^{+\infty} \frac{\sin^2 n}{n^2} .$$

**3.** De même, on introduit :

$$\nu(x) = \sum_{n=1}^{+\infty} \frac{\sin^2(nx)}{n^4} = \frac{1}{2}\sum_{n=1}^{+\infty} \frac{1}{n^4} - \frac{1}{2}\sum_{n=1}^{+\infty} \frac{\cos(2nx)}{n^4} .$$

On traite séparément les deux termes :
— on applique la formule de Parseval au développement en série de Fourier de $\gamma$ :

$$\sum_{n=1}^{+\infty} \frac{1}{n^4} = \frac{1}{\pi}\int_0^{2\pi} \left(\frac{t^2}{4} - \frac{\pi t}{2} + \frac{\pi^2}{6}\right)^2 dt = \frac{\pi^4}{90} ;$$

— on pose :

$$\beta(x) = \sum \frac{\cos(nx)}{n^4} .$$

On raisonne comme ci-dessus pour montrer que $\beta$ est deux fois dérivable sur $]0, 2\pi[$ :

$$\forall x \in ]0, 2\pi[ \ , \ \beta'(x) = -\sum_{n=1}^{+\infty} \frac{\sin(nx)}{n^3} \ \text{ et } \ \beta''(x) = -\sum_{n=1}^{+\infty} \frac{\cos(nx)}{n^2} = -\gamma(x) .$$

On en déduit :

$$\beta'(x) = -\frac{x^3}{12} + \frac{\pi x^2}{4} - \frac{\pi^2 x}{6} + C_1$$

et comme $\beta'$ est continue en 0, on a $\beta'(0) = C_1 = 0$.
Puis :

$$\beta(x) = -\frac{x^4}{48} + \frac{\pi x^3}{12} - \frac{\pi^2 x^2}{12} + C_2 ,$$

et $\beta$ est continue en 0, donc :

$$\beta(0) = C_2 = \sum_{n=1}^{+\infty} \frac{1}{n^4} = \frac{\pi^4}{90} ,$$

d'où l'expression de $\beta$ sur $[0, 2\pi]$ .
Finalement :

$$\nu(1) = \sum_{n=1}^{+\infty} \frac{\sin^2 n}{n^4} = \frac{\pi^4}{180} - \frac{1}{2}\beta(2) ,$$

donc :

$$\boxed{\sum_{n=1}^{+\infty} \frac{\sin^2 n}{n^4} = \frac{1}{6} - \frac{\pi}{3} + \frac{\pi^2}{6}}\ .$$

➡*Remarque :* La formule du 2. peut paraître étonnante ; montrer que l'on a un analogue pour les intégrales :

$$\int_0^{+\infty} \frac{\sin u}{u} du = \int_0^{+\infty} \frac{\sin^2 u}{u^2} du$$

(on fera des intégrations par parties).

## EXERCICE 3 Comportement d'un polynôme sur le cercle unité

Soit $P$ un polynôme de $\mathbb{C}[X]$ de degré inférieur ou égal à $n$.
On suppose que $P(0) = 1$ et $P(1) = 0$ ; montrer que :

$$\sup_{|z|=1} |P(z)| \geq \sqrt{1 + \frac{1}{n}}\ .$$

### solution

$P$ est un polynôme de $\mathbb{C}[X]$ de degré inférieur ou égal à $n$, donc il s'écrit :

$$P(X) = c_n X^n + \cdots + c_1 X + c_0\ ,$$

où $c_0, \ldots, c_n$ sont des complexes.
Afin d'étudier $P$ sur le cercle unité, on écrit :

$$P(e^{i\theta}) = \sum_{k=0}^{n} c_k e^{ik\theta}\ ,\ \forall \theta \in [0, 2\pi]\ . \tag{1}$$

Comme la famille des $(\theta \longmapsto e^{ik\theta})_{k=\{0,\ldots,n\}}$ est orthonormée pour le produit scalaire :

$$\langle f, g \rangle = \frac{1}{2\pi} \int_0^{2\pi} f(t)\overline{g(t)} dt\ ,$$

on a pour tout $k$ :

$$\left\langle P(e^{i\theta}), e^{ik\theta} \right\rangle = c_k\ .$$

Ainsi,

$$\frac{1}{2\pi}\int_0^{2\pi}|P(e^{i\theta})|^2 d\theta = \sum_{k=0}^{n}|c_k|^2 .$$

On reconnaît la formule de Parseval : on peut remarquer que la formule $(1)$ est celle d'une série de Fourier dont tous ses coefficients sauf un nombre fini sont nuls.
Minorons maintenant cette même intégrale en utilisant les autres hypothèses sur $P$ ($P(0) = 1$ et $P(1) = 0$) qui se traduisent par,

$$\sum_{k=0}^{n} c_k = 0 \text{ et } c_0 = 1.$$

Ce qui entraîne :

$$\left|\sum_{k=1}^{n} c_k\right| = 1 .$$

Ainsi, d'après l'inégalité de Cauchy-Schwarz :

$$\begin{aligned} 1 &= \left|\sum_{k=1}^{n} c_k\right| \leq \sqrt{\sum_{k=1}^{n}|c_k|^2}.\sqrt{\sum_{k=1}^{n}1^2} \\ &\Rightarrow \frac{1}{n} \leq \sum_{k=1}^{n}|c_k|^2 . \end{aligned}$$

En conclusion :

$$\sum_{k=0}^{n}|c_k|^2 \geq 1 + \frac{1}{n} ,$$

donc par Parseval :

$$\frac{1}{2\pi}\int_0^{2\pi}|P(e^{i\theta})|^2 d\theta \geq 1 + \frac{1}{n} . \tag{2}$$

Supposons par l'absurde que :

$$\sup_{|z|=1}|P(z)| < \sqrt{1 + \frac{1}{n}} .$$

Il existe alors $\delta > 0$ tel que :

$$\sup_{|z|=1}|P(z)|^2 \leq 1 + \frac{1}{n} - \delta .$$

En écrivant cette formule pour $z = e^{i\theta}$, puis en intégrant entre $\theta = 0$ et $\theta = 2\pi$, on contredit la formule $(2)$.

➡*Remarque :* L'introduction du $\delta > 0$ est nécessaire car en intégrant une inégalité stricte, on obtient seulement une inégalité large.

# VI ÉQUATIONS DIFFÉRENTIELLES

## 1

# Équations différentielles linéaires

Une équation différentielle est une équation entre une fonction et ses dérivées. Elles permettent de modéliser bon nombre de phénomènes physiques, biologiques, économiques, etc. Si les fonctions qui interviennent sont à plusieurs variables, on parle alors d'équations aux dérivées partielles. La théorie globale des équations différentielles (ordinaires et aux dérivées partielles) est extrêmement compliquée et constitue encore une énorme part de la recherche en mathématiques.

Quand la relation entre la fonction et ses dérivées est linéaire, l'équation est dite linéaire. Grâce notamment à l'algèbre linéaire, ces équations sont assez bien comprises. On peut même résoudre les équations différentielles linéaires à coefficients constants. Cette partie sera pour nous l'occasion d'utiliser la notion de déterminant et les techniques de réduction des endomorphismes.

### QUESTIONS BRÈVES

**1.** Résoudre respectivement sur $\mathbb{R}$ et sur $\mathbb{R}_+^*$ les équations différentielles suivantes :

$$(E) : y''' - y'' - y' + y = 0 \ ; \ (F) : y' + ln(x)y = \frac{1}{x} \, .$$

**2.** Résoudre sur $\mathbb{R}$ le système différentiel $(S)$ suivant :

$$\begin{cases} x' = x + y \\ y' = 3x - y \, . \end{cases}$$

**3.** Soit $E$ l'ensemble des fonctions dérivables de $\mathbb{R}^*$ dans $\mathbb{R}$ telles que :

$$\forall x \in \mathbb{R}^* \, , \ \ xf'(x) + (\sin x)f(x) = 0 \, .$$

Montrer que $E$ est un espace vectoriel. Quelle est sa dimension ?

**4.** Quelles sont les fonctions $f$ de classe $C^1$ de $\mathbb{R}$ dans $\mathbb{R}$ telles que

$$\forall x \in \mathbb{R}\,, \quad f'(-x) = f(x)\,?$$

## *réponses*

**1.** L'équation $(E)$ est une équation différentielle linéaire à coefficients constants. Son équation caractéristique est $r^3 - r^2 - r + 1 = (r-1)^2(r+1) = 0$. L'ensemble des solutions est donc :

$$\mathcal{S}_E = \left\{ y(x) = (ax+b)e^x + ce^{-x} \text{ avec } a, b, c \in \mathbb{R} \right\}.$$

L'équation $(F)$ est une équation différentielle linéaire du premier ordre à coefficients non constants. Les solutions de l'équation homogène sont les fonctions de la forme $a\exp(-\int_1^x \ln(t)dt)$, c'est-à-dire les fonctions $a\exp(x - x\ln x)$.
La méthode de la variation de la constante consiste à chercher une solution particulière sous la forme $a(x)\exp(x - x\ln x)$. On obtient alors :

$$\mathcal{S}_F = \left\{ y(x) = \exp(x - x\ln x)\left[ b + \int_1^x \frac{\exp(t\ln t - t)}{t} dt \right] \text{ avec } b \in \mathbb{R} \right\}.$$

**2.** Si $A = \begin{pmatrix} 1 & 1 \\ 3 & -1 \end{pmatrix}$, le système $(S)$ s'écrit $\begin{pmatrix} x' \\ y' \end{pmatrix} = A \begin{pmatrix} x \\ y \end{pmatrix}$. La matrice $A$ est diagonalisable : les vecteurs $\begin{pmatrix} 1 \\ 1 \end{pmatrix}$ et $\begin{pmatrix} 1 \\ -3 \end{pmatrix}$ sont respectivement des vecteurs propres pour les valeurs propres 2 et $-2$. Ainsi, l'ensemble des solutions est :

$$\left\{ \begin{pmatrix} x(t) \\ y(t) \end{pmatrix} = a \begin{pmatrix} 1 \\ 1 \end{pmatrix} e^{2t} + b \begin{pmatrix} 1 \\ -3 \end{pmatrix} e^{-2t} \text{ avec } a, b \in \mathbb{R} \right\}.$$

**3.** L'ensemble $E$ est stable par addition et par multiplication par un scalaire ; il s'agit donc d'un espace vectoriel. L'équation de l'énoncé est une équation différentielle linéaire du premier ordre sur les intervalles $]-\infty, 0[$ et $]0, +\infty[$. Le théorème de Cauchy-Lipschitz montre que les solutions sur chacun de ces deux intervalles forment deux espaces vectoriels de dimension 1. Comme il n'y a pas de condition de recollement, la dimension de $E$ est 2.

**4.** L'équation de l'énoncé n'est pas une équation différentielle ! Si $f$ vérifie $f'(x) = f(-x)$, $f'$ est $C^1$ et donc $f$ est $C^2$. En dérivant, on obtient $f''(x) = -f'(-x) = -f(x)$. Ainsi, nécessairement $f$ est une combinaison linéaire de $\sin x$ et $\cos x$. On vérifie alors que les seules fonctions qui conviennent sont les multiples de $\sin x + \cos x$.

## EXERCICE 1 Équations différentielles linéaires et méthode de variation de la constante

Résoudre l'équation différentielle $y'' - 6y' + 9y = e^{2x}$ sur $\mathbb{R}$.

### solution

C'est une équation différentielle linéaire. La solution générale est la somme de la solution générale de l'équation homogène associée et d'une solution particulière.

$1^{er}$ point. — Les coefficients sont constants donc on sait résoudre l'équation homogène associée. L'équation $y'' - 6y' + 9y = 0$ a pour équation caractéristique $r^2 - 6r + 9 = 0$, qui a une racine double $r = 3$, donc la solution générale de l'équation homogène est $y_h(x) = Ae^{3x} + Bxe^{3x}$, où $A$ et $B$ sont des constantes arbitraires.

$2^{nd}$ point. — On cherche une solution particulière par la méthode de variation de la constante.

➡*Rappel :* On cherche à résoudre

$$y'' + a(x)y' + b(x)y = c(x) \qquad (E)$$

connaissant une base de solutions $(y_1, y_2)$ de l'équation homogène associée :

$$y'' + a(x)y' + b(x)y = 0 . \qquad (H)$$

La méthode de variation de la constante consiste à rechercher une solution de $(E)$ de la forme $y(x) = \lambda_1(x)y_1(x) + \lambda_2(x)y_2(x)$ avec $\lambda_1$ et $\lambda_2$ à déterminer.

En dérivant :

$$y' = \lambda_1' y_1 + \lambda_1 y_1' + \lambda_2' y_2 + \lambda_2 y_2' .$$

Il va falloir encore dériver et on ne veut en aucun cas tomber à nouveau sur des équations du $2^{nd}$ ordre en $\lambda_1$ et $\lambda_2$ (sinon on ne progresse pas !) donc on impose :

$$\lambda_1' y_1 + \lambda_2' y_2 = 0$$

et on a alors :

$$y'' = \lambda_1' y_1' + \lambda_1 y_1'' + \lambda_2' y_2' + \lambda_2 y_2'' .$$

On calcule alors $y'' + ay' + by$, qui se simplifie beaucoup, car d'une part $y_1$ et $y_2$ sont solutions de $(H)$ et d'autre part $y$ est solution de $(E)$ :

$$y'' + ay' + b = \lambda_1' y_1' + \lambda_2' y_2' = c .$$

On obtient finalement le système :

$$\left\{\begin{array}{l}\lambda_1'y_1+\lambda_2'y_2=0\ ;\\ \lambda_1'y_1'+\lambda_2'y_2'=c\,.\end{array}\right. \qquad (S)$$

Pour toute solution $(\lambda_1', \lambda_2')$ de $(S)$ (qui est de Cramer), $y = \lambda_1 y_1 + \lambda_2 y_2$ est solution de $(E)$ . Il reste à intégrer $\lambda_1'$ et $\lambda_2'$ .

L'équation homogène précédente admet pour base de solution évidente $y_1 = e^{3x}$ et $y_2 = xe^{3x}$ , ce qui conduit au système :

$$\left\{\begin{array}{l}e^{3x}\lambda_1'+xe^{3x}\lambda_2'=0\\ 3e^{3x}\lambda_1'+(1+3x)\,e^{3x}\lambda_2'=e^{2x}\,.\end{array}\right.$$

Puis :

$$\left\{\begin{array}{l}\lambda_1'=-xe^{-x}\\ \lambda_2'=e^{-x}\end{array}\right. \quad \text{et} \quad \left\{\begin{array}{l}\lambda_1=e^{-x}\,(1+x)\\ \lambda_2=-e^{-x}\,.\end{array}\right.$$

D'où $y_p(x) = e^{2x}(1+x) - xe^{2x} = e^{2x}$ est une solution particulière de l'équation. Finalement la solution générale de l'équation est :

$$\boxed{y(x) = Ae^{3x} + Bxe^{3x} + e^{2x}\ ,\ (A,B) \in \mathbb{R}^2}\ .$$

➡ *Remarque :* Cet exercice ne présente aucune difficulté ; il faut connaître la méthode et savoir calculer. Pour s'entraîner, résoudre :

— sur $]0, \pi/2[$ :

$$y'' + y = \frac{1}{\cos x \sin x}\ .$$

Solution :

$$y(x) = (A + \ln\tan(x/2))\cos x + (B - \ln\tan(x/2 + \pi/4))\sin x\ ;$$

— sur $\mathbb{R}$ :

$$y'' + y = |\sin x|\ .$$

Solution :

$$y(x) = \left(A - \int_0^x \sin t\,|\sin t|\,dt\right)\cos x + \left(B + \int_0^x \cos t\,|\sin t|\,dt\right)\sin x\ .$$

## EXERCICE 2 Équations différentielles à coefficients polynômiaux

Déterminer les solutions de :

$$(2-x^2)y''-2xy'+\lambda(\lambda+1)y=0 \qquad (\lambda\in\mathbb{R})$$

qui sont développables en séries entières en $x=0$.
Quel est le rayon de convergence des séries obtenues ?
Pour quelles valeurs de $\lambda$ existe-t-il des solutions polynômiales non nulles ?

### solution

Cherchons une solution $f$ sous la forme :

$$f(x)=\sum_{n=0}^{+\infty}a_nx^n ,$$

une série entière de rayon de convergence strictement positif.
D'après le cours, $f$ est de classe $C^\infty$ et ses dérivées sont des séries entières dont le rayon de convergence est égal à celui de $f$.
On a

$$f'(x)=\sum_{n=1}^{+\infty}na_nx^{n-1}=\sum_{n=0}^{+\infty}(n+1)a_{n+1}x^n$$

et

$$f''(x)=\sum_{n=0}^{+\infty}(n+1)(n+2)a_{n+2}x^n .$$

Remplaçons ces valeurs dans l'équation vérifiée par $f$ :

$$\begin{aligned}&(2-x^2)\sum_{n=0}^{+\infty}(n+1)(n+2)a_{n+2}x^n\\ &-2x\sum_{n=0}^{+\infty}(n+1)a_{n+1}x^n+\lambda(\lambda+1)\sum_{n=0}^{+\infty}a_nx^n \quad =0 ,\end{aligned}$$

donc :

$$\begin{aligned}&\sum_{n=0}^{+\infty}\left[2(n+1)(n+2)a_{n+2}+\lambda(\lambda+1)a_n\right]x^n\\ &-\sum_{n=0}^{+\infty}(n+1)(n+2)a_{n+2}x^{n+2}-2\sum_{n=0}^{+\infty}(n+1)a_{n+1}x^{n+1} \quad =0 .\end{aligned}$$

L'unicité du développement en série entière nous permet d'identifier les coefficients des

termes de même degré de part et d'autre de l'égalité (ils sont tous nuls, la série de droite étant identiquement nulle).
Le coefficient de $x^0$ est :

$$4a_2 + \lambda(\lambda+1)a_0 = 0\ .$$

Le coefficient de $x^1$ est :

$$12a_3 - 2a_1 + \lambda(\lambda+1)a_1 = 0\ .$$

Le coefficient de $x^n$ pour $n \geq 2$ est :

$$2(n+1)(n+2)a_{n+2} - (n-1)na_n - 2na_n + \lambda(\lambda+1)a_n = 0\ .$$

On en déduit les égalités suivantes :

$$\begin{aligned} a_2 &= -\frac{\lambda(\lambda+1)}{4}a_0\ , \\ a_3 &= \frac{2-\lambda(\lambda+1)}{12}a_1\ , \\ \text{Pour } n \geq 2\ ,\ a_{n+2} &= \frac{(n+1)n - \lambda(\lambda+1)}{2(n+1)(n+2)}\,a_n\ . \end{aligned}$$

À chaque couple $(a_0, a_1)$ correspond une série entière $\sum\limits_{n=0}^{+\infty} a_n x^n$ dont les coefficients vérifient les formules ci-dessus. Ayant raisonné par équivalence, cette série fournit une solution si et seulement si son rayon est strictement positif. Il nous reste donc à calculer celui-ci suivant les valeurs de $a_0$ et de $a_1$.

La formule de récurrence qui donne $a_{n+2}$ en fonction de $a_n$ nous incite à considérer les séries entières $\sum a_{2n}x^{2n}$ et $\sum a_{2n+1}x^{2n+1}$.

Posons : $f_1(y) = \sum\limits_{k=0}^{\infty} a_{2k}y^k$ .

$1^{er}$ cas. — Il existe $k_0$ tel que $a_{2k_0} = 0$.
Les formules impliquent que $f_1$ est un polynôme donc une série entière de rayon infini.
$2^{nd}$ cas. — Les $(a_{2k})$ sont tous non nuls.
Rappelons la règle d'Alembert :
Soit $\sum c_n z^n$ une série entière à coefficients complexes tous non nuls. Si $|c_n|/|c_{n+1}|$ admet une limite $R$ dans $\mathbb{R}_+ \cup \{+\infty\}$, alors le rayon de convergence de la série entière est $R$.
Ici, $a_{2k}/a_{2(k+1)}$ tend vers 2, donc le rayon de convergence de $f_1$ est 2.

Par le même raisonnement, $f_2(y) = \sum_{k=0}^{+\infty} a_{2k+1}y^k$ a un rayon de convergence égal à 2 ou à l'infini.

Comme $f(x) = f_1(x^2) + xf_2(x^2)$, nous allons essayer de relier le rayon de convergence de $f$ à ceux de $f_1$ et $f_2$ ; rappelons pour cela la définition du rayon de convergence.

➡*Rappel :* Le rayon de convergence est le plus grand réel positif $R$ tel que pour tout $x$ de valeur absolue strictement inférieur à $R$, on ait convergence absolue de la série des $\sum_{n=0}^{+\infty} a_n|x|^n$. Ceci implique d'après le cours que pour tout $x$ de valeur absolue strictement supérieure à $R$, la série $\sum a_n x^n$ diverge grossièrement (i.e. le terme général ne tend pas vers 0).

Nous pouvons d'ores et déjà écarter le cas où $f$ est un polynôme, c'est-à-dire lorsque $f_1$ et $f_2$ le sont. Il apparaît alors que le rayon de convergence de $f$ est supérieur à $\sqrt{2}$. En effet, si $x$ est de valeur absolue strictement inférieure à $\sqrt{2}$, alors $|x^2| < 2$ et les deux séries $\sum_{k=0}^{+\infty} a_{2k}x^{2k}$ et $\sum_{k=0}^{+\infty} a_{2k+1}x^{2k}$ convergent. Ainsi, $f(x)$ converge.

D'autre part, ayant exclu le cas où $f_1$ et $f_2$ sont toutes deux polynômiales, si $|x| > \sqrt{2}$ alors $|x^2| > 2$, ce qui implique qu'une des deux séries $f_1$ ou $f_2$ diverge grossièrement. Ainsi la suite des termes pairs ou impairs de $(a_n x^n)$ ne tend pas vers 0 : la série des $a_n x^n$ ne peut pas converger. Ceci montre que le rayon de convergence est inférieur à $\sqrt{2}$ et par conséquent égal à $\sqrt{2}$.

Maintenant, pour que $f$ soit un polynôme, il faut et il suffit que les coefficients $a_n$ soient nuls à partir d'un certain rang.
Donc, en retirant les cas simples où $a_0$ et $a_1$ sont tous les deux nuls, il faut que l'expression suivante s'annule pour un certain $n \geq 2$ :

$$\frac{(n+1)n - \lambda(\lambda+1)}{2(n+1)(n+2)} = 0 \qquad (1)$$

Ceci équivaut à : $\lambda^2 + \lambda - n(n+1) = 0$.
Cette équation a donc $\Delta = 1 + 4n^2 + 4n = (1+2n)^2$ pour discriminant, et ses racines sont $n$ et $-n-1$.
Récapitulons. Si $\lambda \in \mathbb{Z}^*$, alors (1) est satisfaite pour un certain $n_\lambda \geq 2$. Ainsi la relation de récurrence initiale nous garantit $a_{n_\lambda+2}$ est nul puis que tous les coefficients $a_{n_\lambda+2k}$ pour $k \geq 1$ sont nuls. En choisissant $a_0$ ou $a_1$ égal à zéro suivant la parité de $n$, on obtient des solutions polynômiales de l'équation différentielle.

## EXERCICE 3 Étude qualitative d'une équation différentielle linéaire

Soient $a$ et $b$ deux fonctions continues de $\mathbb{R}$ dans $\mathbb{R}$. Dans cet exercice, $(E)$ désignera l'équation différentielle :

$$y'' + a(x)\, y' + b(x)\, y = 0 \ .$$

Soit $f$ une solution non nulle de $(E)$ vérifiant $f(x_0) = 0$ pour $x_0$ de $\mathbb{R}$.

**1.a.** Montrer que $f'(x_0) \neq 0$.

**1.b.** En déduire que :

$$\exists \delta > 0 \ / \ \forall t \in \mathbb{R}^* \ , \ (|t| < \delta \Rightarrow f(x_0 + t) \neq 0) \ .$$

**1.c.** Soit $(x_n)_{n\in\mathbb{N}}$ une suite de réels deux-à-deux distincts, telle que $f(x_n) = 0$ pour tout $n$. Montrer que la suite $(x_n)$ ne converge pas dans $\mathbb{R}$.

**1.d.** Soit $[\alpha, \beta]$ un intervalle compact de $\mathbb{R}$. Déduire de la question précédente, que $f$ n'a qu'un nombre fini de zéros dans $[\alpha, \beta]$.

**2.a.** Soit $(f, g)$ une base des solutions de $(E)$. Soient deux zéros réels $x_0$ et $x_1 > x_0$ de $f$ consécutifs, c'est-à-dire tels que $f$ ne s'annule pas sur $]x_0, x_1[$.

Montrer la relation $(1)$ :

$$\exists y \in [x_0, x_1] \ / \ g(y) = 0 \ .$$

On pourra utiliser avec profit le Wronskien.

**2.b.** Montrer l'unicité de $y$ vérifiant $(1)$.

### solution

**1.a.** Si $f'(x_0) = 0$ alors $f$ est une solution de $(E)$ vérifiant $f(x_0) = f'(x_0) = 0$. Alors, comme $a$ et $b$ sont continues, l'unicité de la solution donnée par le théorème de Cauchy-Lipschitz montre que $f$ est la fonction nulle. Contradiction.

**1.b.** Étudions $f$ au voisinage de $x_0$. Comme $f(x_0) = 0$, un développement limité au voisinage de $t = 0$ nous donne :

$$\begin{aligned} f(x_0 + t) &= f(x_0) + f'(x_0)\, t + t\varepsilon(t) \\ &= t\,(f'(x_0) + \varepsilon(t)) \ . \end{aligned}$$

Comme $\lim_{t \to 0} \varepsilon(t) = 0$ et $f'(x_0) \neq 0$ :

$$\exists \delta > 0 \,/\, \forall t \in \mathbb{R} \,,\, (|t| < \delta \Rightarrow f'(x_0) + \varepsilon(t) \neq 0) \,,$$

Ce $\delta$ vérifie la propriété recherchée.

**1.c.** Raisonnons par l'absurde et supposons qu'il existe $\ell$ dans $\mathbb{R}$ tel que $\lim_{n \to +\infty} x_n = \ell$. Par continuité de $f$, on a $\lim_{n \to +\infty} f(x_n) = f(\ell)$, donc $f(\ell) = 0$.
Alors, d'après la question 1.b. , nous pouvons trouver $\delta > 0$ tel que :

$$\forall t \in \mathbb{R}^* \,,\, (|t| < \delta \Rightarrow f(\ell + t) \neq 0) \,. \tag{2}$$

Or :

$$\exists N \in \mathbb{N} \,/\, \forall n \in \mathbb{N} \,,\, (n \geq N \Rightarrow |x_n - \ell| < \delta) \,. \tag{3}$$

Les conditions $(2)$ et $(3)$ impliquent $x_n = \ell$ pour tout $n \geq N$, ce qui contredit le fait que les $x_n$ soient deux-à-deux distincts.

➡*Remarque :* La démonstration par l'absurde s'impose naturellement car il est plus facile de formuler mathématiquement une hypothèse de convergence pour une suite, que de non-convergence.

**1.d.** Si $f$ a un nombre infini de zéros dans $[\alpha, \beta]$ , alors il existe une suite $(x_n)$ de réels deux-à-deux distincts tels que :

$$\begin{cases} f(x_n) = 0 \,,\ \forall n \in \mathbb{N} \\ \alpha \leq x_n \leq \beta \,. \end{cases}$$

Comme $[\alpha, \beta]$ est compact, le théorème de Bolzano-Weierstrass montre qu'il existe une suite extraite $(x_{n_k})$ de $(x_n)$ qui converge. L'existence de cette suite $(x_{n_k})$ est en contradiction avec la question 1.c.

**2.a.** Remarquons que $(E)$ est une équation différentielle linéaire d'ordre 2. Donc l'ensemble des solutions de $(E)$ est un espace vectoriel de dimension 2. Considérons une base $(f, g)$ de l'espace des solutions et le Wronskien associé à cette base, noté $W$ et défini de la manière suivante :

$$W : \begin{array}{ccc} \mathbb{R} & \to & \mathbb{R} \\ x & \mapsto & \begin{vmatrix} f(x) & g(x) \\ f'(x) & g'(x) \end{vmatrix} \end{array} .$$

➡*Rappel :* Une équation différentielle du second ordre :

$$y'' + a(x)\, y' + b(x)\, y = 0$$

peut s'écrire matriciellement :

$$Y' = AY$$

avec :

$$Y = \begin{pmatrix} y \\ y' \end{pmatrix} \text{ et } A = \begin{pmatrix} 0 & 1 \\ -b(x) & -a(x) \end{pmatrix} .$$

Alors, on montre que le Wronskien $W(x)$ est solution de l'équation différentielle du premier ordre :

$$z' = \operatorname{tr}(A)\, z ,$$

c'est-à-dire :

$$W(x) = \lambda \exp\left(\int_0^x a(t)\, dt\right) .$$

En particulier, $W(x)$ ne s'annule pas et est de signe constant.

Pour montrer que $g$ s'annule, montrons qu'elle change de signe entre $x_0$ et $x_1$. Quitte à remplacer $f$ par son opposé, nous pouvons supposer que $f$ est strictement positive sur $]x_0, x_1[$ :

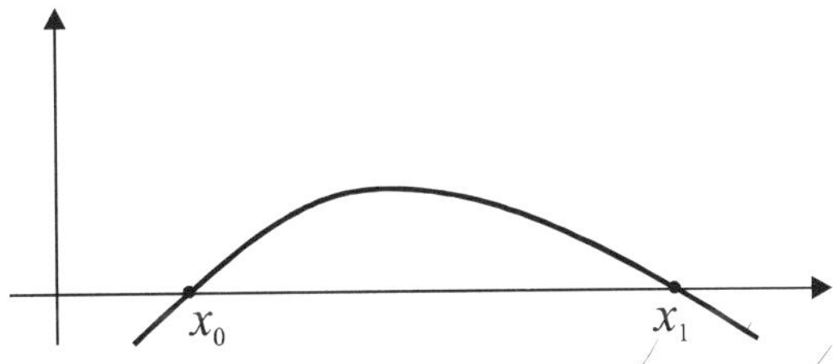


Calculons $W$ en $x_0$ et $x_1$ :

$$W(x_0) = -f'(x_0)\, g(x_0) \quad \text{et} \quad W(x_1) = -f'(x_1)\, g(x_1) . \tag{4}$$

Nous avons :

$$f(x_0 + t) = t\,(f'(x_0) + \varepsilon(t)) .$$

Or $f'(x_0) \neq 0$ et $f$ est positive sur $]x_0, x_1[$ ; donc la formule précédente avec $t > 0$ suffisamment petit montre que $f'(x_0) > 0$. Un raisonnement analogue montre que $f'(x_1) < 0$.

Mais comme $W$ est de signe constant, (4) montre que $g(x_0)\, g(x_1) < 0$. Donc, le théorème des valeurs intermédiaires appliqué à la fonction continue $g$, montre que :

$$\exists y \in ]x_0, x_1[ \;/\; g(y) = 0 .$$

**2.b.** En échangeant les rôles de $f$ et $g$ dans la question précédente, nous voyons qu'entre deux zéros de $g$, il existe un zéro de $f$. Comme $f$ ne s'annule pas sur $]x_0, x_1[$, ceci implique l'unicité du zéro de $g$ dans $]x_0, x_1[$.

## EXERCICE 4 Équations différentielles et fonctions exponentielles-polynômiales

Résoudre sur $\mathbb{R}$ l'équation différentielle, notée $(E)$ :

$$y'' + 2y' + y = \left(9x^2 + 3x + 5\right) e^{2x} + 2e^{-x} .$$

### solution

L'équation $(E)$ est linéaire, d'ordre 2 et avec un second membre.
On commence par résoudre l'équation homogène associée :

$$y'' + 2y' + y = 0 . \qquad (E_h)$$

Il s'agit d'une équation différentielle linéaire à coefficients constants, à laquelle on associe l'équation caractéristique :

$$r^2 + 2r + 1 = 0 . \qquad (C)$$

Celle-ci admet pour solution une racine double $r = -1$, donc les solutions de $(E_h)$ s'écrivent :

$$y_h(x) = (A + Bx) e^{-x}$$

où $A$ et $B$ sont deux réels quelconques.

➡ *Remarque :* Une équation différentielle linéaire homogène d'ordre $n$ à coefficients constants est une équation du type :

$$a_0 y^{(n)} + a_1 y^{(n-1)} + \cdots + a_n = 0$$

avec $a_0 \neq 0$. On appelle polynôme caractéristique de cette équation le polynôme $P(r) = a_0 r^n + a_1 r^{n-1} + \cdots + a_n$. Soient $r_1, ..., r_s$ les racines dans $\mathbb{C}$ de ce polynôme, de multiplicités respectives égales à $\alpha_1, ..., \alpha_s$. Alors, une base des solutions de cette équation différentielle est :

$$\left(x^k e^{r_i x}\right)_{0 \leq k \leq \alpha_i - 1 \, , \, 1 \leq i \leq s} .$$

Revenons à notre exercice.
Le second membre de l'équation $(E)$ est exponentiel-polynômial. On peut donc chercher une solution particulière de la forme :

$$y_p(x) = P(x)\, e^{2x} + Q(x)\, e^{-x} \quad \text{avec} \quad \begin{cases} \deg P \leq 2 \\ \deg Q \leq 2\,. \end{cases}$$

➡*Remarque :* De manière générale, si le second membre est exponentiel-polynômial (c'est-à-dire une fonction de la forme $x \mapsto R(x)\, e^{\mu x}$ avec $\mu$ réel ou complexe et $R$ un polynôme), il existe une solution particulière de la forme $P(x)e^{\mu x}$ où $P$ est un polynôme. De plus, le degré de $P$ peut être pris inférieur ou égal à la somme du degré de $R$ et de l'ordre de multiplicité (éventuellement nul) de la racine $\mu$ dans l'équation caractéristique. De plus, cette règle se généralise par additivité au cas de plusieurs exponentielles.

Ici, un simple calcul montre que $y_p(x)$ est solution de $(E)$ si et seulement si :

$$[P'' + 6P' + 9P](x)\, e^{2x} + Q''(x)\, e^{-x} = \left(9x^2 + 3x + 5\right) e^{2x} + 2e^{-x}\,.$$

Comme la famille des fonctions $\left(x^\alpha e^{\beta x}\right)_{\alpha \in \mathbb{R}_+\,,\, \beta \in \mathbb{R}}$ est libre, ceci est équivalent à :

$$\begin{cases} P''(x) + 6P'(x) + 9P(x) = 9x^2 + 3x + 5 \\ Q''(x) = 2\,. \end{cases} \qquad (S)$$

Ainsi, $Q(x) = x^2$ convient. De plus, les coefficients dominants imposent que $P(x) = x^2 + ax + b$ où les coefficients $a$ et $b$ restent à déterminer. En injectant cette expression dans $(S)$ on obtient :

$$P(x) = x^2 - x + 1\,.$$

Ainsi, l'ensemble des solutions de $(E)$ est :

$$\boxed{\{(A + Bx + x^2)\, e^{-x} + (x^2 - x + 1)\, e^{2x} \;/\; (A, B) \in \mathbb{R}^2\}}\,.$$

## EXERCICE 5 Méthode de Gronwall

Soit $f: \mathbb{R}_+ \to \mathbb{R}_+$, continue sur $\mathbb{R}_+$ et vérifiant :

$$\forall x \in \mathbb{R}_+ , \ f(x) \leq a \int_0^x f(t)\, dt .$$

Trouver $f$.

**solution**

Remarquons tout d'abord, que si $a < 0$ alors comme $f$ est continue et à valeurs dans $\mathbb{R}_+$, on a :

$$\left(\forall x \in \mathbb{R}_+ , \ a \int_0^x f(t)\, dt \leq 0\right) \Rightarrow (\forall x \in \mathbb{R}_+ , \ 0 \leq f(x) \leq 0)$$

c'est-à-dire $f = 0$.

Si on suppose $a > 0$ alors en multipliant l'inégalité par $e^{-ax}$ :

$$\forall x \in \mathbb{R}_+ , \ f(x)\, e^{-ax} \leq a e^{-ax} \int_0^x f(t)\, dt$$

d'où :

$$\forall x \in \mathbb{R}_+ , \ \left[\left(\int_0^x f(t)\, dt\right) e^{-ax}\right]' \leq 0 ,$$

car $f$ étant continue sur $\mathbb{R}_+$, la fonction $x \mapsto \int_0^x f(t)\, dt$ est de classe $C^1$ et admet $f$ pour dérivée.

On a donc montré que la fonction $x \mapsto e^{-ax} \int_0^x f(t)\, dt$ est décroissante sur $\mathbb{R}_+$, d'où :

$$\forall x \in \mathbb{R}_+ , \ e^{-ax} \int_0^x f(t)\, dt \leq \left(e^{-ax} \int_0^x f(t)\, dt\right)(0) = 0$$

soit :

$$\forall x \in \mathbb{R}_+ , \ \int_0^x f(t)\, dt \leq 0 .$$

Or $f$ est continue et positive, donc en conclusion :

$$\boxed{\forall x \in \mathbb{R}_+ , \ f(x) = 0} .$$

La fonction nulle est donc la seule fonction continue vérifiant l'inégalité.

➡ *Remarque :* Il est important de noter la technique utilisée dans cet exercice. Il s'agit de rassembler tous les termes de l'inégalité dans le même membre, et de multiplier par une bonne fonction (souvent l'exponentielle) pour faire apparaître une dérivée. Cette astuce couramment utilisée se retrouve par exemple dans le lemme de Gronwall.

## EXERCICE 6 Comportement asymptotique de f+f'

Soit $f$ une fonction de $\mathbb{R}$ dans $\mathbb{R}$ vérifiant :

$$\lim_{x\to+\infty} (f(x) + f'(x)) = 0 .$$

Montrer que :

$$\lim_{x\to+\infty} f(x) = 0 .$$

### solution

D'après l'énoncé, la fonction $f$ vérifie une condition peu classique et pas facile à exploiter directement. L'astuce de l'exercice consiste à voir la somme de $f$ et de sa dérivée comme une fonction auxiliaire. Posons :

$$\forall x \in \mathbb{R} \ , \ g(x) = f(x) + f'(x) \ , \tag{1}$$

avec par hypothèse de l'énoncé :

$$\lim_{x\to+\infty} g(x) = 0 . \tag{2}$$

L'équation $(1)$ montre que $f$ est solution d'une équation différentielle du premier ordre, à coefficients constants et avec le second membre $g$. On peut donc exprimer $f$ en fonction de $g$ en résolvant cette équation différentielle.
Les solutions de l'équation homogène associée sont les fonctions $x \mapsto Ce^{-x}$ où $C \in \mathbb{R}$. On cherche alors une solution particulière de l'équation complète en appliquant la méthode de la variation de la constante : on cherche une solution de la forme $x \mapsto C(x)\, e^{-x}$ où la fonction $x \mapsto C(x)$ vérifie :

$$\forall x \in \mathbb{R} \ , \ C(x)\, e^{-x} + \left(C(x)\, e^{-x}\right)' = C'(x)\, e^{-x} = g(x)$$

c'est-à-dire :

$$C'(x) = g(x)\, e^{x}$$

donc :

$$\forall x \in \mathbb{R} \ , \ C(x) - C(0) = \int_0^x g(u)\, e^u du \ .$$

Les solutions générales de l'équation différentielle $(1)$ sont alors de la forme :

$$x \mapsto \left(\int_0^x g(u)\, e^u du\right) e^{-x} + ae^{-x} \ ,$$

où toutes les constantes précédentes ont été réunies dans $a$.

Muni de la condition $(2)$, l'étude de la limite à l'infini de $f$ s'effectue maintenant « à la main ». Soit $\varepsilon > 0$ :

$$(2) \Rightarrow \exists A \in \mathbb{R} \;/\; \forall x \geq A \;,\; |g(x)| \leq \frac{\varepsilon}{2} \;,$$

Mais alors, $\forall x \geq A$,

$$\begin{aligned} f(x) &= \left(\int_0^A g(u)\, e^u du\right) e^{-x} + \left(\int_A^x g(u)\, e^u du\right) e^{-x} + a e^{-x} \\ &\leq \left| a + \int_0^A g(u)\, e^u du \right| e^{-x} + \frac{\varepsilon}{2} e^{-x} \int_A^x e^u du \;. \end{aligned}$$

Un calcul de primitive montre que :

$$\forall x \geq A \;,\; \int_A^x e^u du \leq e^x \;,$$

donc $\forall x \geq A$,

$$|f(x)| \leq \left| \left( a + \int_0^A g(u)\, e^u du \right) e^{-x} \right| + \frac{\varepsilon}{2} \;.$$

Or, $A$ étant fixé,

$$\lim_{x \to +\infty} \left( a + \int_0^A g(u)\, e^u du \right) e^{-x} = 0 \;,$$

donc on peut trouver $B \geq A$ tel que :

$$\forall x \geq B \;,\; \left| \left( a + \int_0^A g(u)\, e^u du \right) e^{-x} \right| \leq \frac{\varepsilon}{2} \;.$$

Finalement :

$$\forall x \geq B \;,\; |f(x)| \leq \frac{\varepsilon}{2} + \frac{\varepsilon}{2} = \varepsilon$$

ce qui achève la démonstration.

# 2

# Équations différentielles non-linéaires

Les équations différentielles non-linéaires sont mal connues ; il n'y a pas de théorie générale permettant de résoudre ces équations différentielles ; dès que l'on peut, on cherche à linéariser le problème pour se ramener au cas des équations linéaires (c'est ce qui est toujours fait en pratique, par exemple en ingénierie). En revanche, un certain nombre de techniques ont été inventées par les mathématiciens pour résoudre des équations particulières. Le taupin doit savoir en reconnaître et en résoudre un certain nombre : les équations à variables séparées, les équations d'Euler, de Bernoulli, de Ricatti. Quand on ne sait pas résoudre l'équation explicitement (dans presque tous les cas !), on se contente d'études qualitatives comme proposées dans certains des exercices qui suivent.

## QUESTIONS BRÈVES

**1.** Résoudre l'équation différentielle $y' = y^2 \cos x$.

**2.** Trouver une solution de $y' = \sqrt{1-y^2}$ telle que $y(0) = 0$.

**3.** Résoudre l'équation différentielle $t^2y'' - ty' + y = 0$ sur $\mathbb{R}$.

**4.** Donner les solutions de l'équation différentielle :

$$y' + \frac{1}{t^2}y + \frac{1}{t^2}y^2 = 0.$$

## *réponses*

**1.** Il s'agit d'une équation à variables séparées que l'on peut écrire sous la forme $dy/y^2 = \cos x\, dx$. Or en écrivant l'équation sous cette forme, nous ne traitons pas le cas où $y$ s'annule. Rappelons pour cela le théorème de Cauchy-Lipschitz :

➡ *Théorème :* Soit (E) l'équation différentielle $y' = F(x,y)$ où $F : \mathcal{U} \longmapsto \mathbb{R}$ est de classe $C^1$ et $\mathcal{U}$ est un ouvert de $\mathbb{R}^2$. Soit $(x_0, y_0) \in \mathcal{U}$. Alors il existe deux intervalles $I$ et $J$ de $\mathbb{R}$ tels que $x_0 \in I, y_0 \in J, I \times J \subset \mathcal{U}$ et il existe une fonction $\phi : I \longmapsto J$ de classe $C^1$ telle que :

$$\phi(x_0) = y_0 \text{ et } \forall x \in I\ ,\ \ \phi'(x) = F(x, \phi(x)).$$

De plus, si $(I_1, J_1, \phi_1)$ vérifient la propriété précédente, alors $\phi_1 = \phi$ sur $I \cap I_1$.

Comme la fonction nulle est solution de notre équation sur tout $\mathbb{R}$, l'unicité dans le théorème de Cauchy-Lipschitz montre que si une solution définie sur $]a, b[$ s'annule, il s'agit de la solution identiquement nulle sur cet intervalle. Ainsi, une fonction $y$ non nulle sur $]a, b[$ vérifie notre équation si et seulement si $dy/y^2 = \cos x\, dx$ ce qui est équivalent à

$$-\frac{1}{y} = \sin x + C \quad (C \in \mathbb{R}).$$

Par conséquent, les solutions non nulles de notre équation différentielle sont les $y(x) = 1/(C - \sin x)$ définies sur $\mathbb{R}$ si $C > 1$ et sur un intervalle de la forme $]\arcsin C + 2k\pi, -\arcsin C + (2k+1)\pi[$ (ou $]-\arcsin C + (2k+1)\pi, \arcsin C + (2k+2)\pi[$) avec $k \in \mathbb{Z}$ si $C \in [-1, 1]$.

**2.** En écrivant à nouveau l'équation sous la forme $y'/\sqrt{y^2 - 1} = 1$, on reconnaît une équation à variables séparées. Si $\phi$ est une solution définie au voisinage de 0 telle que $\phi(0) = 0$, alors par continuité de $\phi$ en 0 il existe $I_1$ un intervalle de $\mathbb{R}$ contenant 0 tel que :

$$\forall x \in I_1\ , \quad \phi(x) \in ]-1, 1[.$$

On peut donc bien écrire : $\forall x \in I_1\ ,\ \phi'(x)/\sqrt{\phi(x)^2 - 1} = 1.$
Ainsi, en intégrant entre 0 et $x$ :

$$\forall x \in I_1\ , \int_0^x \frac{\phi'(t)}{\sqrt{1 - \phi(t)^2}} dt = \int_0^x dt\ ,$$

ce qui est équivalent à :

$$\forall x \in I_1\ , \int_0^{\phi(x)} \frac{du}{\sqrt{1 - u^2}} = x$$

en faisant le changement de variable $u = \phi(t)$ $(du = \phi'(t)dt)$. On obtient alors :

$$\forall x \in I_1\ ,\ \arcsin(\phi(x)) = x$$

si $x \in ]-\pi/2, \pi/2[$. Et donc, finalement :

$$\forall x \in ]-\frac{\pi}{2}, \frac{\pi}{2}[\ ,\ \phi(x) = \sin x\ .$$

Réciproquement, la fonction sinus répond bien au problème posé pour $x \in ]-\pi/2, \pi/2[$.

**3.** Nous reconnaissons une équation d'Euler. Il s'agit en fait d'une équation linéaire du deuxième ordre à coefficients non constants ; elle ne se résout donc pas par les techniques habituelles d'algèbre linéaire. Voici la méthode à appliquer pour traiter ce type d'équation.
Considérons une solution $y$ de notre équation différentielle sur $\mathbb{R}_+^*$ et posons $t = e^u$. Nous définissons alors une nouvelle fonction $u \longmapsto y(e^u)$ qui sera notée $\psi(u)$.

Ainsi

$$\psi'(u) = e^u \psi(u) \text{ et } \psi''(u) = e^u \psi(u) + e^{2u}\psi''(u) = \psi'(u) + e^{2u}\psi''(u).$$

La fonction $\psi$ définie doit donc vérifier une nouvelle équation sur $\mathbb{R}$ :

$$\psi''(u) - \psi'(u) - \psi'(u) + \psi(u) = 0$$

ce qui s'écrit encore

$$\psi''(u) - 2\psi'(u) + \psi(u) = 0.$$

On est ramené à l'étude classique d'une équation différentielle linéaire du deuxième ordre. Son polynôme associé, $X^2 - 2X + 1 = (X-1)^2$, a 1 comme racine double. Il existe donc deux constantes réelles $C_1$ et $C_2$ telle que $\psi$ s'écrive :

$$\psi(u) = C_1 u e^u + C_2 e^u = y(e^u).$$

Donc notre solution de départ sur $\mathbb{R}_+^*$ est obligatoirement de la forme :

$$\forall t \in \mathbb{R}_+^* \ , \ y(t) = C_1 (\ln t) t + C_2 t.$$

De manière générale, lorsqu'on a une solution $\phi$ d'une équation d'Euler sur $\mathbb{R}_+^*$, alors la fonction $t \longmapsto \phi(-t)$ est solution de l'équation sur $\mathbb{R}_-^*$. Dans notre cas, toute solution de l'équation sur $\mathbb{R}_-^*$ s'écrit :

$$\forall t \in \mathbb{R}_-^*, \ y(t) = C_1'(\ln|t|)t + C_2' t,$$

où $C_1'$ et $C_2'$ donc deux constantes réelles.
Nous cherchons une solution $f$ sur $\mathbb{R}$, elle vérifie donc les deux égalités données sur $\mathbb{R}_+^*$ et $\mathbb{R}_-^*$ avec des constantes réelles $C_1, C_2, C_1'$ et $C_2'$. Par continuité en 0, comme $\lim_{t\to 0} (t \ln t) = 0$, on obtient $f(0) = 0$. En dérivant $f$, on obtient :

$$\begin{aligned} \forall t \ &\in \ \mathbb{R}_+^* \ , \ f'(t) = C_1 \ln t + C_1 + C_2 \ , \\ \forall t \ &\in \ \mathbb{R}_-^*, \ f'(t) = C_1' \ln|t| - C_1' + C_2' \, . \end{aligned}$$

Comme $f'$ est continue en 0, nécessairement : $C_1' = C_1 = 0$ et $C_2 = C_2'$.
En conclusion, les solutions de l'équation différentielle définies sur $\mathbb{R}$ sont de la forme :

$$\forall t \in \mathbb{R} \ , \ f(t) = C_2 t \ .$$

**4.** On reconnaît cette fois une équation de Bernoulli. Rappelons par quelle méthode on résout ce type d'équations ; soit une équation de Bernoulli $y'(t) = a(t)y(t)^\alpha + b(t)y(t)$ avec $\alpha \in \mathbb{R}\backslash\{1\}$. On divise par $y^\alpha$ et on fait le changement de fonction $z(t) = 1/y(t)^{\alpha-1}$. Comme

$$z'(t) = (1-\alpha)\frac{y'(t)}{y(t)^\alpha} \ ,$$

on a :

$$\frac{y'(t)}{y(t)^\alpha} = a(t) + \frac{b(t)}{y(t)^{\alpha-1}} = \frac{z'(t)}{\alpha - 1} = a(t) + b(t)z(t)\ .$$

On est alors ramené à l'étude d'une équation différentielle linéaire du premier ordre.

Appliquons cette méthode à l'équation de l'énoncé :

$$y'(t) + \frac{1}{t^2}y(t) + \frac{1}{t^2}y(t)^2 = 0$$

$$\begin{aligned}
&\Longrightarrow \quad \frac{y'(t)}{y(t)^2} + \frac{1}{t^2 y(t)} + \frac{1}{t^2} = 0 \\
&\Longrightarrow \quad -z'(t) + \frac{1}{t^2}z(t) + \frac{1}{t^2} = 0 \qquad \left(\text{en posant } z(t) = \frac{1}{y(t)}\right) \\
&\Longrightarrow \quad z'(t) - \frac{1}{t^2}z(t) = \frac{1}{t^2}\ .
\end{aligned}$$

L'équation homogène associée est $z'(t) - (1/t^2)\, z(t) = 0$. On la résout :

$$\begin{aligned}
z'(t) \quad &= \quad \frac{1}{t^2}z(t) \\
&\Longleftrightarrow \quad z'(t)\exp\left(\frac{1}{t}\right) - \frac{1}{t^2}\exp\left(\frac{1}{t}\right)z(t) = 0 \\
&\Longleftrightarrow \quad \left(z\exp\left(\frac{1}{t}\right)\right)' = 0 \\
&\Longleftrightarrow \quad \exists C \in \mathbb{R}\ ,\ \forall t \in \mathbb{R}_+^* \quad (\text{ou } \mathbb{R}_-^*), \quad z(t) = C\exp\left(-\frac{1}{t}\right)\ .
\end{aligned}$$

Par ailleurs, la fonction $t \longmapsto -1$ est une solution particulière de l'équation différentielle, ses solutions (sur $\mathbb{R}_+^*$ ou $\mathbb{R}_-^*$) sont donc les fonctions :

$$z : t \longmapsto C\exp\left(-\frac{1}{t}\right) - 1 \quad \text{avec } C \in \mathbb{R}\ ,$$

ce qui nous donne l'ensemble des solutions de l'équation différentielle initiale sur $\mathbb{R}_+^*$ ou $\mathbb{R}_-^*$ :

$$y : t \longmapsto \frac{1}{C\exp(-1/t) - 1} \quad \text{avec } C \in \mathbb{R}\ .$$

## EXERCICE 1 Étude qualitative d'une équation différentielle non-linéaire

Soit l'équation différentielle $y' = x^3 + y^3$.

**1.** Montrer qu'il existe une unique solution maximale de $f$ telle que $f(0) = y_0 > 0$ définie sur un intervalle $]a, b[$ contenant $0$.

**2.** Montrer que $b \leq 1/(2y_0^2)$ et que $f(x)$ tend vers $+\infty$ lorsque $x$ tend vers $b$ par valeurs inférieures.

### solution

**1.** Il s'agit de réciter le théorème de Cauchy-Lipschitz, dont on rappelle l'énoncé maintenant.

➨*Théorème :* Soit $\Omega$ un ouvert de $\mathbb{R}^2$, $\varphi : \Omega \to \mathbb{R}$ une fonction de classe $C^1$ et $(x_0, y_0) \in \Omega$.
Alors il existe une unique solution maximale $f$ de l'équation différentielle $y' = \varphi(x, y)$ telle que $f : J \to \mathbb{R}$, $f(x_0) = y_0$ et $J$ est un intervalle ouvert de $\mathbb{R}$.

$\varphi(x, y) = x^3 + y^3$ est de classe $C^1$ sur $\mathbb{R}^2$ donc il existe bien une solution maximale $f$ telle que $f(0) = y_0$, $f$ étant définie sur $J = ]a, b[$ ($a < 0$ et $b > 0$).

**2.** Montrons d'abord que $f$ est strictement croissante sur $[0, b[$. Supposons par l'absurde que $f'$ s'annule sur $[0, b[$. Soit alors

$$x_1 = \inf \{x \geq 0 \;/\; f'(x) \leq 0\} .$$

$f'(x_1) \leq 0$ (sinon $f'(x_1) > 0$ et par continuité de $f'$, $f'(x) > 0$ sur un voisinage de $x_1$ ce qui serait en contradiction avec la définition de $x_1$). On a $f^3(x_1) \leq -x_1^3 < 0$ (car $x_1 > 0$ puisque $f'(0) = y_0 > 0$). On a donc $f(x_1) < 0$. Appliquons le théorème des accroissements finis : $f$ est continue sur $[0, x_1]$ et dérivable sur $]0, x_1[$, il existe donc $x_2 \in ]0, x_1[$ tel que

$$f(x_1) - f(0) = f'(x_2)(x_1 - 0) .$$

Comme $f(x_1) - y_0 < 0$ et $x_1 > 0$, on obtient que $f'(x_2) < 0$ et par ailleurs $x_2 < x_1$ ce qui est contradictoire.
Donc :

$$\forall x \in [0, b[ \,,\; f'(x) > 0 \,,$$

c'est-à-dire $f$ est strictement croissante sur $[0, b[$ et comme $f(0) > 0$, on obtient :

$$\forall x \in [0, b[ \,,\; f(x) > 0 \,.$$

On peut donc diviser l'équation différentielle par $f(x)$ :

$$\frac{f'(x)}{f(x)^3} = \frac{x^3}{f(x)^3} + 1 \geq 1 .$$

On intègre :

$$\int_0^x \frac{f'(t)}{f(t)^3} dt \geq \int_0^x 1 dt$$

pour $x \in [0, b[$ , ce qui donne :

$$-\frac{1}{2(f(x))^2} + \frac{1}{2y_0^2} \geq x$$

d'où $x \leq 1/(2y_0^2)$ et $f$ n'est donc définie au maximum que sur $[0, 1/(2y_0^2)]$ , donc :

$$\boxed{b \leq \frac{1}{2y_0^2}} .$$

La fonction $f$ est strictement croissante sur $[0, b[$ donc si

$$\lim_{x \to b\,,\, x<b} f(x) \neq +\infty ,$$

cela signifie que $f$ est bornée et donc admet une limite en $b$, on prolonge alors $f$ par continuité en $b$ :

$$f(b) = \lim_{x \to b\,,\, x<b} f(x) .$$

Soit alors $g$ la solution maximale de $y' = x^3 + y^3$ telle que $y(b) = f(b)$ . Cette solution est définie au moins sur $]b - \alpha, b + \alpha[$ , où $\alpha > 0$ est assez petit.
Soit :

$$h(x) = \begin{cases} f(x) & \text{si } x \in ]a, b] ; \\ g(x) & \text{si } x \in ]b, b + \alpha[ . \end{cases}$$

La fonction $h$ est clairement solution de l'équation différentielle sur $]a, b+\alpha[$ et $h(0) = y_0$ , donc $f$ ne serait pas une solution maximale : contradiction.
Donc :

$$\boxed{\lim_{x \to b\,,\, x<b} f(x) = +\infty} .$$

➡ *Remarque :* Pour montrer que $\lim_{b^-} f = +\infty$ , on a raisonné par l'absurde en montrant qu'alors on pouvait prolonger un peu la solution maximale au-delà de $b$. Cet argument est fréquent et à connaître. Qualitativement, on a donc obtenu l'allure des solutions maximales (pour $f(0) = y_0 > 0$) d'une équation différentielle non-linéaire qu'on ne sait pas résoudre explicitement (Cf. dessin) :

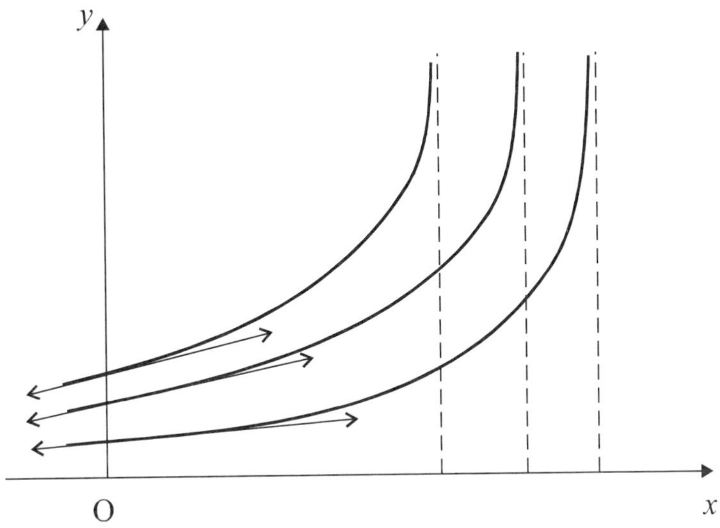


## EXERCICE 2 Une équation aux dérivées partielles

À l'aide du changement de variable suivant :

$$\begin{cases} u = x + y \\ v = x - 2y \ , \end{cases}$$

trouver l'ensemble des fonctions $f : \mathbb{R}^2 \to \mathbb{R}$ de classe $C^1$ telles que :

$$(S) \quad \begin{cases} 2\dfrac{\partial f}{\partial x} + \dfrac{\partial f}{\partial y} = 3x - 6y \\ \\ \dfrac{\partial f}{\partial x} - \dfrac{\partial f}{\partial y} = 9y \ . \end{cases}$$

**solution**

$1^{ère}$ étape. — Changement de fonction inconnue.

Soit $g : \mathbb{R}^2 \to \mathbb{R}$ telle que :

$$g(u,v) = f(x,y) \tag{1}$$

avec :

$$\begin{cases} u = x + y \\ v = x - 2y \end{cases} \quad \text{et} \quad \begin{cases} x = (2u + v)/3 \\ y = (u - v)/3\,. \end{cases}$$

On peut alors écrire l'équation $(1)$ de la manière suivante :

$$g(u, v) = f\left(\frac{2u + v}{3}, \frac{u - v}{3}\right) \tag{2}$$

en considérant les variables $u$ et $v$, ou :

$$f(x, y) = g(x + y, x - 2y)$$

avec les variables $x$ et $y$.

En particulier, $f$ est de classe $C^1$ si et seulement si $g$ l'est.

2e étape. — Recherche des solutions de l'équation vérifiée par $g$.

L'équation $(2)$ donne :

$$\begin{aligned} \frac{\partial g}{\partial u} &= \frac{1}{3}\frac{\partial(2u + v)}{\partial u}\frac{\partial f}{\partial x}\left(\frac{2u + v}{3}, \frac{u - v}{3}\right) \\ &\quad + \frac{1}{3}\frac{\partial(u - v)}{\partial u}\frac{\partial f}{\partial y}\left(\frac{2u + v}{3}, \frac{u - v}{3}\right) \\ &= \frac{1}{3}\left[2\frac{\partial f}{\partial x}(x, y) + \frac{\partial f}{\partial y}(x, y)\right]. \end{aligned}$$

De même,

$$\frac{\partial g}{\partial v} = \frac{1}{3}\left[\frac{\partial f}{\partial x}(x, y) - \frac{\partial f}{\partial y}(x, y)\right].$$

Ainsi, $f$ vérifie $(S)$ si et seulement si $g$ vérifie :

$$(S') \quad \begin{cases} \dfrac{\partial g}{\partial u} = x - 2y = v \\[2ex] \dfrac{\partial g}{\partial v} = 3y = u - v\,. \end{cases}$$

3e étape. — Résolution de $(S')$.

Les fonctions $g$ qui vérifient la première équation de $(S')$ sont celles de la forme :

$$g(u, v) = uv + K(v)$$

où $K$ est une fonction de classe $C^1$ sur $\mathbb{R}$.

En reportant dans la deuxième équation de $(S')$, nous obtenons :

$$K'(v) = -v\,.$$

Ainsi, $g$ est solution de $(S')$ si et seulement si :

$$g(u,v) = uv - \frac{v^2}{2} + k$$

avec $k \in \mathbb{R}$.

Donc $f$ est solution de $(S)$ si et seulement si :

$$\boxed{f(x,y) = \frac{x^2}{2} - 4y^2 + xy + k \text{ avec } k \in \mathbb{R}}.$$

# VII CALCUL ET GÉOMÉTRIE DIFFÉRENTIELS

## 1

## Calcul différentiel

Le calcul différentiel doit être vu comme la généralisation de la théorie des fonctions dérivables aux cas de plusieurs variables. Celle-ci fait intervenir le concept difficile de différentiabilité. Cette notion n'est pas vraiment au programme : on demande juste aux candidats aux concours de savoir montrer qu'une fonction est de classe $C^1$ si ses dérivées partielles sont continues. Au premier ordre, comme dans le cas d'une seule variable, le développement de Taylor permet d'approcher localement une fonction de classe $C^1$ par une application linéaire. Les problèmes de recherche d'extrema par exemple, conduisent à l'étude de la forme bilinéaire symétrique obtenue par la Hessienne, c'est-à-dire à pousser le développement de Taylor au second ordre. Encore une fois, on facilite l'étude d'un objet en se ramenant à ce que l'on connaît le mieux : les applications linéaires.

### QUESTIONS BRÈVES

**1.** Trouver une fonction $f$ à deux variables définie sur $\mathbb{R}^2$ telle que $f$ soit continue par rapport à chacune de ses variables (c'est-à-dire que les fonctions $x \in\mathbb{R}\mapsto f(x, y_0)$ et $y \in\mathbb{R}\mapsto f(x_0, y)$ sont continues sur $\mathbb{R}$ pour tout $x_0, y_0 \in\mathbb{R}$) mais que $f$ ne soit pas continue sur $\mathbb{R}^2$.

**2.** Montrer que si $F(x, y)$ est de classe $C^1$ sur un ouvert $\Omega$ de $\mathbb{R}^2$ et admet un extremum en $(x_0, y_0) \in \Omega$ alors

$$\frac{\partial F}{\partial x}(x_0, y_0) = \frac{\partial F}{\partial y}(x_0, y_0) = 0 .$$

**3.** Trouver les fonctions $U$ de classe $C^2$ sur $\mathbb{R}^2$, solutions de l'équation aux dérivées partielles suivante :

$$\frac{-y}{x^2+y^2}\frac{\partial U}{\partial x}+\frac{x}{x^2+y^2}\frac{\partial U}{\partial x}=0\ .$$

On pourra passer en coordonnées polaires pour se ramener à une équation plus simple.

**4.** On dit qu'une fonction $F$ de classe $C^1$ sur $\mathbb{R}^p$ est $r-$homogène si :

$$\forall x\in\mathbb{R}^p\ ,\ \forall t\in\mathbb{R}_+^*\ ,\ F(tx)=t^rF(x).$$

Montrer que $F$ est $r$-homogène si et seulement si $F$ vérifie l'équation d'Euler :

$$\forall x=(x_1,...,x_p)\in\mathbb{R}^p\ ,\ rF(x_1,...,x_p)=\sum_{i=1}^{p}x_i\frac{\partial F}{\partial x_i}(x_1,...,x_p)\ .$$

## *réponses*

**1.** On prend par exemple

$$f(x)=\begin{cases}\sqrt{xy}/(x^2+y^2)\ \text{ si }\ (x,y)\neq(0,0)\ ;\\ 0\ \text{ si }\ (x,y)=(0,0)\end{cases}$$

qui est définie sur $\mathbb{R}$. Si $y_0=0$, $f(x,y_0)=0$ et si $y_0\neq 0$, $f(x,y_0)=\sqrt{xy_0}/(x^2+{y_0}^2)$ donc $x\in\mathbb{R}\mapsto f(x,y_0)$ est continue sur $\mathbb{R}$. Comme $x$ et $y$ jouent ici des rôles symétriques, $y\in\mathbb{R}\mapsto f(x_0,y)$ est également continue sur $\mathbb{R}$. Mais $f$ n'est pas continue sur $\mathbb{R}^2$ : montrons que $f$ n'est pas continue en $(0,0)$. Pour le voir, il suffit d'exhiber une suite $(x_n,y_n)$ qui tend vers $(0,0)$ mais telle que $f(x_n,y_n)$ ne tende pas vers $f(0,0)=0$ quand $n$ tend vers $+\infty$. La suite $(x_n,y_n)=(1/n,1/n)$ convient car $f(1/n,1/n)=n/2 \underset{n\to+\infty}{\longrightarrow} +\infty$ .

**2.** Posons $f(t)=F(x_0+t,y_0)$. La fonction $f$ est définie dans un voisinage de $0$ ; en effet, comme l'ouvert $\Omega$ contient $(x_0,y_0)$, il existe $\alpha>0$ tel que :

$$\{(x_0+t,y_0)\mid t\in]-\alpha,+\alpha[\}\subset\Omega\ .$$

La fonction $f$ est de classe $C^1$ en tant que composée de la fonction $t\in]-\alpha,+\alpha[\mapsto(x_0+t,y_0)\in\Omega$ de classe $C^1$ sur $]-\alpha,+\alpha[$ et de $F$ qui est de classe $C^1$ sur $\Omega$. De plus, $f$ admet un extremum en 0 (car $F$ en admet un en $(x_0,y_0)$). On a donc : $f'(0)=0$. Mais

$$f'(t)=\frac{\partial F}{\partial x}(x_0+t,y_0)$$

et donc

$$\frac{\partial F}{\partial x}(x_0,y_0)=0\ .$$

Par un raisonnement analogue, on a aussi,

$$\frac{\partial F}{\partial y}(x_0, y_0) = 0 .$$

Rappelons que la réciproque est fausse : ce n'est pas parce que les dérivées partielles d'une fonction à plusieurs variables s'annulent simultanément en un point (le point est alors appelé *point critique* de la fonction) que la fonction présente un extremum en ce point. C'est déjà faux pour les fonctions d'une variable comme le montre l'exemple de la fonction $x \mapsto x^3$ en 0. On pourra aussi regarder l'exercice intitulé *Extrema d'une fonction à plusieurs variables.*

**3.** Nous allons effectuer un changement de coordonnées pour passer en polaires, comme le suggère l'énoncé. Faisons-le proprement en justifiant nos formules de changement de variables. Considérons l'application suivante

$$\begin{array}{rccc} \phi : & ]0, +\infty[\times]0, 2\pi[ & \longrightarrow & \mathbb{R}^2 \setminus \mathbb{R}^+ \\ & (r, \theta) & \longmapsto & (x = r\cos\theta, y = r\sin\theta) \end{array}$$

qui est un difféomorphisme $C^\infty$ ($\phi$ est $C^\infty$, est inversible et $\phi^{-1}$ est $C^\infty$). La méthode consiste à écrire notre fonction inconnue $U$ sous la forme $U(x, y) = F(r, \theta)$ et à calculer ses dérivées partielles par rapport à $x$ et $y$ en fonction de celles de $F$ en $r$ et $\theta$. Le problème est que $U = F \circ \phi^{-1}$ fait intervenir $\phi^{-1}$ que l'on connaît mal. On commence par le problème inverse : exprimer les dérivées partielles de $F$ en fonction de celles de $U$. Pour cela, calculons le Jacobien :

$$J(\phi)(r, \theta) = \begin{pmatrix} \dfrac{\partial x}{\partial r} & \dfrac{\partial x}{\partial \theta} \\ \\ \dfrac{\partial y}{\partial r} & \dfrac{\partial y}{\partial \theta} \end{pmatrix} = \begin{pmatrix} \cos\theta & -r\sin\theta \\ \sin\theta & r\cos\theta \end{pmatrix} .$$

Or, comme on l'a déjà remarqué, $F = U \circ \phi$, donc :

$$\begin{cases} \dfrac{\partial F}{\partial r} = \dfrac{\partial U}{\partial x}\dfrac{\partial x}{\partial r} + \dfrac{\partial U}{\partial y}\dfrac{\partial y}{\partial r} = \dfrac{\partial U}{\partial x}\cos\theta + \dfrac{\partial U}{\partial y}\sin\theta \\ \\ \dfrac{\partial F}{\partial \theta} = \dfrac{\partial U}{\partial x}\dfrac{\partial x}{\partial \theta} + \dfrac{\partial U}{\partial y}\dfrac{\partial y}{\partial \theta} = \dfrac{\partial U}{\partial x}(-r\sin\theta) + \dfrac{\partial U}{\partial y}(r\cos\theta) \end{cases}$$

ce qui s'écrit :

$$\begin{pmatrix} \dfrac{\partial F}{\partial r} \\ \\ \dfrac{\partial F}{\partial \theta} \end{pmatrix} = \begin{pmatrix} \cos\theta & \sin\theta \\ -r\sin\theta & r\cos\theta \end{pmatrix} \begin{pmatrix} \dfrac{\partial U}{\partial x} \\ \\ \dfrac{\partial U}{\partial y} \end{pmatrix} .$$

En inversant la matrice, on trouve ce que l'on cherche:

$$\begin{pmatrix} \dfrac{\partial U}{\partial x} \\ \\ \dfrac{\partial U}{\partial y} \end{pmatrix} = \frac{1}{r} \begin{pmatrix} r\cos\theta & -\sin\theta \\ r\sin\theta & \cos\theta \end{pmatrix} \begin{pmatrix} \dfrac{\partial F}{\partial r} \\ \\ \dfrac{\partial F}{\partial \theta} \end{pmatrix} .$$

Ayant les formules de changement de variables, procédons à celui-ci dans notre équation de départ. On pose $U = F(r, \theta)$ et on calcule :

$$\begin{aligned} \frac{-y}{x^2+y^2}\frac{\partial U}{\partial x} + \frac{x}{x^2+y^2}\frac{\partial U}{\partial y} &= \frac{-r\sin\theta}{r^2}\left(\cos\theta\frac{\partial F}{\partial r} - \frac{1}{r}\sin\theta\frac{\partial F}{\partial \theta}\right) \\ &\quad + \frac{r\cos\theta}{r^2}\left(\sin\theta\frac{\partial F}{\partial r} + \frac{\cos\theta}{r}\frac{\partial F}{\partial \theta}\right) . \end{aligned}$$

En regroupant les termes en $\partial F/\partial r$ et $\partial F/\partial \theta$, on obtient :

$$\frac{-y}{x^2+y^2}\frac{\partial U}{\partial x} + \frac{x}{x^2+y^2}\frac{\partial U}{\partial y} = \frac{1}{r^2}(\sin^2\theta + \cos^2\theta)\frac{\partial F}{\partial \theta} .$$

Ainsi, l'équation vérifiée par $F$ est la suivante :

$$\frac{\partial F}{\partial \theta} = 0 .$$

Donc $F$ s'écrit $F = F(r)$. Les solutions sont les fonctions à symétrie circulaire, c'est-à-dire les fonctions $U(x,y) = u(\sqrt{x^2+y^2})$ où $u$ est une fonction quelconque de classe $C^1$ sur $\mathbb{R}$.

**4.** Supposons que $F$ est $r$-homogène et fixons $x$ dans $\mathbb{R}^p$. On a : $F(tx) = t^r F(x)$ pour tout $t > 0$. Comme $F$ est de classe $C^1$ sur $\mathbb{R}^p$ et que la fonction $t \in \mathbb{R}_+^* \mapsto t^r$ est de classe $C^1$, on peut dériver la relation précédente par rapport à $t$ :

$$\forall t > 0 \, , \; \sum_{i=1}^{p} x_i \frac{\partial F}{\partial x_i}(tx_1, ..., tx_p) = rt^{r-1}F(x_1, ..., x_p) .$$

En prenant $t = 1$ on obtient l'équation d'Euler.
Réciproquement, supposons que $F$ vérifie l'équation d'Euler. Fixons $x \in \mathbb{R}^p$ et posons $f(t) = F(tx_1, ..., tx_p)$. La fonction $f$ est de classe $C^1$ sur $\mathbb{R}_+^*$ et

$$f'(t) = \sum_{i=1}^{p} x_i \frac{\partial F}{\partial x_i}(tx_1, ..., tx_p)$$

mais alors l'équation d'Euler donne

$$tf'(t) = \sum_{i=1}^{p} tx_i \frac{\partial F}{\partial x_i}(tx_1, ..., tx_p) = rF(tx_1, ..., tx_p) = r\, f(t) .$$

Ainsi $f$ vérifie sur $\mathbb{R}_+^*$ l'équation différentielle linéaire du premier ordre $ty' - ry = 0$ qui a pour unique solution la fonction $t \in \mathbb{R}_+^* \mapsto Ct^r$ où $C$ est une constante à déterminer. Mais $f(1) = C = F(x_1, ..., x_p)$ et finalement

$$f(t) = F(tx_1, ..., tx_p) = t^r F(x_1, ..., x_p)$$

ce qui prouve que $F$ est $r$-homogène.
Les fonctions homogènes apparaissent naturellement en thermodynamique et en chimie.

## EXERCICE 1 Fonction à deux variables

Montrer que la fonction $f$ définie sur $\mathbb{R}^2$ par :

$$f(x,y) = \begin{cases} \dfrac{x \sin y - y \sin x}{x^2 + y^2} & \text{si } (x,y) \neq (0,0) \\ 0 & \text{si } (x,y) = (0,0) \end{cases}$$

est de classe $C^1$ sur $\mathbb{R}^2$ mais n'est pas de classe $C^2$.

### solution

La fonction $f$ est clairement de classe $C^\infty$ sur $\mathbb{R}^2 \backslash (0,0)$. Les problèmes vont se poser au point $(0,0)$.
Montrons que $f$ est continue en $(0,0)$. Pour tout $(x,y) \neq (0,0)$, on a :

$$\begin{aligned} f(x,y) &= \frac{x \sin y - y \sin x}{x^2 + y^2} = \frac{x(y + o(y)) - y(x + o(x))}{x^2 + y^2} \\ &= \frac{xo(y) - yo(x)}{x^2 + y^2}. \end{aligned}$$

Or $x^2 + y^2 \geq 2xy$ car $(x-y)^2 \geq 0$ donc :

$$|f(x,y)| \leq \left|\frac{o(y)}{2y}\right| + \left|\frac{o(x)}{2x}\right| \underset{(x,y)\to(0,0)}{\longrightarrow} 0 = f(0,0)$$

donc $f$ est continue en $(0,0)$.
$f$ est de classe $C^1$ sur $\mathbb{R}^2$ si ses dérivées partielles existent et sont continues sur $\mathbb{R}^2$. Comme nous l'avons signalé, le problème ne se pose qu'en $(0,0)$.
On a pour tout $x \in \mathbb{R}$ :

$$\frac{f(x,0) - f(0,0)}{x - 0} = 0$$

donc :

$$\frac{\partial f}{\partial x}(0,0) = \lim_{x \to 0} \left( \frac{f(x,0) - f(0,0)}{x - 0} \right)$$

existe et vaut $0$ . De même,

$$\frac{\partial f}{\partial y}(0,0) = 0 \, .$$

On a donc à vérifier que :

$$\frac{\partial f}{\partial x}(x,y) \underset{(x,y)\to(0,0)}{\longrightarrow} \frac{\partial f}{\partial x}(0,0)$$

(comme $f(x,y) = -f(y,x)$ , cette vérification suffit).
Pour $(x,y) \neq (0,0)$ ,

$$\begin{aligned} \frac{\partial f}{\partial x}(x,y) &= \frac{(\sin y - y\cos x)(x^2+y^2) - (x\sin y - y\sin x)\,2x}{(x^2+y^2)^2} \\ &= \left(-x^2 o\left(y^2\right) + y^2 o\left(y^2\right) + x^4 y/2 + x^2 y\, o\left(x^2\right) \right. \\ &\quad \left. + y^3x^2/2 + y^3 o\left(x^2\right) + 2xy\, o\left(x^2\right)\right) / \left(x^2+y^2\right)^2 \, . \end{aligned}$$

On va se servir des inégalités :

$$\frac{1}{x^2+y^2} \leq \frac{1}{2xy} \, , \quad \frac{1}{x^2+y^2} \leq \frac{1}{x^2} \quad \text{et} \quad \frac{1}{x^2+y^2} \leq \frac{1}{y^2}$$

pour majorer chacun des termes de cette somme :
— pour le premier,

$$\frac{x^2 o\left(y^2\right)}{\left(x^2+y^2\right)^2} \leq \frac{x^2 o\left(y^2\right)}{4x^2y^2} = \frac{o\left(y^2\right)}{4y^2} \underset{(x,y)\to(0,0)}{\longrightarrow} 0 \, ;$$

— pour le deuxième,

$$\frac{y^2 o\left(y^2\right)}{\left(x^2+y^2\right)^2} \leq \frac{y^2 o\left(y^2\right)}{y^4} = \frac{o\left(y^2\right)}{y^2} \underset{(x,y)\to(0,0)}{\longrightarrow} 0 \, ;$$

— pour le troisième,

$$\frac{x^4 y}{2\left(x^2+y^2\right)^2} \leq \frac{x^4 y}{8x^2 xy} = \frac{x}{8} \underset{(x,y)\to(0,0)}{\longrightarrow} 0 \, .$$

On laisse au lecteur le soin d'effectuer de cette manière les autres majorations, et finalement tous les termes tendent vers $0$. $f$ est donc bien de classe $C^1$ sur $\mathbb{R}^2$ .
Pour montrer que $f$ n'est pas de classe $C^2$ , on va montrer que le théorème de Schwarz n'est pas vérifié en $(0,0)$ , c'est-à-dire que :

$$\frac{\partial^2 f}{\partial y \partial x}(0,0) \neq \frac{\partial^2 f}{\partial x \partial y}(0,0) \, .$$

C'est une utilisation originale du théorème de Schwarz, et l'occasion de rappeler son énoncé : si $f$ est de classe $C^2$ alors l'ordre des dérivations partielles n'a pas d'importance. Si $y \neq 0$ alors :

$$\begin{aligned}\left(\frac{\partial f}{\partial x}(0,y) - \frac{\partial f}{\partial x}(0,0)\right)/y &= \left(\frac{\partial f}{\partial x}(0,y)\right)/y = \frac{(\sin y - y)\, y^2}{y^5} \\ &= \frac{-y^5/6 + o\left(y^5\right)}{y^5} \underset{x \to 0}{\longrightarrow} -\frac{1}{6} \,.\end{aligned}$$

Donc $\left(\partial^2 f/\partial y \partial x\right)(0,0)$ existe et vaut $-1/6$.
Par ailleurs, si $x \neq 0$ alors :

$$\left(\frac{\partial f}{\partial y}(x,0) - \frac{\partial f}{\partial y}(0,0)\right)/x = \left(\frac{\partial f}{\partial y}(x,0)\right)/x = \frac{(x - \sin x)\, x^2}{x^5} \underset{x \to 0}{\longrightarrow} \frac{1}{6} \,,$$

donc $\left(\partial^2 f/\partial x \partial y\right)(0,0)$ existe mais est différent de $\left(\partial^2 f/\partial y \partial x\right)(0,0)$ , donc $f$ n'est pas de classe $C^2$ .

## EXERCICE 2 Fonctions harmoniques

Soit $f \in C^2\left(\mathbb{R}^2, \mathbb{R}\right)$ une fonction harmonique, c'est-à-dire vérifiant l'équation aux dérivées partielles :

$$\frac{\partial^2 f}{\partial x^2} + \frac{\partial^2 f}{\partial y^2} = 0 \,.$$

On pose

$$F(r) = \int_0^{2\pi} f(r\cos\theta, r\sin\theta)\, d\theta \,.$$

Montrer que $F$ est constante et calculer sa valeur.

### solution

La fonction $F$ est bien définie sur $\mathbb{R}_+$ et en appliquant le théorème de dérivation sous le signe intégral (rappelé dans l'exercice intitulé *Formule de Taylor avec reste intégral*), on obtient que $F$ est de classe $C^2$ sur $\mathbb{R}_+$ . Pour montrer qu'une fonction dérivable sur $\mathbb{R}_+$ est constante, on peut dériver et montrer que la dérivée est nulle :

$$\forall r \in \mathbb{R}_+ \,,\; F'(r) = \int_0^{2\pi} \frac{\partial}{\partial r}\left(f(r\cos\theta, r\sin\theta)\right) d\theta \,.$$

Soit,

$$\begin{aligned} F'(r) &= \int_0^{2\pi} \left( \frac{\partial f}{\partial x}(r\cos\theta, r\sin\theta)\cos\theta \right. \\ &\quad \left. + \frac{\partial f}{\partial y}(r\cos\theta, r\sin\theta)\sin\theta \right) d\theta \, . \end{aligned}$$

Pour utiliser l'équation aux dérivées partielles de l'énoncé, il faut faire apparaître $\partial^2 f/\partial x^2$ et $\partial^2 f/\partial y^2$. On a deux possibilités : soit dériver encore une fois, soit faire une intégration par parties.

Exploitons la première idée :

$$\begin{aligned} F''(r) &= \int_0^{2\pi} \left[ \left( \frac{\partial^2 f}{\partial x^2}\cos\theta + \frac{\partial^2 f}{\partial x \partial y}\sin\theta \right)\cos\theta \right. \\ &\quad \left. + \left( \frac{\partial^2 f}{\partial y \partial x}\cos\theta + \frac{\partial^2 f}{\partial y^2}\sin\theta \right)\sin\theta \right] d\theta \\ &= \int_0^{2\pi} \left( \frac{\partial^2 f}{\partial x^2}\cos^2\theta + \frac{\partial^2 f}{\partial y^2}\sin^2\theta + 2\cos\theta\sin\theta\frac{\partial^2 f}{\partial x \partial y} \right) d\theta \, . \end{aligned}$$

À ce niveau, on ne voit pas comment utiliser l'équation aux dérivées partielles de l'énoncé. On tente alors la seconde possibilité, c'est-à-dire des intégrations par parties sur $F'(r)$ :

— d'une part :

$$\begin{aligned} \int_0^{2\pi} \frac{\partial f}{\partial x}\cos\theta d\theta &= \left[ \sin\theta\frac{\partial f}{\partial x} \right]_0^{2\pi} - \int_0^{2\pi} \sin\theta \left( -r\sin\theta\frac{\partial^2 f}{\partial x^2} \right. \\ &\quad \left. + r\cos\theta\frac{\partial^2 f}{\partial x \partial y} \right) d\theta \\ &= \int_0^{2\pi} \left( r\sin^2\theta\frac{\partial^2 f}{\partial x^2} - r\cos\theta\sin\theta\frac{\partial^2 f}{\partial x \partial y} \right) d\theta \, , \end{aligned}$$

car $[\sin\theta\,(\partial f/\partial x)]_0^{2\pi} = 0$ ;

— d'autre part,

$$\begin{aligned} \int_0^{2\pi} \sin\theta\frac{\partial f}{\partial y} d\theta &= \left[ -\cos\theta\frac{\partial f}{\partial y} \right]_0^{2\pi} + \int_0^{2\pi} \cos\theta \left( -r\sin\theta\frac{\partial^2 f}{\partial y \partial x} \right. \\ &\quad \left. + r\cos\theta\frac{\partial^2 f}{\partial y^2} \right) d\theta \\ &= \int_0^{2\pi} \left( r\cos^2\theta\frac{\partial^2 f}{\partial y^2} - r\cos\theta\sin\theta\frac{\partial^2 f}{\partial x \partial y} \right) d\theta \, , \end{aligned}$$

car $[-\cos\theta\,(\partial f/\partial y)]_0^{2\pi} = 0$ .

D'où :

$$F'(r) = r\int_0^{2\pi}\left(\sin^2\theta\frac{\partial^2 f}{\partial x^2} + \cos^2\theta\frac{\partial^2 f}{\partial y^2} - 2\cos\theta\sin\theta\frac{\partial^2 f}{\partial x\partial y}\right)d\theta\ .$$

De même, on ne voit pas comment utiliser telle quelle cette formule. Mais en combinant, les résultats obtenus sur $F'(r)$ et $F''(r)$, on obtient :

$$F'(r) + rF''(r) = r\int_0^{2\pi}\left(\frac{\partial^2 f}{\partial x^2} + \frac{\partial^2 f}{\partial y^2}\right)d\theta = 0\ .$$

En posant $y(r) = F'(r)$ , on a une équation différentielle homogène du premier ordre que l'on sait résoudre :

$$y + ry' = 0$$

a pour solution $y(r) = K/r$ où $K$ est une constante.
Ainsi, $F'(r) = K/r$ . Mais $F'$ étant définie sur $\mathbb{R}_+$ , nécessairement $K = 0$ , donc $F'$ est identiquement nulle et par suite $F$ est constante :

$$F(r) = F(0) = \int_0^{2\pi} f(0,0)\,d\theta = 2\pi f(0,0)\ .$$

➡*Remarques :*
$(i)$ On a utilisé sans le dire le théorème de Schwarz qui dit que si $f \in C^2(\mathbb{R}^2, \mathbb{R})$ alors :

$$\frac{\partial^2 f}{\partial x\partial y} = \frac{\partial^2 f}{\partial y\partial x}\ .$$

Ce théorème s'applique automatiquement, mais il faut savoir le citer.
$(ii)$ L'équation aux dérivées partielles de l'énoncé (qui se note traditionnellement $\Delta f = 0$) est présente dans de nombreux problèmes physique (électrostatique, hydrodynamique, etc.). Les équations différentielles vérifiée par $F(r)$ doivent alors être homogènes du point de vue des unités des grandeurs physiques représentées par $F$ et $r$. Le choix sur ces équations différentielles en est alors considérablement restreint. L'équation $F'(r) + rF''(r) = 0$ est une équation différentielle respectant bien l'homogénéité car :

$$[F'(r)] = \frac{[F]}{[r]} \quad \text{et} \quad [rF''(r)] = [r]\,[F''(r)] = [r]\,\frac{[F]}{[r]^2} = \frac{[F]}{[r]}\ ,$$

où l'on note $[x]$ l'unité de la grandeur physique $x$. C'est l'équation la plus simple faisant intervenir $F'(r)$ et $F''(r)$ qui respecte cette homogénéité !
$(iii)$ Les fonctions harmoniques sont d'une importance capitale en mathématiques. Pour s'entraîner au changement de variables en coordonnées polaires et à l'utilisation du théo-

rème de Fubini, on pourra continuer l'exercice ci-dessus en montrant que :

$$\int\int_{D(0,R)} f(x,y)\,dxdy = \pi R^2 f(0,0)$$

où :

$$D(0,R) = \left\{(x,y) \in \mathbb{R}^2 \;/\; x^2+y^2 \leq R\right\} .$$

## EXERCICE 3 Extrema d'une fonction à plusieurs variables

On donne

$$A=(0,1)\ ,\ B=(-1,1)\ ,\ C=(-1,-1)\ ,\ D=(0,-1)$$

quatre points de $\mathbb{R}^2$. Soit $f : (x,y) \in\mathbb{R}^2 \longmapsto -2x^3 - x^2 - y^2 + 5$. Trouver les valeurs minimales et maximales de $f$ sur le rectangle $(A,B,C,D)$.

### solution

Comme le rectangle $(A,B,C,D)$ est compact, la fonction continue $f$ est bornée et atteint ses bornes (théorème des bornes atteintes). Soit $x$ un point extremum du rectangle. Si $x$ est à l'intérieur de $(A,B,C,D)$, $x$ est un extremum local de $f$ sur $\mathbb{R}^2$. Comme $f$ est de classe $C^1$, le cours implique que toutes les dérivées partielles en $x$ sont nulles (Cf. *Questions brèves* du sous-chapitre).

Commençons par chercher les points critiques de $f$ ; calculons pour ceci les dérivées partielles de $f$ :

$$\frac{\partial f}{\partial x}(x,y) = -6x^2 - 2x \quad \text{et} \quad \frac{\partial f}{\partial y} = -2y$$

donc :

$$\frac{\partial f}{\partial x}(x,y) = 0 \Longleftrightarrow -x(6x+2) = 0$$

$$\Longleftrightarrow x = 0 \quad \text{ou} \quad x = -\frac{1}{3}$$

et

$$\frac{\partial f}{\partial y}(x,y) = 0 \Longleftrightarrow -2y = 0 \Longleftrightarrow y = 0 .$$

La différentielle de $f$ s'annule en seulement 2 points:

$$O = (0,0) \text{ et } E = \left(-\frac{1}{3}, 0\right).$$

La question est maintenant de savoir si ces points sont des extrema locaux de $f$.

Étude du point $O = (0,0)$ :
Par le théorème de Taylor-Young, nous connaissons le comportement de $f$ au voisinage du point $O$. On a :

$$\begin{aligned} f(x,y) &= f(0,0) + df_{(0,0)}(x,y) \\ &+\frac{1}{2}\left(x^2\frac{\partial^2 f}{\partial x^2}(0,0) + 2xy\frac{\partial^2 f}{\partial x \partial y}(0,0) + y^2\frac{\partial^2 f}{\partial y^2}(0,0)\right) + o(\|(x,y)\|^2). \end{aligned}$$

L'étude de l'avant-dernier terme nous conduit à introduire la Hessienne de $f$ en $O$ :

$$H(f) = \begin{pmatrix} \dfrac{\partial^2 f}{\partial x^2}(0,0) & \dfrac{\partial^2 f}{\partial x \partial y}(0,0) \\ \\ \dfrac{\partial^2 f}{\partial x \partial y}(0,0) & \dfrac{\partial^2 f}{\partial y^2}(0,0) \end{pmatrix} = \begin{pmatrix} -2 & 0 \\ 0 & -2 \end{pmatrix}.$$

Donc $H(f)$ est une forme bilinéaire symétrique définie négative. Ainsi, par application de la formule de Taylor-Young ($df_{(0,0)} = 0$), $f(0,0) = 5$ est un maximum local strict. Le point $O$ étant sur le bord de notre rectangle, cette étude est en fait inutile ici, car nous allons devons étudier $f$ sur le bord, dans la suite de l'exercice.
Étude du point $E = (-1/3, 0)$ : en E, on a

$$H(f) = \begin{pmatrix} \dfrac{\partial^2 f}{\partial x^2}(-1/3,0) & \dfrac{\partial^2 f}{\partial x \partial y}(-1/3,0) \\ \\ \dfrac{\partial^2 f}{\partial x \partial y}(-1/3,0) & \dfrac{\partial^2 f}{\partial y^2}(-1/3,0) \end{pmatrix} = \begin{pmatrix} 2 & 0 \\ 0 & -2 \end{pmatrix}.$$

Comme $H(f)$ est non dégénérée, ni positive, ni négative, le terme de droite dans la formule de Taylor-Young va pouvoir être tantôt supérieur tantôt inférieur à $f(-1/3,0)$. Il ne s'agit donc pas d'un extremum ; le point $E$ est alors appelé point col.
Remarquons que nous avons ici utilisé les résultats du cours concernant les extrema locaux d'une fonction $C^2$ de Hessienne non dégénérée.
Conclusion partielle : $f$ n'a pas d'extremum sur l'intérieur du rectangle $(A, B, C, D)$. Les extrema globaux de $f$ ne peuvent donc se trouver que sur le bord du rectangle. Il nous reste donc à étudier le comportement de $f$ sur chacun des segments $[AB], [BC], [CD]$ et $[DE]$.

Étude de $f$ sur $[AB]$ :
Sur $[AB]$, $y = 1$ et $x \in [-1, 0]$, donc :

$$f(x, y) = -2x^3 - x^2 + 4 = f(x, 1) = \varphi(x) .$$

En dérivant :

$$\varphi'(x) = -6x^2 - 2x = -2x(3x + 1) .$$

Le tableau de variation de $\varphi$ est donc le suivant :

| $x$ | $-1$ | | $-1/3$ | | $0$ |
|---|---|---|---|---|---|
| $\varphi'$ | | $-$ | $0$ | $+$ | |
| $\varphi$ | $5$ | $\searrow$ | $107/27$ | $\nearrow$ | $4$ |

Étude de $f$ sur $[BC]$ : sur $[BC]$, $x = -1$ et $y \in [-1, 1]$, donc

$$f(x, y) = f(1, y) = 6 - y^2 .$$

Le tableau de variation de $y \longmapsto f(1, y)$ est donc le suivant :

| $y$ | $-1$ | | $0$ | | $1$ |
|---|---|---|---|---|---|
| $f(-1, y)$ | $5$ | $\nearrow$ | $6$ | $\searrow$ | $5$ |

Étude de $f$ sur $[CD]$ : on a

$$f(x, y) = f(x, -1) = -2x^3 - x^2 + 4 .$$

$f$ se comporte comme sur le segment $[AB]$.
Étude de $f$ sur $[AD]$ : sur $[AD]$, $x = 0$ et $y \in [-1, 1]$, donc :

$$f(x, y) = f(0, y) = 5 - y^2 .$$

Le tableau de variation de $y \longmapsto f(0, y)$ est donc le suivant :

| $y$ | $-1$ | | $0$ | | $1$ |
|---|---|---|---|---|---|
| $f(0, y)$ | $4$ | $\nearrow$ | $5$ | $\searrow$ | $4$ |

En conclusion, le minimum de $f$ sur le bord vaut $107/27$ en $(-1/3, 1)$ et en $(-1/3, -1)$, et son maximum vaut 6 en $(-1, 0)$.
Or, nous savons que les extrema de $f$ existent et se trouvent sur le bord, nous avons donc bien trouvé les bornes de $f$ sur tout le rectangle $(A, B, C, D)$.

## EXERCICE 4 Formes différentielles

Soit $\omega = (x^2 + y^2)\, dx + 2xydy$ une forme différentielle sur $\mathbb{R}^2$ .

**1.** Vérifier que $\omega$ est fermée.

**2.** Expliquer sans aucun calcul pourquoi $\omega$ est exacte.

**3.** Chercher les fonctions $f\ : \mathbb{R}^2 \to \mathbb{R}$ de classe $C^1$ telles que $df = \omega$ .

### *solution*

**1.** Par définition, une forme $\omega$ est fermée si et seulement si $d\omega = 0$ . De plus, si $\omega$ est donnée par la formule $\omega = a\,(x,y)\,dx + b\,(x,y)\,dy$ , on a :

$$d\omega = \frac{\partial a}{\partial y}\,(x,y)\,dy \wedge dx + \frac{\partial b}{\partial x}\,(x,y)\,dx \wedge dy\ .$$

Comme $dy \wedge dx = -dx \wedge dy$ , $\omega$ est fermée si et seulement si :

$$\frac{\partial a}{\partial y} = \frac{\partial b}{\partial x}\ .$$

On peut donc se contenter de prendre ceci comme définition d'une forme différentielle fermée sur $\mathbb{R}^2$.

Ici, on a :

$$\frac{\partial a}{\partial y} = \frac{\partial b}{\partial x} = 2y\ .$$

d'où le résultat.

**2.** Comme $\mathbb{R}^2$ est étoilé, le théorème de Poincaré affirme que toute forme différentielle fermée est exacte, c'est-à-dire de la forme $df$ .

**3.** Si $f\ : \mathbb{R}^2 \to \mathbb{R}$ est de classe $C^1$ , alors :

$$df = \frac{\partial f}{\partial x}\,(x,y)\,dx + \frac{\partial f}{\partial y}\,(x,y)\,dy\ .$$

Il s'agit donc de résoudre les équations suivantes :

$$\frac{\partial f}{\partial x}\,(x,y) = x^2 + y^2 \qquad (1)$$

et

$$\frac{\partial f}{\partial y}\,(x,y) = 2xy\ . \qquad (2)$$

Remarquons que la question précédente nous affirme qu'il existe des solutions.

Dans l'équation $(1)$ , $y$ joue le rôle d'une constante. On trouve donc en intégrant :

$$f\,(x,y) = \frac{x^3}{3} + y^2 x + K\,(y)\ ,$$

où $K(y)$ est une fonction à déterminer. On dérive l'expression obtenue par rapport à $y$ :

$$\frac{\partial f}{\partial y} = 2xy + \frac{dK}{dy}(y) \ ,$$

que l'on compare avec l'équation $(2)$ . On obtient :

$$\frac{dK}{dy}(y) = 0 \ .$$

Donc $K(y)$ est une fonction constante, et en conclusion les fonctions $f$ recherchées sont de la forme :

$$\boxed{f(x,y) = \frac{x^3}{3} + y^2x + K \text{ avec } K \in \mathbb{R}} \ .$$

# 2

# Géométrie différentielle

La géométrie différentielle en classes préparatoires se résume à l'étude des courbes et des surfaces. Ces objets sont définis à l'aide de fonctions à plusieurs variables ou plus simplement à valeurs vectorielles. Sous quelques hypothèses, le calcul différentiel devient alors l'outil adapté à l'étude de celles-ci. Cette section, souvent méprisée par les taupins, peut, au prix de quelques efforts (il faut apprendre les définitions et les formules !), permettre d'obtenir de très bonnes notes à l'oral.

## QUESTIONS BRÈVES

**1.** Soit $\rho = f(\theta)$ l'équation polaire d'une courbe plane $\mathcal{C}$ et $\theta_0$ tel que $f(\theta_0) = 0$. Montrer que si $f$ est dérivable et $f'(\theta_0) \neq 0$ alors la courbe $\mathcal{C}$ est tangente en 0 à la droite passant par 0 et d'angle polaire $\theta_0$.

**2.** Étudier et tracer la courbe paramétrée

$$\begin{cases} x(t) = (t^2+1)\,/\,(2t) \\ y(t) = (2t-1)\,/t^2\ . \end{cases}$$

**3.** Tracer rapidement les courbes intégrales de

$$(i)\ \frac{dz}{dt} = z \qquad (ii)\ \frac{dz}{dt} = -z$$

$$(iii)\ \frac{dz}{dt} = iz \qquad (iv)\ \frac{dz}{dt} = \lambda z \text{ avec } \lambda \in C\backslash\{\mathbb{R} \cup i\mathbb{R}\}\ .$$

### *réponses*

**1.** Si $\theta \in \mathbb{R}$, on note $\vec{u}(\theta)$ et $\vec{v}(\theta)$ les vecteurs du plan de coordonnées $(\cos(\theta), \sin(\theta))$ et $(-\sin(\theta), \cos(\theta))$. On a alors $\overrightarrow{OM}(\theta) = f(\theta)\vec{u}(\theta)$, puis $d\overrightarrow{OM}/d\theta = f'(\theta)\vec{u}(\theta) + f(\theta)\vec{v}(\theta)$. Ainsi, la tangente au point $M(\theta_0) = O$ est portée par $\vec{u}(\theta_0)$.

**2.** On commence par étudier les variations de $x$ et $y$. Le domaine de définition de ces deux fonctions est $]-\infty, 0[\cup]0, +\infty[$.

De plus $x$ et $y$ sont $C^\infty$ et :

$$x'(t) = \frac{(t-1)(t+1)}{2t^2} \quad \text{et} \quad y'(t) = \frac{2(1-t)}{t^3}.$$

On obtient le tableau de variations suivant :

| $t$ | $-\infty$ | | $-1$ | | $0^-$ | $0^+$ | | $1$ | | $+\infty$ |
|---|---|---|---|---|---|---|---|---|---|---|
| $x'(t)$ | | $+$ | $0$ | $-$ | | | $-$ | $0$ | $+$ | |
| $y'(t)$ | | $-$ | $-4$ | $-$ | | | $+$ | $0$ | $-$ | |
| $x(t)$ | | | $-1$ | | | $+\infty$ | | | | $+\infty$ |
| | | $\nearrow$ | | $\searrow$ | | | $\searrow$ | | $\nearrow$ | |
| | $-\infty$ | | | | $-\infty$ | | | $1$ | | |
| $y(t)$ | $0$ | | | | | | | $1$ | | |
| | | $\searrow$ | $-3$ | $\searrow$ | | | $\nearrow$ | | $\searrow$ | |
| | | | | | $-\infty$ | $-\infty$ | | | | $0$ |

On a un point stationnaire en $t = 1$ ($x'$ et $y'$ s'annulent simultanément). Il faut pousser le calcul des dérivées plus loin :

$$x''(t) = \frac{1}{t^3}, \; y''(t) = -\frac{6}{t^4} + \frac{4}{t^3}, \; x'''(t) = -\frac{3}{t^4}, \; y'''(t) = \frac{24}{t^5} - \frac{12}{t^4}.$$

D'où

$$\frac{d^2M}{dt^2}(1) = \begin{vmatrix} 1 \\ -2 \end{vmatrix} \quad \text{et} \quad \frac{d^3M}{dt^3}(1) = \begin{vmatrix} -3 \\ 12 \end{vmatrix}$$

et comme

$$\begin{vmatrix} 1 & -3 \\ -2 & 12 \end{vmatrix} = 6 \neq 0,$$

il y a un point de rebroussement de première espèce en $t = 1$.
On a des asymptotes horizontales en $-\infty$ et $+\infty$.
Il reste à étudier les asymptotes en 0 :

$$x \underset{t\to 0}{\sim} \frac{1}{2t} \quad \text{et} \quad y \underset{t\to 0}{\sim} -\frac{1}{t^2}$$

donc

$$y \underset{t\to 0}{\sim} -4x^2$$

et l'asymptote va être une parabole.

Pour la déterminer plus précisément, on cherche un équivalent de $y - (-4x^2)$.

$$y + 4x^2 = \frac{2 + t^3 + 2t}{t} \underset{t \to 0}{\sim} \frac{2}{t} \underset{t \to 0}{\sim} 4x.$$

Puis :

$$y + 4x^2 - 4x = t^2 - 2t + 2 \underset{t \to 0}{\sim} 2$$

et donc la parabole d'équation $y = -4x^2 + 4x + 2$ est asymptote en 0.
Pour terminer, il faudrait encore étudier la position de la courbe par rapport à la parabole en $0^-$ et $0^+$ puis les points d'inflexion (ce sont les zéros de $x'y'' - y'x''$) et les points multiples (si ces deux dernières choses existent).
On obtient le tracé suivant :

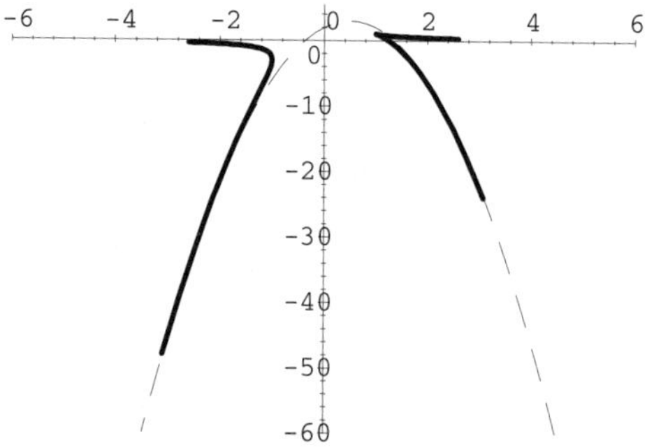


**3.** Si $a$ désigne une constante complexe, les solutions sont de la forme :

$$(i)\ z = ae^t \qquad (ii)\ z = ae^{-t}$$

$$(iii)\ z = ae^{it} \quad (iv)\ z = ae^{\alpha t}e^{i\beta t} \text{ si } \lambda = \alpha + i\beta\ .$$

Pour $(i)$ et $(ii)$, les courbes sont des demi-droites ouvertes d'origine 0 et passant par le point d'affixe $a$ ; celles de $(iii)$ sont des cercles de rayon $|a|$ centrés en 0. Les courbes intégrales de la dernière équation sont des spirales logarithmiques : si $\alpha$ est positif (resp. négatif) lorsque $t$ augmente on va vers l'infini (resp. 0). Si $\beta$ est positif (resp. négatif) lorsque $t$ augmente on tourne dans le sens trigonométrique (resp. inverse-trigonométrique). Quelques courbes sont représentées sur les figures suivantes (avec $\alpha > 0$ et $\beta > 0$ pour $(iv)$) :

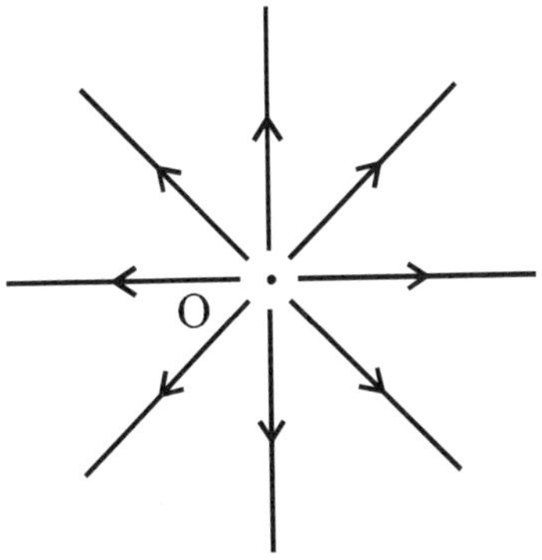


(*i*)

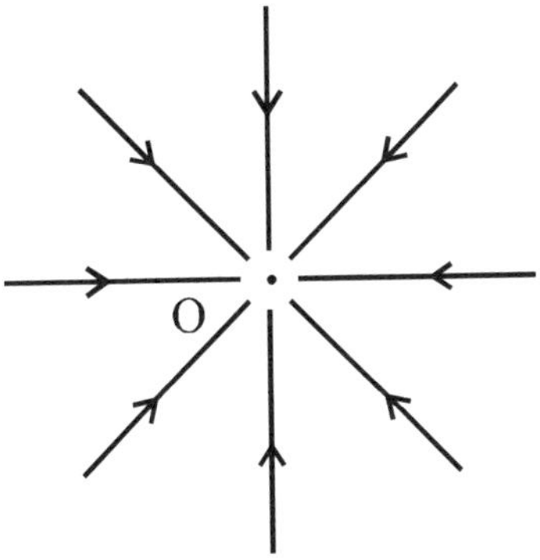


(*ii*)

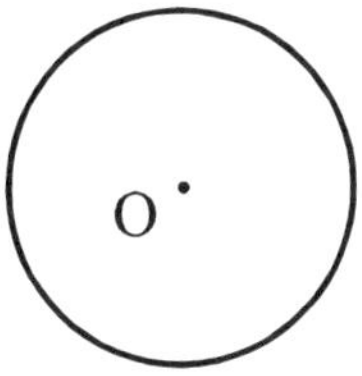


(*iii*)

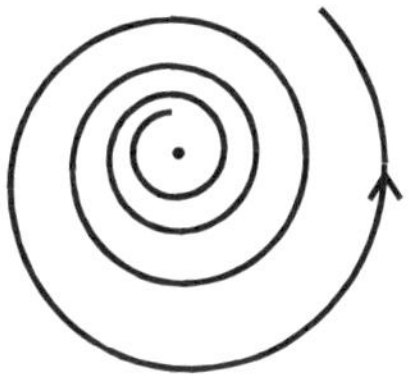

(*iv*)

## EXERCICE 1 Tangente à une ellipse

Soit $E = \mathbb{R}^2$ muni du produit scalaire usuel, noté $\langle .,. \rangle$ et de la norme euclidienne induite $\|.\|$ .

**1.a.** Montrer que l'application :

$$\begin{array}{rccc} \rho : & \mathbb{R}^2 & \to & \mathbb{R} \\ & x & \mapsto & \|x\| \end{array}$$

est de classe $C^1$ sur $E \backslash \{(0,0)\}$ .

**1.b.** Soit $x \in E \backslash \{(0,0)\}$ et $d\rho_x$ la différentielle de $\rho$ en $x$. Montrer que :

$$\forall u \in E \ , \ d\rho_x (u) = \left\langle \frac{x}{\|x\|}, u \right\rangle \ .$$

Soit $(P)$ le plan réel. Soit $F$ et $F'$ deux points distincts de $(P)$ et $r$ un réel strictement positif.

Considérons l'ensemble :

$$(C) = \{M \in (P) \ / \ d(M,F) + d(M,F') = r\} \ .$$

**2.a.** Montrer que $(C)$ est une courbe régulière.

**2.b.** Soit $M \in (C)$ . Notons $\Delta_M$ la tangente à $(C)$ en $M$.
Montrer que $\Delta_M$ est la bissectrice des droites $(MF)$ et $(MF')$ .

### solution

**1.a.** En notant $(a,b)$ les coordonnées de $x$ , l'application $\rho$ s'écrit :

$$\rho(x) = \sqrt{a^2 + b^2} \ .$$

Donc les dérivées partielles de $\rho$ existent et sont continues sur $E \backslash \{(0,0)\}$. Ainsi, $\rho$ est de classe $C^1$ sur l'ouvert $E \backslash \{(0,0)\}$ .

**1.b.** Soit $u \in E$ . Comme $f$ est de classe $C^1$ , $d\rho_x (u)$ est donnée pour $x \neq 0$ par la formule :

$$d\rho_x (u) = \lim_{t \to 0} \frac{\rho(x + tu) - \rho(x)}{t} \ .$$

Il faut donc obtenir la dérivée en 0 de l'application $t \mapsto \rho(x+tu)$ . Comme nous l'avons vu précédemment, cette application est dérivable, on en calcule donc un développement limité à l'ordre 1 au voisinage de $t = 0$ :

$$\rho(x+tu) - \rho(x) = \|x+tu\| - \|x\| \ ,$$

donc :

$$\begin{aligned}\rho(x+tu) - \rho(x) &= \frac{1}{\|x+tu\| + \|x\|} (\|x+tu\| + \|x\|)(\|x+tu\| - \|x\|) \\ &= \left(\frac{1}{2\|x\|} + \varepsilon(t)\right)\left(\|x+tu\|^2 - \|x\|^2\right) ,\end{aligned}$$

où la fonction $\varepsilon$ vérifie $\lim_{t \to 0} \varepsilon(t) = 0$ , donc :

$$\begin{aligned}\rho(x+tu) - \rho(x) &= \left(\frac{1}{2\|x\|} + \varepsilon(t)\right)\left(2t\langle x, u\rangle + t^2\|u\|^2\right) \\ &= t\left(\left\langle \frac{x}{\|x\|}, u\right\rangle + \varepsilon(t)\right) .\end{aligned}$$

Nous obtenons donc bien :

$$\boxed{d\rho_x(u) = \left\langle \frac{x}{\|x\|}, u \right\rangle} .$$

**2.a.** On reconnaît la définition focale d'une ellipse. La courbe $(C)$ est donc une ellipse (de foyers $F$ et $F'$) ; En particulier, elle est régulière.
**2.b.** La courbe $(C)$ est donnée par l'équation implicite $f(M) = r$ où :

$$\begin{array}{rccc} f: & \mathbb{R}^2 & \to & \mathbb{R} \\ & M & \mapsto & d(M,F) + d(M,F') \ . \end{array}$$

Afin d'utiliser les questions 1.a. et 1.b., écrivons $f(M) = \left\|\overrightarrow{FM}\right\| + \left\|\overrightarrow{F'M}\right\|$. La fonction $f$ est donc de classe $C^1$. La tangente en $M$ à $(C)$ est $M + \operatorname{Ker} df_M$ . En effet, la direction de la tangente à $(C)$ en $M$ est égale au noyau de $df_M$ .
La question 1.b. et l'additivité de la différentiation nous donnent :

$$df_M(u) = \left\langle \frac{\overrightarrow{FM}}{\left\|\overrightarrow{FM}\right\|} + \frac{\overrightarrow{F'M}}{\left\|\overrightarrow{F'M}\right\|}, u \right\rangle .$$

La droite $\Delta_M$ est donc orthogonale au vecteur $\overrightarrow{FM}/\left\|\overrightarrow{FM}\right\| + \overrightarrow{F'M}/\left\|\overrightarrow{F'M}\right\|$ . C'est donc une bissectrice des droites $(MF)$ et $(MF')$ .

## EXERCICE 2 Utilisation du théorème des fonctions implicites en géométrie différentielle

**1.** Soit $\gamma = \{(x,y) \ / \ y\ln x + x\ln y = \ln 2\}$ et $A(1,2)$ un point de $\gamma$. Tracer la courbe $\gamma$ au voisinage de $A$.

**2.** Soit $\Gamma$ la courbe de $\mathbb{R}^3$, intersection des surfaces $x^2 - y^2 = \mathrm{ch}^2\, z$ et $x-1 = y - z^2$. Soit $B(1,0,0)$ un point de $\Gamma$. Déterminer l'équation du plan osculateur à $\Gamma$ en $B$.

### solution

➡ *Remarque :* Nous avons regroupé deux exercices posés au concours commun Centrale, importants pour leur utilisation du théorème des fonctions implicites, que nous rappelons maintenant.

➡ *Théorème :* Soit $f \ : \ \Omega \to \mathbb{R}^q$, où $\Omega$ est un ouvert de $\mathbb{R}^p \times \mathbb{R}^q$ et $(a,b) \in \mathbb{R}^p \times \mathbb{R}^q$. On note $f = (f_1, ..., f_q)$.
On suppose que :
$(i)$ $f(a,b) = 0_{\mathbb{R}^q}$ ;
$(ii)$ $f$ est de classe $C^k$, $k \geq 1$ ;
$(iii)$ le déterminant suivant :

$$\frac{D(f_1,...,f_q)}{D(y_1,...,y_q)}(a,b) = \begin{vmatrix} \dfrac{\partial f_1}{\partial y_1}(a,b) & \cdots & \dfrac{\partial f_1}{\partial y_q}(a,b) \\ \vdots & & \vdots \\ \dfrac{\partial f_q}{\partial y_1}(a,b) & \cdots & \dfrac{\partial f_q}{\partial y_q}(a,b) \end{vmatrix}$$

est non nul.
Alors il existe un voisinage ouvert $U$ de $a$, un voisinage ouvert $V$ de $b$ et une fonction $\varphi \ : \ U \to V$ de classe $C^k$ telle que :

$$\varphi(a) = b \text{ et } \forall x \in U \ , \ f(x, \varphi(x)) = 0 \ .$$

Ce théorème montre que si une courbe (ou une surface) est donnée implicitement par une équation $f(x,y) = 0$, en un point $(a,b)$ où la courbe est suffisamment régulière, on peut la représenter comme le graphe d'une fonction $\varphi$.

**1.** On définit $f \ : \ \left(\mathbb{R}_+^*\right)^2 \to \mathbb{R}$ par $f(x,y) = y\ln x + x\ln y - \ln 2$. On a alors bien

$f(1,2)=0$, $f$ est de classe $C^\infty$ et :

$$\frac{\partial f}{\partial y}(x,y)=\ln x+\frac{x}{y} \text{ donc } \frac{\partial f}{\partial y}(1,2)=\frac{1}{2}\neq 0\,.$$

Le théorème s'applique, donc on peut extraire $y$ en fonction de $x$ : il existe un voisinage ouvert $U$ de 1, un voisinage ouvert $V$ de 2 et

$$\begin{array}{rccc}\varphi: & U & \to & V\\ & x & \mapsto & y(x)\end{array},$$

une fonction de classe $C^\infty$, telle que

$$\varphi(1)=2 \text{ et } \forall x\in U\,,\ f(x,\varphi(x))=0\,.$$

On dérive la relation ci-dessus :

$$\forall x\in U\,,\ \frac{\partial f}{\partial x}(x,\varphi(x))+\frac{\partial f}{\partial y}(x,\varphi(x))\,\varphi'(x)=0\,.$$

Quitte à restreindre $U$, on peut supposer, par continuité de $\partial f/\partial y$, que :

$$\forall x\in U\,,\ \frac{\partial f}{\partial y}(x,\varphi(x))\neq 0\,,$$

alors :

$$\varphi'(x)=-\frac{\dfrac{\partial f}{\partial x}(x,\varphi(x))}{\dfrac{\partial f}{\partial y}(x,\varphi(x))}=-\frac{\ln(\varphi(x))+\dfrac{\varphi(x)}{x}}{\ln x+\dfrac{x}{\varphi(x)}}\,,$$

et :

$$\varphi'(1)=-2(\ln 2+2)<0\,.$$

$\varphi$ est donc décroissante au voisinage de $A$. On dérive encore une fois (en faisant attention de dériver le moins de quotients possibles !), donc $\forall x\in U$,

$$\varphi''(x)\left(\ln x+\frac{x}{\varphi(x)}\right)$$
$$+\varphi'(x)\left(\frac{1}{x}+\frac{\varphi(x)-x\varphi'(x)}{\varphi(x)^2}\right)=-\frac{\varphi'(x)}{\varphi(x)}-\frac{x\varphi'(x)-\varphi(x)}{\varphi(x)^2}\,.$$

En $x=1$,

$$\frac{1}{2}\varphi''(1)+\varphi'(1)\left(1+\frac{2-\varphi'(1)}{4}\right)=-\frac{\varphi'(1)}{2}-\frac{\varphi'(1)-2}{4}\,,$$

soit :

$$\varphi''(1) = 2\varphi'(1)\,\frac{\varphi'(1) - 9}{4} + 1 > 0 \text{ car } \varphi'(1) < 0\,.$$

Donc $\varphi$ est convexe au voisinage de $A$, d'où l'allure de la courbe :

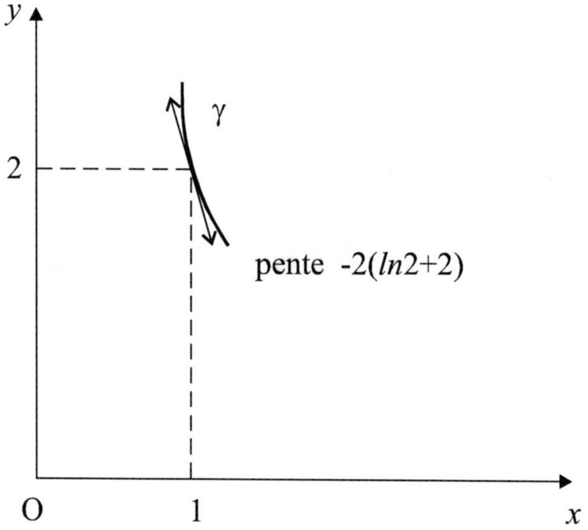


**2.** Ici, on pose $f_1(x,y,z) = x^2 - y^2 - \operatorname{ch}^2 z$ et $f_2(x,y,z) = x - y + z^2 - 1$. On définit alors $f : \mathbb{R}^3 \to \mathbb{R}^2$ de classe $C^\infty$, telle que :

$$f(x,y,z) = (f_1(x,y,z), f_2(x,y,z))\ ,$$

donc, $\Gamma$ est donnée implicitement par $f(x,y,z) = 0$.
Cherchons à paramétrer $\Gamma$ au voisinage de $B$ en utilisant le théorème des fonctions implicites.
On calcule :

$$\begin{pmatrix} \dfrac{\partial f_1}{\partial x} & \dfrac{\partial f_1}{\partial y} & \dfrac{\partial f_1}{\partial z} \\ \\ \dfrac{\partial f_2}{\partial x} & \dfrac{\partial f_2}{\partial y} & \dfrac{\partial f_2}{\partial z} \end{pmatrix} = \begin{pmatrix} 2x & -2y & -2\operatorname{sh} z \operatorname{ch} z \\ 1 & -1 & 2z \end{pmatrix}.$$

En $B(1,0,0)$ :

$$\begin{pmatrix} \dfrac{\partial f_1}{\partial x}(1,0,0) & \dfrac{\partial f_1}{\partial y}(1,0,0) & \dfrac{\partial f_1}{\partial z}(1,0,0) \\ \\ \dfrac{\partial f_2}{\partial x}(1,0,0) & \dfrac{\partial f_2}{\partial y}(1,0,0) & \dfrac{\partial f_2}{\partial z}(1,0,0) \end{pmatrix} = \begin{pmatrix} 2 & 0 & 0 \\ 1 & -1 & 0 \end{pmatrix},$$

donc :

$$\frac{D(f_1, f_2)}{D(x,y)}(1,0,0) = \begin{vmatrix} 2 & 0 \\ 1 & -1 \end{vmatrix} \neq 0 \,.$$

On va alors pouvoir exprimer $x$ et $y$ en fonction de $z$ : il existe $U$ un voisinage ouvert de $0$, $V$ un voisinage ouvert de $(1,0)$ et

$$\begin{array}{rccc} \varphi : & U & \to & V \\ & z & \mapsto & (x(z), y(z)) \end{array}$$

de classe $C^\infty$ telle que :

$$x(0) = 1 \,,\ y(0) = 0 \text{ et } \forall z \in U \,,\ f(x(z), y(z), z) = 0 \,.$$

On a donc un paramétrage cartésien de $\Gamma$ au voisinage de $B$ de la forme :

$$\Gamma \begin{cases} x = x(z) \\ y = y(z) \\ z = z \,. \end{cases}$$

Le plan osculateur à une courbe de l'espace en un point $M$ est le plan $\left(M, \overrightarrow{v_1}, \overrightarrow{v_2}\right)$ où $\overrightarrow{v_1}$ et $\overrightarrow{v_2}$ sont respectivement des vecteurs tangent et normal à $\Gamma$ en $M$. Dans le cas d'une description paramétrique, on peut prendre $\overrightarrow{v_1} = \overrightarrow{M'}(z)$ et $\overrightarrow{v_2} = \overrightarrow{M''}(z)$, donc dans le cas présent, au point $B$ :

$$\overrightarrow{v_1} = \begin{pmatrix} x'(0) \\ y'(0) \\ 1 \end{pmatrix} \text{ et } \overrightarrow{v_2} = \begin{pmatrix} x''(0) \\ y''(0) \\ 0 \end{pmatrix} .$$

Il reste à déterminer $x'(0)$, $y'(0)$, $x''(0)$ et $y''(0)$.
On dérive la relation $f(x(z), y(z), z) = 0$ :

$$\forall z \in U \,,\ \begin{cases} 2x'(z)\,x(z) - 2y'(z)\,y(z) - 2\operatorname{ch} z \operatorname{sh} z = 0 \\ x'(z) - y'(z) + 2z = 0 \,. \end{cases}$$

En $z = 0$ :

$$\begin{cases} 2x'(0) = 0 \\ x'(0) - y'(0) = 0 \,, \end{cases}$$

d'où $x'(0) = 0$ et $y'(0) = 0$. On dérive encore une fois :

$$\forall z \in U \,,\ \begin{cases} 2x''x + 2x'^2 - 2y''y - 2y'^2 - 2\operatorname{ch}(2z) = 0 \\ x'' - y'' + 2 = 0 \,. \end{cases}$$

(en notant que $2\operatorname{ch} z \operatorname{sh} z = \operatorname{sh}(2z)$ qui se dérive en $2\operatorname{ch}(2z)$).

En $z = 0$ :

$$\begin{cases} 2x''(0) - 2 = 0 \\ x''(0) - y''(0) + 2 = 0 \end{cases}$$

ce qui donne $x''(0) = 1$ et $y''(0) = 3$. D'où :

$$\overrightarrow{v_1} = \begin{pmatrix} 0 \\ 0 \\ 1 \end{pmatrix} \text{ et } \overrightarrow{v_2} = \begin{pmatrix} 1 \\ 3 \\ 0 \end{pmatrix},$$

et l'équation du plan osculateur en $B$ à $\Gamma$ est :

$$\begin{vmatrix} x-1 & 0 & 1 \\ y-0 & 0 & 3 \\ z-0 & 1 & 0 \end{vmatrix} = 0,$$

c'est-à-dire :

$$\boxed{3x - y - 3 = 0}.$$

## EXERCICE 3 Aire d'une portion de surface de révolution

Soit $S$ une surface de $\mathbb{R}^2$ d'équation $z^2 + r^2 - 2ar = 0$ $(a > 0)$. Calculer l'aire de la portion de $S$ qui se projette orthogonalement à l'intérieur de la cardioïde $C$ d'équation $r = a(1 + \cos\theta)$ dans le plan $z = 0$.

### solution

On travaille dans $\mathbb{R}^3$ muni des coordonnées cylindriques $\left(0, \overrightarrow{u_r}(\theta), \overrightarrow{u_\theta}(\theta), \overrightarrow{u_z}\right)$. Un point $M$ de l'espace esr repéré par $\overrightarrow{OM} = r\overrightarrow{u_r}(\theta) + z\overrightarrow{u_z}$.

$S$ est une surface dans $\mathbb{R}^3$ et $C$ une courbe tracée sur le plan d'équation $z = 0$.

Cherchons à reconnaître $S$ pour la paramétrer judicieusement afin de pouvoir aisément déterminer les coordonnées de ses points qui se projettent dans la cardioïde.

$S$ est une surface de révolution (car l'équation est indépendante de $\theta$) et la trace de $S$ dans le plan d'équation $\theta = \theta_0$ muni du repère orthonormé $\left(0, \overrightarrow{u_r}(\theta_0), \overrightarrow{u_z}\right)$ a pour équation $z^2 + (r-a)^2 = a^2$ : c'est un cercle de centre $(a, 0)$ et de rayon $a$. On reconnaît alors sans peine $S$ : c'est un tore à collièr nul (« la bouée n'a pas de trou »).

On utilise une paramétrage torique (Cf. Figure 1) :

$$\begin{cases} r = a(1+\cos\varphi) \\ z = a\sin\varphi \ . \end{cases}$$

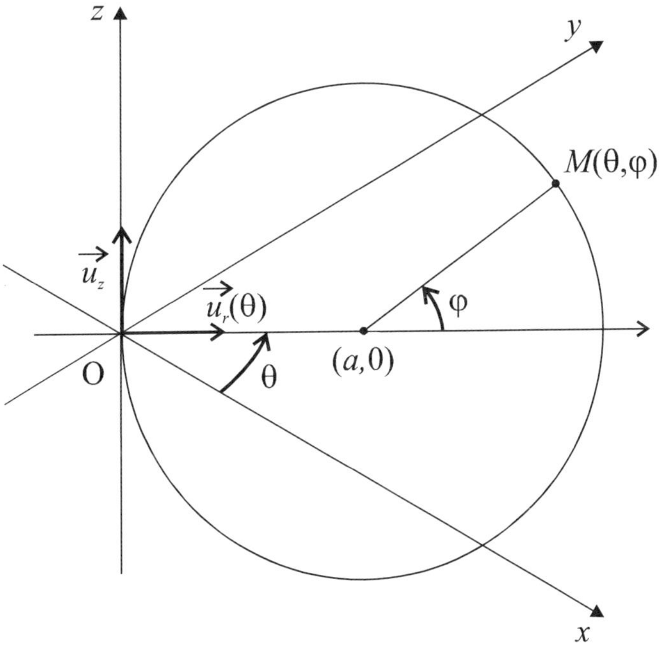


Figure 1.

$S$ est paramétrée par $(\theta, \varphi)$ , $0 \leq \theta \leq 2\pi$ , $0 \leq \varphi \leq 2\pi$ . Les points $M(\theta, \varphi)$ de $S$ sont exactement les points $M$ tels que :

$$\begin{aligned} \overrightarrow{OM} &= r\overrightarrow{u_r}(\theta) + z\overrightarrow{u_z} \\ &= a(1+\cos\varphi)\,\overrightarrow{u_r}(\theta) + a\sin\varphi\overrightarrow{u_z} \ , \end{aligned}$$

avec $\theta \in [0, 2\pi]$ et $\varphi \in [0, 2\pi]$ .
L'examinateur demandera à coup sûr de tracer la cardioïde, un tracé de courbe en polaire que l'on doit savoir faire rapidement (Cf. Figure 2) :

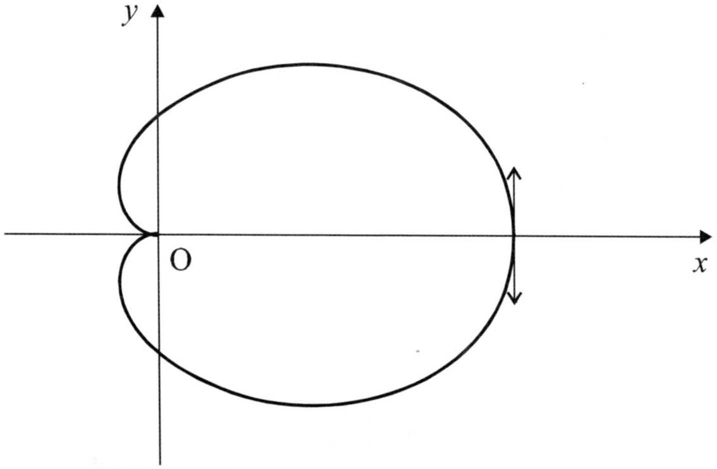


Figure 2.

Étant donné les symétries du problème (le tore est symétrique par rapport aux plans d'équation $z = 0$ et $y = 0$ , la cardioïde est symétrique par rapport à la droite d'équation $y = 0$ dans le plan $z = 0$), on peut donc se restreindre à la partie de $S$ où $\theta \in [0, \pi]$ et $\varphi \in [0, \pi]$ puis multiplier l'aire par 4.
Soit $M(\theta, \varphi) \in S$ avec $\theta \in [0, \pi]$ et $\varphi \in [0, \pi]$ . $M$ se projette dans $C$ si et seulement si $0 \leq r \leq a(1 + \cos\theta)$ soit encore $-1 \leq \cos\varphi \leq \cos\theta$ ce qui donne $0 \leq \theta \leq \varphi \leq \pi$ (car $(\theta, \varphi) \in [0, \pi]^2$). Donc l'ensemble des points $M(\theta, \varphi) \in S$ avec $\theta \in [0, \pi]$ et $\varphi \in [0, \pi]$ qui se projettent dans $C$ est exactement l'ensemble des $M(\theta, \varphi)$ où $(\theta, \varphi) \in D$, avec :

$$D = \{(\theta, \varphi) \ / \ \theta \in [0, \pi] \ , \ \varphi \in [0, \pi] \ \text{ et } \theta \leq \varphi\} \ .$$

L'aire recherchée est donc $A = 4 \iint_D d\sigma$ où $d\sigma$ est l'élément de surface $S$ défini par :

$$d\sigma = \left\| \frac{\partial \overrightarrow{OM}}{\partial \theta} \wedge \frac{\partial \overrightarrow{OM}}{\partial \varphi} \right\| d\theta d\varphi \ .$$

Dans $\left(0, \overrightarrow{u_r}(\theta), \overrightarrow{u_\theta}(\theta), \overrightarrow{u_z}\right)$ , en se rappelant que $\partial \overrightarrow{u_r} / \partial \theta = \overrightarrow{u_\theta}$ , on a :

$$\frac{\partial \overrightarrow{OM}}{\partial \theta} = \begin{pmatrix} 0 \\ a(1 + \cos\varphi) \\ 0 \end{pmatrix} \quad \text{et} \quad \frac{\partial \overrightarrow{OM}}{\partial \varphi} = \begin{pmatrix} -a\sin\varphi \\ 0 \\ a\cos\varphi \end{pmatrix}$$

d'où :

$$d\sigma = a^2 (1 + \cos\varphi) \, d\theta d\varphi$$

et :

$$\begin{aligned} A &= 4a^2 \int_0^\pi \left( \int_\theta^\pi (1 + \cos\varphi)\, d\varphi \right) d\theta \\ &= 4a^2 \int_0^\pi (\pi - \theta - \sin\theta)\, d\theta \,, \end{aligned}$$

et finalement :

$$\boxed{A = 2a^2\pi^2 - 8a^2} \,.$$

Achevé d'imprimer en Janvier 1999 dans les ateliers d'IFC- *Askréa*, 18390 Saint-Germain-du Puy
N° d'imprimeur : 98/1177 N° Édition : 2098/01 Dépôt légal : Janvier 1999
Imprimé en France